ORANIER
Heiztechnik

RATGEBER für wasserführende Kamin- und Pelletöfen

Technik, Planung und Installation

Jochen Schmidt

ORANIER
Heiztechnik

Impressum

Ratgeber für wasserführende Kamin- und Pelletöfen
Technik, Planung und Installation

Konzeption/Koordination: netmark5
Layout und Cover: Barbara Farenholtz
Satz: netmark5
Lektorat und Korrektorat: Christiane Engelhardt, Stories + Texte, Dillenburg
Druck und Bindung: PPPP Gladenbach

Trotz sorgfältigen Lektorats schleichen sich manchmal Fehler ein. Autoren und ORANIER sind Ihnen dankbar für Anregungen und Hinweise!

ORANIER Heiztechnik GmbH
Weidenhäuser Straße 1 - 7
35075 Gladenbach
E-mail: kaminofen@oranier.com
www.oranier.com

Der Autor

Jochen Schmidt, Jahrgang 1970, ist ausgebildeter Feinmechaniker und hat an der Fachhochschule Gießen Maschinenbau studiert. Bevor er 2005 zu ORANIER kam, sammelte er fundierte Erfahrungen im Bereich der Wärmeerzeugungs- und Regelungssysteme. Heute ist Schmidt Entwicklungsleiter mit Schwerpunkt Heizungs- und Lüftungstechnik. Sein Wissen bringt der Fachmann für wasserführende Kaminöfen unter anderem in verschiedenen nationalen und internationalen Normungsgremien ein. Einige seiner Entwicklungen wurden patentrechtlich geschützt.

Inhalt

Vorwort

Liebe Leserinnen und Leser,

wussten Sie, dass der Wald das größte Solarkraftwerk ist? Ganz natürlich speichert er Sonnenenergie im Holz – so lange, bis wir sie unserem Bedarf entsprechend abrufen und nutzen. Die Natur ist hier der Technik einen großen Schritt voraus. Denn der Wald produziert „Solarenergie" ganz ohne technischen Aufwand und komplizierte Anlagen: **Holz ist eine der produktivsten und umweltschonendsten „neuen" Energiequellen.**

Und eine der ältesten zugleich: Seit jeher nutzen die Menschen Holzfeuer zum Wärmen ihres Heimes. Erst Mitte des 20. Jahrhunderts haben Öl- und Gasheizungen dem Festbrennstoff den Rang abgelaufen. Aber der Trend geht deutlich zurück zum gemütlichen Feuer mit seiner angenehmen Strahlungswärme. Zudem werden die ökonomischen und ökologischen Vorteile immer wichtiger: Vermeidung von CO_2-Emissionen, Kostenersparnis und eine gewisse Unabhängigkeit von der Preispolitik großer Energiekonzerne. **Kamin- und Kachelöfen erfreuen sich deshalb einer wachsenden Beliebtheit.**

Bislang jedoch noch mit einer Einschränkung: Weil Kaminofen und Zentralheizung zwei unabhängig voneinander betriebene Systeme sind, kann die Wärme nicht immer bedarfsgerecht in den einzelnen Räumen verteilt werden – das Wohnzimmer überheizt häufig. Dabei geht wertvolle Energie verloren, die eigentlich in den übrigen Räumen verwertet werden könnte.

Die Lösung: die ungenutzte Wärme dem zentralen Heizkreislauf des Hauses zuführen.

Genau das ist das innovative Prinzip der wasserführenden Kaminöfen. Es ermöglicht, Festbrennstoffgeräte in das komplette Heizkonzept eines Hauses zu integrieren und somit die Energiebilanz des Gebäudes erheblich zu verbessern.

Feuerschein und Energieeffizienz

Wasserführende Kamin- und Pelletöfen verbinden die Faszination und wohlige Wärme des Feuers mit dem Komfort und der Energieeffizienz moderner Heiztechnik in einem starken System!

Wie bei jeder neuen Technik stellen sich auch bei den wasserführenden Kaminöfen viele Sachfragen. ORANIER gibt Ihnen in diesem Ratgeber die Antworten. Wir begleiten Sie mit den notwendigen technischen Erklärungen sowie nützlichen Praxis-Tipps bei der Projektierung, Installation und Wartung – damit Ihre Kunden lange Freude an einer einwandfrei funktionierenden Anlage haben.

ORANIER hat den Trend zu den regenerativen Energien zu Ende gedacht und ein innovatives System zur ökologischen Heizungsergänzung entwickelt. Hierbei werden Sonnenkollektoren, wasserführende Kaminöfen und die Zentralheizung unter eine gemeinsame Steuerung gestellt und so zu einem effizienten Drei-Säulen-Heizsystem verbunden. Nur wenn Sonne und Holz als Energielieferanten bei besonders kalter Witterung an ihre Grenzen stoßen, werden fossile Ressourcen genutzt. Das schont sowohl die Umwelt als auch den Geldbeutel der Kunden. Ein Vorteil für den Installateur besteht in den mitgelieferten Planungsunterlagen, wodurch Fehler beim Einbau vermieden werden. Bemerkenswert ist die Herstellergarantie auf das Gesamtsystem.

Der Konfigurator im Internet unter www.wärme-der-natur.de hilft dabei, schnellstmöglich aus 50 Installationsvarianten die optimale Lösung für den Kunden zu ermitteln.

Ich wünsche Ihnen viel Erfolg.

Ihr

Nikolaus Fleischhacker
ORANIER Heiztechnik GmbH

1.

Die Faszination des Feuers – Heizen mit Holz

Warum Heizen mit Holz nicht nur schön ist, sondern sich auch lohnt

Heizen mit Holz ist gemütlich und angenehm

Wer mit Holz heizt, spart Kosten und schont die Umwelt.

Ein lebhaft brennendes Holzfeuer übt seit jeher eine starke Faszination auf alle Menschen aus. Wohliger Feuerschein macht ruhig, entspannt und gibt Geborgenheit. Mit Blick auf das Feuer kehrt der Mensch in sich zurück und reflektiert. Nicht umsonst gelten etwa „Kamingespräche" als besonders innig und intensiv. Und wer zu einem „Kaminabend" einlädt, macht damit deutlich, dass ihm eine vertraute Runde in angenehmer Atmosphäre am Herzen liegt.
Dabei sorgt die Verfeuerung von Scheitholz mit Abstand für das schönste Feuer, die gemütlichste Stimmung und die angenehmste Wärme. Heute werden Holzscheite vorwiegend in Heizkaminen oder in Kaminöfen verfeuert. Die meisten Kamine dienen dabei nicht mehr nur als Heizgerät, sondern werden als stilvoller Bestandteil der Einrichtung in ein Wohnambiente mit Flair integriert. Die vom Ofen abgegebene Strahlungswärme wird als besonders angenehm empfunden und veranlasst die Menschen, sich in der Nähe der Wärmequelle aufzuhalten: Der Platz um den Kaminofen wird zum Mittelpunkt des Wohnraumes.

Heizen mit Holz fördert die nachhaltige Waldwirtschaft

Eine nachhaltige Waldbewirtschaftung sorgt dafür, dass Holz als heimatlicher Brennstoff nahezu unerschöpflich verfügbar ist. In Deutschland und vielen EU-Ländern wächst mehr Holz nach als aktuell verbraucht wird: Auch bei einer verstärkten Nachfrage nach Holzheizungen wird es in Zukunft ausreichend Brennmaterial geben. Je mehr die Wertschätzung für Holz als Energielieferant steigt, desto nachhaltiger und langfristiger werden Wald- und Forstbetriebe wirtschaften. Heizen mit Holz wird die lohnende Intensivierung einer zukunftsgerichteten Nutzung des Waldes weiter voran treiben.

Heizen mit Holz ist preiswert

Wer sein Holz nicht umsonst aus dem eigenen Garten oder Wald bezieht, kauft es preiswert bei privaten Waldbesitzern oder staatlichen Forstbetrieben ein. Das Holz zuschneiden und spalten kann der Kaminbesitzer grundsätzlich auch selbst – daher die Redewendung: „Holz macht zweimal warm!"

Damit ist Holz der ideale Brennstoff für Selbstversorger. Diejenigen, die nicht selbst zu Säge und Axt greifen möchten, kaufen fertig geschnittene und bereits getrocknete Scheite im Holzhandel. Das ist immer noch erheblich günstiger als eine vom nutzbaren Energiegehalt vergleichbare Menge Öl, Gas oder Strom zu beziehen.

Heizen mit Holz macht unabhängig

Wer mit Holz heizt, ist auch in Krisenzeiten immer sicher versorgt. Die Abhängigkeit von importierten Energieträgern (wie zum Beispiel Öl, Gas und Flüssiggas) nimmt erheblich ab. Holznutzer heizen sicherer.

Energieverbraucher sollten sich über die zahlreichen Förderprogramme zur Nutzung regenerativer Energien informieren.

Heizen mit Holz ist umweltschonend

Holz verbrennt CO_2-neutral und ist damit umweltschonend. Beim Verbrennen des Holzes wird nur die Menge an CO_2 freigesetzt, die der Baum selbst zum Wachstum benötigt hat und die auch bei der natürlichen Verrottung im Wald entstehen würde. Die beim Heizen anfallende Holzasche kann umweltverträglich als Dünger verwertet und so „entsorgt" werden.

Heizen mit Holz wird gefördert

Mit zahlreichen Finanzierungsprogrammen fördern Staat und Kommunen Investitionen in die private und gewerbliche Wärmeversorgung durch regenerative Energien. Das Heizen mit Holz spielt dabei eine wichtige Rolle. Die Richtlinien werden regelmäßig verändert und angepasst. Über das mögliche Fördervolumen sollte sich deshalb jeder Energieverbraucher individuell informieren.

Heizen mit Holz ist gesetzlich erwünscht

Jeder, der neu baut, muss heute laut Gesetz einen bestimmten Anteil der Beheizung beziehungsweise der Warmwasserversorgung mit regenerativen Energien abdecken. Unter bestimmten Bedingungen kann dies auch über die Holznutzung geschehen, wenn die Verbrennungswärme in das zentrale Heizungssystem gespeist wird. Dieser Aspekt wird bei allen Neubauten immer stärker Beachtung finden.

Heizen mit Holz ist effizient und innovativ

Durch die innovative „Wärme der Natur"-Systemtechnologie kann die Heizwärme des Kaminofens im ganzen Haus genutzt werden.

Mit modernsten Technologien wird das uralt bewährte Brennmaterial Holz zum wertvollen Rohstoff einer zeitgemäßen und nachhaltigen Energieversorgung: Die innovative **„Wärme der Natur"-Systemtechnologie** der modernen wasserführenden Kaminöfen ermöglicht es, die erzeugte Heizwärme in das Heizungssystem einzuspeisen und damit für das gesamte Haus nutzbar zu machen – weit über den Aufstellungsraum und den sich anschließenden Flur oder das Treppenhaus hinaus! Und das ohne auf die Faszination des Feuerscheins verzichten zu müssen. Immer mehr Energieverbraucher werden sich deshalb in Zukunft für einen wasserführenden Kaminofen, der Energie effizient nutzbar macht und gleichzeitig als stilvoller Wärmelieferant Akzente in der Wohnkultur setzt, entscheiden.

Wasserführender Kaminofen

2. Die Technik einer Heizungsanlage mit wasserführendem Kamin-/Pelletofen

2.1 Der Aufbau und die Funktion

Wasserdurchflossene Wärmetauscher zweigen einen Teil der Verbrennungswärme zur weiteren Verwendung ab.

Die Technologie wasserführender Kaminöfen ermöglicht es, die im Kaminofen erzeugte Wärme auf weitere Räume im Haus zu verteilen.

Das Prinzip ist einfach: Mittels eines **wasserdurchflossenen Wärmetauschers** wird ein Teil der Verbrennungswärme zur weiteren Verwendung abgezweigt. Das erzeugte warme Wasser wird den installierten Heizkörpern der Nachbarräume zugeführt, gibt dort die Wärme ab und kehrt kalt zum Ofen zurück. Die Nachteile einer schwankenden Wärmezufuhr wegen der unregelmäßigen Beschickung des Ofens mit Holz werden durch einen Wärmepufferspeicher, der stets Wärme für die gleichmäßige Versorgung der Heizkörper im Haus zur Verfügung stellt, kompensiert (siehe Bild 2). Moderne Anlagen sollten deshalb immer mit Pufferspeicher geplant werden. Dies schreibt auch die Bundes-Imissionsschutzverordnung (BImSchV) vor. Die Funktionsweise wird später genauer erläutert.

Zunächst die Erklärung, warum eine direkte Beheizung von Heizkörpern in Nachbarräumen nicht zu empfehlen ist (wie im Bild 1 dargestellt): Wegen der unregelmäßigen Befeuerung des Ofens würde die Wärme in den Heizkörpern der Nachbarräume nur zyklisch entsprechend der Brennstoffaufgabe zwischen „sehr heiß" und „kalt" schwanken. Eine gleich bleibende Raumtemperatur ließe sich nur schwer einstellen, eine ausreichende Wohnqualität wäre so nicht zu erreichen.

Wenn bei der Anordnung, im nachstehenden Bild dargestellt, versehentlich zu viel Holz aufgelegt wird, sind die Reserven zur Pufferung im Heizkreislauf möglicherweise zu gering und die zuviel entstandene Wärme müsste über ofenseitig anzubringende Sicherheitseinrichtungen abgeführt werden.

Bild 1: Nicht empfehlenswert: die direkte Beheizung von Heizkörpern in Nachbarräumen

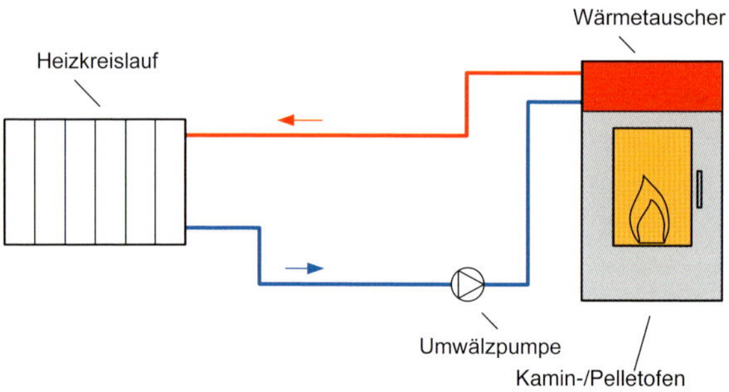

Man könnte zwar die Luftzufuhr drosseln und somit die Ofenleistung verringern. In der Praxis jedoch würde dies zu einer extrem schlechten Verbrennung führen. Mit der Folge, dass die Sichtscheiben und der Wärmetauscher verrußten und die Schadstoff- und Geruchsbelastung enorm anstiege.

WICHTIG:
Betreiben Sie einen mit Scheitholz gefeuerten Kaminofen immer nur bei Nennleistung!

Deshalb wird ein **Pufferspeicher** eingesetzt. Dieser speichert zwischenzeitliche Wärmespitzen und sorgt für eine gleichmäßige Wärmeabgabe über die Heizkörper. Der Pufferspeicher lässt sich relativ leicht in vorhandene Heizungsanlagen einbauen.

Pufferspeicher gewährleisten die gleichmäßige Versorgung der Heizkörper im ganzen Haus.

Auch die Integration weiterer Wärmeerzeuger, wie thermische Solaranlagen oder Wärmepumpen, ist möglich: Alle Geräte können in den gleichen Pufferspeicher einspeisen – die dort gespeicherte Wärmemenge steht zur Warmwasserbeheizung und Wärmeerzeugung zur Verfügung.

Pelletöfen könnten auch modulierend betrieben werden. Das bedeutet: Sie könnten ihre Leistung zum Beispiel zwischen 2 und 9 Kilowatt in Abhängigkeit vom Wärmebedarf gleitend einregulieren. Dadurch würden sie sich grundsätzlich auch für die direkte Beheizung von Heizkörpern eignen. In der Praxis jedoch ist es auch bei einem Pelletofen besser, einen Pufferspeicher zwischenzuschalten, weil so längere Betriebsintervalle im günstigsten Leistungsbereich möglich sind. Dies verringert Pelletverbrauch und Schadstoffemissionen und erhöht damit die Lebensdauer des Ofens.

Bild 2: Richtige Anlagenplanung: Der Kamin-/Pelletofen gibt seine Wärme in einen Pufferspeicher ab

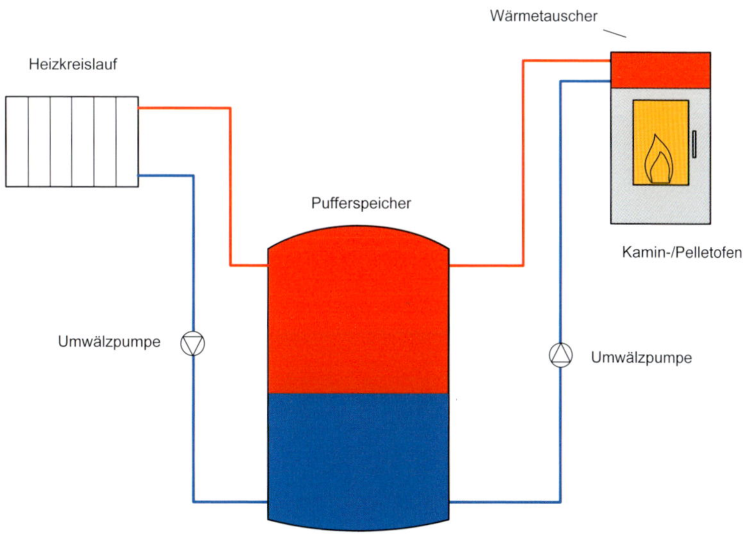

2.2 Der wasserführende Kaminofen für Scheitholz

Die Verbrennung von Scheitholz ist die älteste und einfachste Methode zur Erwärmung von Wohnräumen. In der modernen Praxis jedoch will Heizen gelernt sein. Vor allem, da jeder Ofen, jeder Schornstein und jeder gerade verwendete Brennstoff unterschiedlich ist, muss der Ofenbetreiber seine individuelle Anlage zunächst kennenlernen. Schon der Wechsel von einem Holzstapel zum nächsten – wenn dieser zum Beispiel anders gelagert wurde – kann Änderungen an den gewohnten Luftschiebereinstellungen erfordern.

Deshalb sollte man sich unbedingt über die Abläufe und Einflussgrößen bei der Verbrennung für die richtige Ofenwahl und optimales Heizen informieren.

2.2.1 Die thermischen Verbrennungsabläufe im Brennraum

Der Verbrennungsvorgang läuft in drei Phasen ab.

Die Verbrennung von Holz ist ein komplexer Vorgang, der in mehreren Stufen abläuft. Sie beginnt mit der **Trocknungsphase**. Bei Temperaturen bis etwa 100°C gibt das Holz seine Bestandteile an Wasser – 15 bis 20 Gewichtsprozent bei luftgetrocknetem Holz – ab.

Ab 160°C erfolgt die eigentliche thermische Zersetzung. Ab 250°C läuft sie dann exotherm, also ohne zusätzliche äußere Energiezufuhr, ab. Diese **Entgasungsphase** mit einem Gasgemisch aus Kohlenmonoxid, Wasserstoff und organischen Verbindungen kann im handbeschickten Ofen bis zu 1.200°C erreichen. Sie setzt 70 Prozent der im Brennstoff enthaltenen Energie frei. Übrig bleibt die energiereiche Holzkohle mit 10 bis 15 Gewichtsprozent. In der **Ausbrandphase** bei 600 bis 800°C setzt die Kohle durch Verbrennung der Kohlenstoffatome an ihrer Oberfläche die verbliebenen 30 Prozent Heizenergie frei. Schließlich bleibt nur noch die Asche mit einem Anteil von 0,5 bis 1 Prozent des ursprünglichen Holzgewichts übrig.

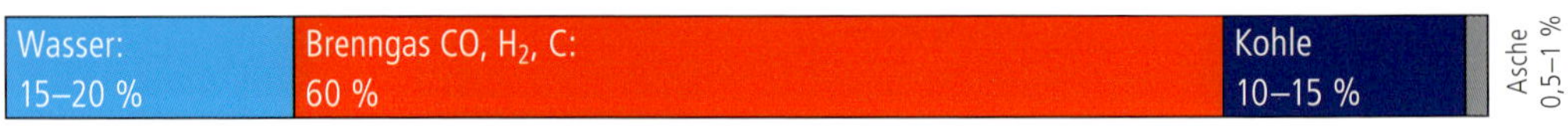

Bild 3: Holzbestandteile bei der Verbrennung (Gewichtsprozent)

BITTE BEACHTEN:
Holz vergast zunächst und wird dabei als gasförmiger Brennstoff verbrannt. Erst die übrig bleibende Holzkohle ist ein fester Brennstoff. Deswegen muss Ihre Holzfeuerstätte sowohl für eine „Gasfeuerung" als auch für eine „echte" Feststofffeuerung ausgelegt sein.

2.2.2 Die Einflussgrößen für eine optimale Verbrennung

Ausreichend hohe Verbrennungstemperatur

Je höher die Verbrennungstemperatur, desto vollständiger der Ausbrand.

Die Temperatur im Brennraum beeinflusst sämtliche bei der Verbrennung ablaufenden chemischen Reaktionen. Für einen guten Abbrand sind mindestens 650°C erforderlich. Grundsätzlich gilt für handbeschickte Öfen, dass die Brennraumtemperatur so hoch wie möglich sein sollte. Unerwünschte Stickoxide (NO_x) entstehen erst ab 1.300°C – das ist eine Temperatur, die hier normalerweise nicht erreicht wird. Die hohen Temperaturen tragen jedoch zu einem vollständigen Ausbrand von Kohlenmonoxid (CO) und Kohlenwasserstoffen (HC) während der Entgasungsphase bei.

Brennstoff-Luft-Verhältnis

Zur Verbrennung wird Sauerstoff benötigt. Dieser wird mit der Verbrennungsluft zugeführt. Da eine ideale Vermischung von Brennstoff und Luftsauerstoff in der Praxis nicht stattfindet, muss der Ofen mit einem Luftüberschuss – also mit mehr Sauerstoff als theoretisch zur Verbrennung nötig ist – „gefahren" werden.

Dabei muss einerseits dafür gesorgt werden, dass jedes „Brennstoffteilchen" im Ofen ein „Luftteilchen" findet, mit dessen Hilfe es verbrennen kann und somit keine unverbrannte Energie verloren geht. Andererseits darf aber auch nicht zuviel überschüssige Luft durch den Brennraum gefördert werden, weil sonst die Brennraumtemperatur sinkt. Bei raumluft**ab**hängigen Anlagen wird zudem überflüssig viel warme Luft aus dem Aufstellungsraum durch den Schornstein abgegeben.

Die jeweils optimale Luftmenge ist abhängig vom Gerät, von Art und Menge des Brennstoffes und von der momentanen Abbrandphase. Der Schornsteinzug der Anlage (auch Förderdruck genannt) beeinflusst die eingebrachte Luftmenge zusätzlich.

WICHTIG:
Sorgen Sie über die Einstellung der Luftschieber dafür, dass zu jedem Zeitpunkt die optimale Luftmenge zur Verfügung steht! Praktische Hinweise dazu finden Sie unter 4.4.4 „Das richtige Heizen", Seite 182.

Gute Vermischung und ausreichend lange Verweilzeit im Brennraum

Die hohe Turbulenz der einströmenden Luft sorgt für eine optimale Brenngasdurchmischung.

Je länger sich nun „Brenngasteilchen" und „Luftteilchen" bei hoher Temperatur im Brennraum nebeneinander befinden, desto größer ist die Wahrscheinlichkeit, dass sie aufeinandertreffen und verbrennen. Eine hohe Turbulenz der Verbrennungsluft beim Einströmen in den Brennraum ermöglicht das bessere Vermischen mit den Brenngasen, was wiederum die Wahrscheinlichkeit erhöht, dass beide Teilchenarten zusammentreffen.

Die lange Verweilzeit von „Brenngasteilchen" und „Luftteilchen" wird in der Praxis durch einen hohen Brennraum erreicht, die gute Durchmischung durch ein gezieltes „Einblasen" der Sekundärluft. Umlenkungen am Ende des Brennraums verlängern einerseits die Verweilzeit und verbessern zusätzlich die Durchmischung.

Folgende Faktoren sorgen für einen optimalen Abbrand:

- hohe Verbrennungstemperatur
- gute Vermischung von Verbrennungsluft und Brenngasen
- lange Verweildauer im Brennraum
- genaue Abstimmung der zugeführten Verbrennungsluft

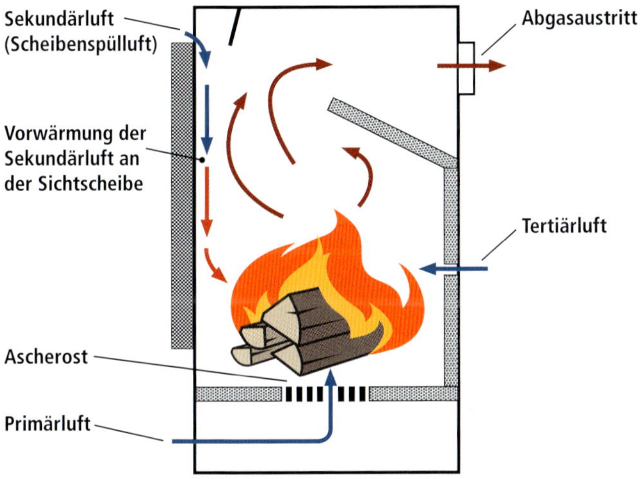

Bild 4: Verbrennungsluftführung im Ofen

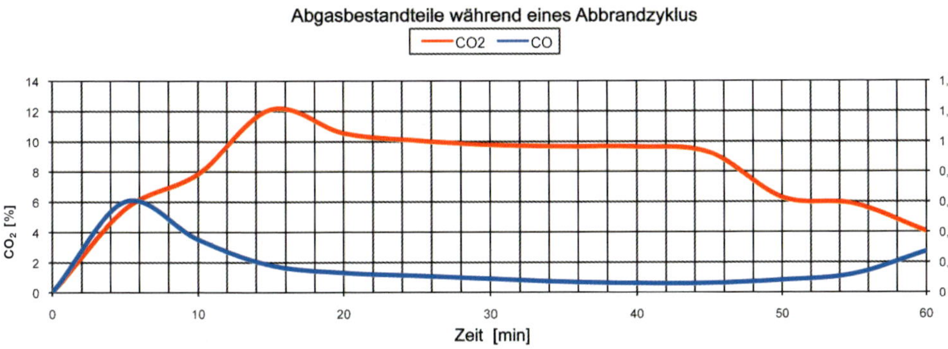

Diagramm 1: Änderung der CO_2- und CO-Konzentration während eines Abbrandes

2.2.3 Die Luftführung und Schieberstellung

Die Schiebereinstellungen des Kaminofens müssen den unterschiedlichen Verbrennungsphasen angepasst werden.

Bei den klassischen handbeschickten Kaminöfen unterscheidet man zunächst zwischen der **Primärluft**, die von unten durch den Ascherost dem Verbrennungsgut zugeführt wird, und der **Sekundärluft**, die von oben oder hinten zugeführt wird.

Die Sekundärluft wird dabei oft als so genannte Scheibenspülung von oben an der Sichtscheibe entlang zur Feuerstelle geführt. Dies hat den Vorteil, dass die Luft an der Sichtscheibe durch Strahlungswärme aufgeheizt wird und gleichzeitig einen Luftschleier zwischen Scheibe und Abgasen bildet: Dadurch wird die Kondensation von Verbrennungsgasen an der Sichtscheibe (Rußbildung!) verhindert. Außerdem kommt es durch die entgegen der Abgasströmung gerichtete Luftführung zu Verwirbelungen zwischen Brenngas und Verbrennungsluft, was sich positiv auf die Vermischung der beiden Reaktionspartner auswirkt.

Ein Teil der Sekundärluft wird oft auch als so genannte **Tertiärluft** zugeführt. Dabei wird Frischluft durch düsenförmige Bohrungen gezielt in die Brenngase eingeblasen – auch dies verbessert die Vermischung von Brenngas und Verbrennungsluft. Wie bereits erklärt, entstehen bei der Verbrennung im Scheitholzofen sowohl **gasförmiger Brennstoff** (Entgasungsphase) als auch der **feste Brennstoff** Holzkohle (Ausbrandphase).

Die Luftführung im Kaminofen muss deshalb entsprechend angepasst werden. Dies geschieht in drei Phasen:

1. Anzünden

Um die Trocknungsphase zu überwinden und schnell die Entgasungsphase zu erreichen, muss das mittels Anzündwürfel oder ähnlichen Zündmitteln entfachte Feuer zügig vergrößert werden. Dies erreicht man, indem man durch Öffnen aller Schieber und der Drosselklappe im Rauchrohr für eine möglichst große Frischluftzufuhr sorgt.

2. Vollbrand

In der Entgasungsphase ist nun die Luft soweit zu drosseln, dass der Luftüberschuss bei nahezu vollständigem Ausbrand so gering wie möglich ist. Dafür wird zunächst eine eventuell im Rauchrohr vorhandene Drosselklappe zur Zugbegrenzung geschlossen. Anschließend wird die Primärluft möglichst weit geschlossen. Die Verbrennungsluft wird hier vornehmlich für den gasförmigen Brennstoffanteil benötigt.

3. Ausbrand

Glüht die Kohle nur noch ohne größere leuchtende Flamme, sollte die Sekundärluft ganz geschlossen und die Primärluft wieder etwas geöffnet werden. Denn der nun reagierende feste Brennstoff benötigt eine möglichst umfassende Beaufschlagung mit Frischluft. Eingeblasene Sekundärluft würde den Glutkegel hingegen nicht erreichen und bei raumluft**ab**hängigem Betrieb nur unnötig den Aufstellungsraum auskühlen.

TIPP:
In der Praxis ist es oft günstiger, wenn Sie in der Ausbrandphase sowohl die Primär- als auch die Sekundärluft schließen. Durch Undichtigkeiten gelangt immer noch etwas Luft zum Glutnest und die Wärme hält sich länger im Ofen. Außerdem wird nach Verlöschen der Glut oft vergessen, die Primärluft ganz zu schließen, so dass die warme Raumluft durch Ofen und Kamin langsam nach außen zieht.

Bild 5: Bei ORANIER Geräten ist der Luftschieber für Sekundärluft meist links. Befindet sich der Schieber in der Frontebene, so ist die jeweilige Luftführung geschlossen

2.2.4 Die Ausstattungsmerkmale

Feuerraumauskleidung aus Vermiculite

Vermiculite-Auskleidungen ermöglichen hohe Verbrennungstemperaturen.

Vermiculite wird aus natürlichem Glimmerschiefer (Al-Fe-Mg-Silikat) gewonnen. Durch Expansion wird dieses anschließend in ein wurmförmig gekrümmtes Granulat mit Millionen winziger Luftschichten umgewandelt. Das Granulat wird anschließend zu Platten verpresst. Durch die eingeschlossenen Luftpolster sind Vermiculiteplatten sehr schlechte Wärmeleiter. Gegenüber Schamottesteinen hat dies den entscheidenden Vorteil, dass die Verbrennungstemperatur im Ofen signifikant gesteigert werden kann. Hierdurch können, wie oben beschrieben, beste Wirkungsgrade und geringste Schadstoffemissionen erzielt werden. Vermiculiteplatten gibt es in verschiedenen Pressdichten (geringe Dichte hat hohes Luftvolumen und damit bessere Wärmedämmung) und verschiedenen Dicken. Nachteilig ist ein langsames „Versanden" der Oberfläche durch mechanischen Abrieb, insbesondere beim Holzauflegen. „Dauerheizer" wechseln ihre Feuerraumauskleidung etwa alle 3 Jahre. Gerissene Vermiculiteplatten brauchen zunächst nicht ersetzt werden – erst wenn der darunter liegende Metallkorpus frei liegt, muss getauscht werden. Vermiculiteplatten sind asbestfrei und ungiftig.

Selbstschließende Türen („Bauart 1")

Diese Türen sind bei modernen Öfen Standard. Neben dem Schutz des Aufstellungsraumes gegen herausfallende Glutstücke ist ihr Selbstschließmechanismus Voraussetzung für eine Mehrfachbelegung des Schornsteins: Vor allem, weil durch eine offen stehende Ofentür der Kaminzug für die anderen Feuerstätten zusammenbrechen kann.

Rauchgasumlenkung aus Vermiculite im oberen Ofenbereich

Besonders bei Geräten ohne Wasseranschluss werden die Abgase noch durch einige mit Vermiculite verkleidete Umlenkungen geführt. Hierdurch wird die Verweilzeit und die Durchmischung der Brenngase im Ofen und damit der Ausbrand (Schadstoffe, Wirkungsgrad) verbessert.

Bild 6: Tertiärluft wird durch Düsen im hinteren Brennraumbereich „eingeblasen"

Tertiärluft

Zusätzlich oder parallel zur Sekundärluft wird den Brennräumen mancher Öfen noch Tertiärluft durch spezielle Düsen zugeführt. Dies dient einer weiteren Verbesserung der Vermischung von Brenngas und Luft in der Vollbrandphase.

Anschluss für externe Verbrennungsluft

Insbesondere bei Häusern in moderner Bauweise – mit luftdichter Hülle – ist es ratsam, der Feuerstätte die Verbrennungsluft von außen über einen Luftkanal direkt zuzuführen. Wird die Verbrennungsluft dagegen dem Aufstellungsraum entnommen, so muss über Undichtigkeiten in der Gebäudehülle kalte Außenluft in den Raum nachströmen, die dann wiederum aufgeheizt werden muss.

2.2.5 Der Dauerbrand und Zeitbrand

„Dauerbrandöfen" haben nichts mit „dauerndem Betrieb" zu tun.

Häufig wird die Frage gestellt, ob ein wasserführender Ofen als Dauerbrandgerät gilt, da der Ofen doch „dauernd" brennen soll. Per Definition handelt es sich bei Dauerbrandgeräten jedoch um Öfen, die den Anforderungen der guten alten Kohleöfen genügen. Kohleöfen aus den sechziger Jahren müssen nämlich mittels einer bimetallgesteuerten Luftzuführung nach Aufgabe einer kompletten Füllung mit Braun- oder Steinkohle eine bestimmte Mindestzeit brennen, bis wieder Kohle aufgefüllt werden kann (**Füllfeuerung**). Bei der Verbrennung von Kohle handelt es sich aber um eine reine Feststoffverbrennung, die fast ausschließlich Primärluft benötigt. Heutige Kaminöfen mit Dauerbrandfunktion können meistens zwischen Kohlebetrieb und Holzbetrieb umgeschaltet werden, weil gute Wirkungsgrade und Abgaswerte nur durch die jeweils passende Luftführung möglich sind.

HINWEIS:
Eine Dauerbrandfunktion ist nur für die Verbrennung von Steinkohle Voraussetzung!

Kaminöfen ohne Dauerbrandfunktion (sogenannte Zeitbrandfeuerstätten) können mit Holz ebenfalls „dauernd" betrieben werden (**Flachfeuerung**). Auch die Verfeuerung von Braunkohlebriketts ist hier in der Regel dauerhaft zulässig, wenn durch die Luftschieberstellung für genügend Primärluft gesorgt wird (beachten Sie die Bedienungsanleitung!).

2.2.6 Der Katalysator & Co.

Zur Vermeidung von Feinstaub sind optimale Brennräume wichtiger als Filter.

Mit der Verschärfung der Anforderungen an die Abgaszusammensetzung – insbesondere des ausgestoßenen Feinstaubs – werden immer wieder die Möglichkeiten der Abgasfilterungen diskutiert. Grundsätzlich ist es am günstigsten, die entstehenden Schadstoffmengen bereits durch **optimale Verbrennung** so gering wie möglich zu halten – das heißt, die Ursachen und nicht die Symptome zu bekämpfen. Für Kaminöfen werden derzeit zwei Varianten der Abgasreinigung diskutiert, beziehungsweise sind am Markt verfügbar:

Schaumkeramikfilter

Hier wird eine poröse Keramikplatte in das obere Ende des Feuerraumes eingebracht. Die Abgase müssen durch deren Struktur hindurch ziehen, wobei es insbesondere beim Anfeuern und im Teillastbetrieb zu Ablagerungen von Feinstaub in den Poren oder an der Oberfläche der Platten kommt. Während der Vollbrandphase werden dann die brennbaren Bestandteile aus dem Filter gebrannt.

Diese Lösung ist recht kostengünstig, jedoch ist die Filterleistung mit derzeit 30 bis 40 Prozent der Feinstaubmenge noch recht gering. Außerdem kommt es zu Zugverlusten durch den Filter, so dass für die Anheizphase eine Bypassklappe empfehlenswert ist. Neben der Feinstaubreduktion kommt es durch Nachverbrennungsprozesse in der Filterkeramik auch zu Reduktionen von CO (zurzeit etwa 25 bis 30 Prozent) und von Kohlenwasserstoffverbindungen HC (zurzeit etwa 20 bis 50 Prozent).

Elektrostatischer Partikelabscheider

Elektrostatische Partikelabscheider sind bereits am Markt verfügbar. Sie können nachträglich in das Abgasrohr des Ofens eingebaut werden. Mittels Elektronik (230-Volt-Anschluss, 10 Watt Verbrauch, 3 Watt Standby) wird im Abgasrohr eine Hochspannung erzeugt. Hierdurch wird der Abgasstrom ionisiert und die Feinstaubpartikel lagern sich an der Wandung des nachfolgenden Rauchrohrs an. Grundvoraussetzung ist dabei, dass das nachfolgende Rohr aus Metall ist. Es kann jedoch ein handelsübliches Rauchrohr Verwendung finden. Die Abscheideleistung der elektrostatischen Partikelabscheider ist recht hoch, was jedoch ein häufiges manuelles Reinigen des anschließenden Rauchrohrs bedeutet. Der Partikelabscheider selbst verursacht zunächst keine Zugverluste. Der apparative Aufwand und damit der Preis sind jedoch (noch) recht hoch.

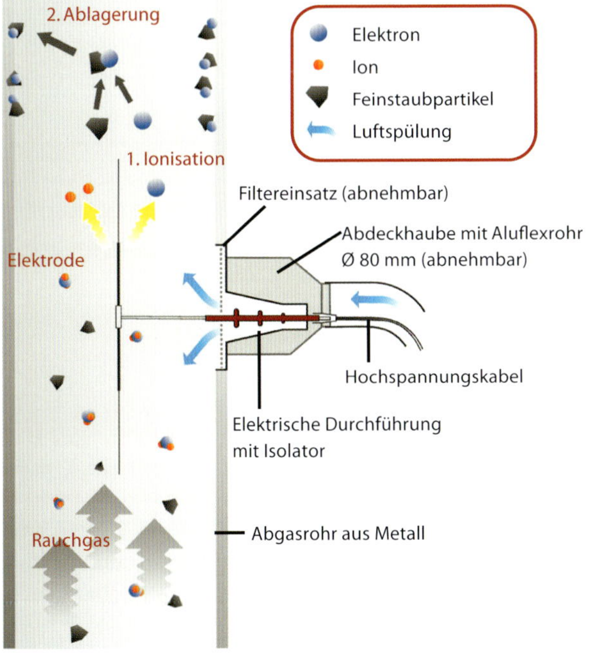

1. Bei ausreichend hoher Spannung an der Elektrode in der Mitte des Abgasstroms kommt es zu Ionisierungsprozessen. Somit entstehen im Abgasstrom geladene Teilchen, sogenannte Ladungsträger, und Gasionen
2. Die Gasionen lagern sich an die Feinstaubpartikel an und führen zu deren Aufladung. Die auf diese Weise geladenen Teile werden aufgrund der elektrostatischen Kräfte an die Innenwand des Abgasrohres gedrängt und dort abgelagert. Die Ladung der Partikel wird während des Ablagerunsprozesses „neutralisiert". Trotzdem bleiben die Partikel aufgrund ihrer mechanischen Verzahnung am Abgasrohr haften

Bild 7: Elektrostatische Abscheidung von Feinstaubpartikeln (Kutzner + Weber GmbH)

2.2.7 Der Wärmetauscher

Abgaswärmetauscher nutzen die Restwärme im Abgas, ohne dem Verbrennungsprozess die Wärme zu entziehen.

Um die bei der Verbrennung erzeugte Wärme ins Heizwasser abzuführen, wird ein Wärmetauscher benötigt. Dieser besteht aus Kesselblech und ist dicht verschweißt. Er muss dem Wasserdruck des Heizkreislaufs sowie der Verbrennungstemperatur standhalten können. Bei gusseisernen Öfen kann der Wärmetauscher auch entsprechend im Korpus eingearbeitet sein. Grundsätzlich unterscheidet man zwischen einem **Abgaswärmetauscher** und einem **Feuerraumwärmetauscher**. In der Praxis kommen auch Kombinationen aus beiden Arten vor.

Bild 8: Abgaswärmetauscher: der Schlüssel für schadstoffarme Verbrennung und beste Wirkungsgrade

Abgaswärmetauscher

Der Abgaswärmetauscher ist dem eigentlichen Brennraum nachgeschaltet. Dies hat den Vorteil, dass die Brennraumtemperatur nicht gekühlt wird. So wird eine hohe Verbrennungstemperatur gewährleistet, die wiederum Grundvoraussetzung für eine schadstoffarme und vollständige Verbrennung ist. Die Restwärme wird dem Abgas erst nach Abschluss des Verbrennungsprozesses entzogen. Dadurch wird die Abgastemperatur gesenkt und es gelangt weniger Wärme durch den Schornstein nach außen. Somit können höchste Wirkungsgrade erreicht werden. Bei einigen Gerätetypen wird das Abgas sogar bis unter den Taupunkt abgekühlt. **Die Vorschriften des Herstellers sind hierbei unbedingt zu beachten (Einsatz eines Edelstahlkamins)!**

Feuerraumwärmetauscher

Bei dem Feuerraumwärmetauscher ist entweder nur die Rückseite des Verbrennungsraumes oder es sind alle drei Seiten als Wassertasche ausgebildet. Die Verbrennungswärme kann dabei direkt von Glut und Flamme auf das Heizungswasser übergehen, wodurch hohe wasserseitige Leistungen möglich sind. Nachteil: Die Verbrennungstemperatur wird durch die Wassertasche gesenkt. Das wirkt sich negativ auf Wirkungsgrad und Schadstoffausstoß der Anlage aus. **Beim Kauf sollten die Herstellerangaben der Abgaszusammensetzung in Bezug auf aktuelle und zukünftige Schadstoffvorschriften (BImSchV) beachtet werden!**

Reinigung

An den kalten Wärmetauscherflächen kondensiert die im Abgas enthaltene Feuchtigkeit, was eine Beschichtung mit Teer und Ruß verursacht. Weil diese Schicht wärmedämmend wirkt, gelangt weniger Wärme in das Heizungswasser. Bei Abgaswärmetauschern verringert sich außerdem der freie Querschnitt des Abgasabzugs, so dass sich der Zug im Feuerraum verringert und sich folglich das Brennverhalten verschlechtert.

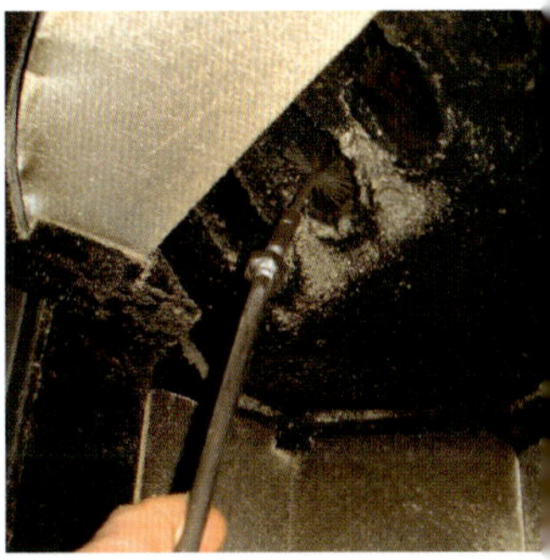

Bild 9: Reinigung des Abgaswärmetauschers mit spezieller Bürste

TIPP:
Reinigen Sie die Wärmetauscherflächen regelmäßig mit einer Drahtbürste, um Verschmutzungen und ein schlechteres Brennverhalten zu vermeiden. Es werden spezielle kleine, runde Drahtbürsten angeboten. Der Reinigungsintervall ist abhängig vom Gerät, den Brennstoffen und dem Nutzerverhalten. Eine Reinigung nach dem Verbrauch von 3 Raummetern verbranntem Holz kann als Faustregel gelten. Empfindliche Teppiche und Bodenbeläge sollten Sie bei der Reinigung abdecken.
Besonders vorteilhaft sind Wärmetauscher, die man vom Brennraumraum aus reinigen kann. Hier fällt der Ruß in den Brennraum und wird beim nächsten Anzünden verbrannt - der Aufstellungsraum bleibt sauber!

2.2.8 Die Verkleidung

Speckstein oder Granit? Das ist Geschmacksache.

Neben Verkleidungen aus **Stahlblech** stehen für Kaminöfen eine große Zahl unterschiedlicher **Steinsorten** zur Verfügung. Grundsätzlich bieten Steinverkleidungen den Vorteil einer gewissen Wärmespeicherung, zum Beispiel über Nacht. Dieser Effekt sollte jedoch nicht überschätzt werden. Die Steinauswahl – zum Beispiel Speckstein oder Granit – spielt praktisch keine Rolle. Hier kann ganz nach Optik und Vorliebe entschieden werden.

So genannte **Komplettkamine** mit verputzen Blechverkleidungen haben den Vorteil, dass man die hydraulischen Anschlüsse nicht sieht. Sie sind eine kostengünstige Alternative zu eingemauerten Öfen. Außerdem können sie im begrenztem Umfang auch Warmluft an Nachbarräume abgeben. Beim **Einmauern von Kamineinsätzen** in Kachelöfen wird zusätzlich der Effekt der Wärmespeicherung verbessert.

Grundsätzlich ist sowohl bei Komplettkaminen als auch bei eingemauerten Kamineinsätzen zu beachten, dass die wasserseitig am Korpus installierten Armaturen den dort vorherrschenden Temperaturen (meist über 100°C) standhalten.

WICHTIG:
Die Entlüftungsvorrichtungen für den Wasserkreislauf sollten immer leicht zugänglich sein. Verwenden Sie gegebenenfalls temperaturbeständige Solarentlüfter.

Die Wahl der Verkleidung ist eine Frage der Optik und des Stilempfindens

2.2.9 Der Anschluss und die Aufstellungsvoraussetzungen

Der Installationsaufwand für einen wasserführenden Kamin-/Pelletofen wird häufig unterschätzt. Neben dem Anschluss an den Schornstein und den einzuhaltenden Sicherheitsabständen beziehungsweise den Anforderungen an den Aufstellungsraum (siehe auch 4.2, Seite 173 ff: Das Aufstellen und Anschließen des Kaminofens) ist der hydraulische Schaltungsaufwand und der elektrische Anschluss direkt am Gerät (siehe auch 4.3, Seite 175 ff: Die Hydraulik und elektronische Regelung) zu beachten. Hinweise zur jeweiligen Ausführung und Berechnungsgrundlagen sind in dem entsprechenden Kapitel erklärt.

Die Installation einer Anlage mit wasserführendem Kamin-/Pelletofen wird ausführlich in Kapitel 4 beschrieben.

BITTE BEACHTEN SIE FOLGENDE VORAUSSETZUNGEN:

Hydraulischer Anschluss Kamin-/Pelletofen:

- wärmegedämmte Rohrleitung Heizwasservorlauf
- wärmegedämmte Rohrleitung Heizwasserrücklauf
- Rohrleitung Zulauf der thermischen Ablaufsicherung („Notkühlung") mit Anschluss an das Trinkwassernetz
- Rohrleitung Rücklauf der thermischen Ablaufsicherung mit Anschluss an das Kanalnetz
- Rohrleitung zum Abführen des bei Ansprechen des Sicherheitsventils entweichenden Heizwassers

Elektrischer Anschluss Kamin-/Pelletofen:

- 230-Volt-Netzanschluss bei Geräten mit integrierter Pumpe oder elektronischer Regelung
- Niederspannungsleitungen zum Anschluss der Temperaturfühler der elektronischen Regelung
- gegebenenfalls 230 Volt-Netzanschluss für separate elektronische Regelung

Anschlussmöglichkeit an Schornstein:

- gegebenenfalls Anschluss einer externen Verbrennungsluftzuführung

2.3 Der wasserführende Pelletofen

Eine gute Lösung im Niedrigenergiesektor: Pelletöfen mit Solaranlage.

Seit der Markteinführung von Pelletsfeuerungen Ende der 1990er Jahre haben sich eine Vielzahl ausgereifter Feuerungssysteme etabliert. Pelletöfen sind Einzelöfen, die im Wohnraum aufgestellt werden. Ihr Vorteil: Sie arbeiten weitestgehend automatisch, sind kostengünstig und erlauben den Blick auf das Feuer. Vor allem in Kombination mit einer Solaranlage können wasserführende Pelletöfen ein ganzes Einfamilienhaus beheizen.

Bezüglich des Anschlusses und der Aufstellungsvoraussetzungen für das Gerät beachten Sie bitte Abschnitt 4.2, Seite 173 ff.

2.3.1 Der Brennraum und die Verbrennung

Pellet-Einzelöfen arbeiten üblicherweise mit der so genannten **Fallschachtfeuerung**. Dabei werden die Pellets zunächst mittels einer Förderschnecke aus dem im Gerät befindlichen Vorrattank über eine Fallrinne in den Brennertopf gefördert.

Bild 10: Aufbau eines Pelletofens (Hartmann/Handbuch Bioenergie-Kleinanlagen)

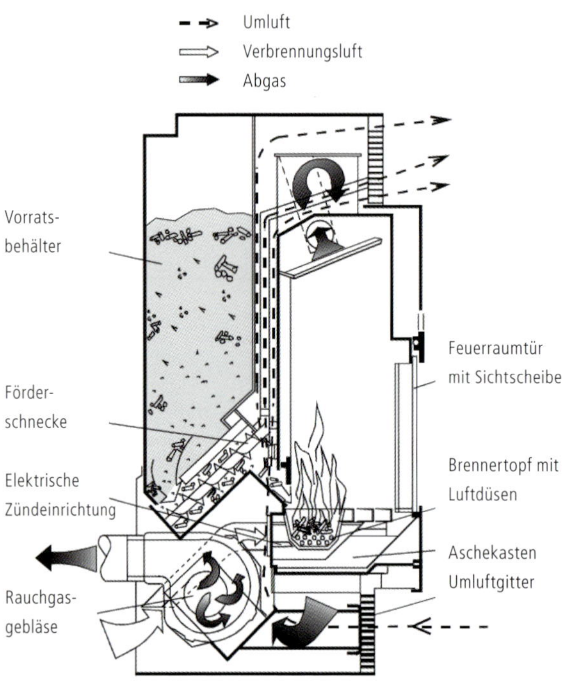

Die Zündung der Pellets erfolgt über eine Zündpatrone, in der durchströmende Luft auf circa 800°C erhitzt und dem Brennertopf gezielt zugeführt wird.

Für den nötigen Luftzug sorgt ein abgasseitig angeordnetes **Saugzuggebläse**. Die Verbrennungsluft wird also in den Brennraum hinein „gesaugt", und die Abgase werden anschließend in den Schornstein geblasen.

Die Steuerung der Verbrennung – also die momentane Wärmeleistung – wird in der Regel über einen Temperatursensor eingestellt. Die Leistung wird aus der Abgas- oder Brennraumtemperatur ermittelt. Die Anpassung erfolgt dann über die Drehzahl des

Saugzuggebläses (Verbrennungsluftzufuhr) und die Fördergeschwindigkeit der Förderschnecke (Brennstoffmenge).

Hinter dem Brennraum befindet sich meist eine am Heizkreislauf angeschlossene **Wassertasche**. Die heißen Abgase werden außerdem durch einen Abgaswärmetauscher geführt und erhitzen dabei zusätzlich das Heizwasser. Ein gewisser Anteil der Verbrennungswärme wird jedoch auch über die Sichtscheibe und die Gehäusetemperatur direkt an den Aufstellungsraum abgegeben (5 bis 20 Prozent).

Die Verbrennung kann bei Pelletöfen besser als bei der Scheitholzfeuerung gesteuert werden.

Durch die einheitliche Größe und gute Dosierung der Pellets kann deren Verbrennung – im Gegensatz zur Verfeuerung von Scheitholz – sehr genau definiert werden. Bereits im Feuerraum können Primär- und Sekundärluft gezielt aufgeteilt werden. Das minimiert den Austrag an Aschepartikeln (Feinstaub!) und ermöglicht einen vollständigen Ausbrand der Brenngase (Wirkungsgrad).

WICHTIG:
Die Abgastemperaturen bei manchen Geräten liegen unter 180°C, was einen kondensatfesten Schornstein voraussetzt. Beachten Sie unbedingt die entsprechenden Herstellerangaben!

2.3.2 Der Wärmetauscher und die Hydraulikbaugruppen

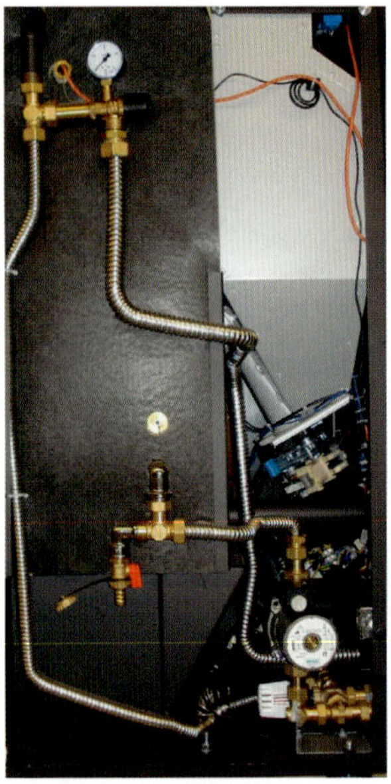

Bild 11: Integrierte Hydraulik-Baugruppen erleichtern die Installation

Für wasserführende Pelletöfen gelten grundsätzlich die gleichen Vorschriften wie für scheitholzbetriebene Geräte. In der Regel ist keine thermische Ablaufsicherung mit Kühlschlange nötig, da die Verbrennung elektrisch über die Regelung und einen Sicherheitstemperaturbegrenzer gesteuert wird. Der Wärmetauscher muss aber mit einem **eigenen Sicherheitsventil** vor Überdruck geschützt werden. Für den hydraulischen Anschluss sind Puffer-Ladepumpe, Rücklaufanhebung und Membranausdehnungsgefäß nötig. Bei vielen Geräten sind diese bereits vom Hersteller integriert. Für deren Funktion und Auslegung gelten grundsätzlich die gleichen Punkte wie für den Scheitholzofen. Sie werden in den nachfolgenden Kapiteln erklärt.

2.3.3 Die Pelletqualitäten

Beim Brennstoffeinkauf sollte man genau auf die unterschiedlichen Pelletqualitäten achten. Vor allem „Billig"-Pellets verursachen häufig Verstopfungen der Förderschnecke und Ablagerungen im Brennertopf, was umso teurere Fachreparaturen nach sich zieht. Besonders der Umschlag und der Transport können die Pelletqualität negativ beeinflussen. Hohe Abrieb- und Staubanteile schlagen sich in einem schlechteren Verbrennungsverhalten nieder.

WICHTIG:
Achten Sie deshalb immer darauf, dass die verwendeten Pellets das DIN-plus-Zertifikat oder das Ö-Norm-Siegel tragen. Kaufen Sie niemals Pellets zweifelhafter Herkunft!

Bild 12: Beim Pellet-Kauf unbedingt auf das DIN-plus oder Ö-Norm-M7135-Siegel achten

2.4. Der Beheizungskreislauf

Der Beheizungskreislauf dient der Übertragung des im Kamin-/Pelletofen erzeugten Warmwassers an den Pufferspeicher. Im Folgenden werden die dazu nötigen Einrichtungen und Armaturen beschrieben und deren Funktion erläutert.

2.4.1 Die Puffer-Ladepumpe

Der Bau einer Anlage mit durch Schwerkraft zirkulierendem Heizwasser ist in der Regel nicht möglich. Deshalb wird eine **Puffer-Ladepumpe** benötigt: Sie sorgt dafür, dass das im Ofen erwärmte Wasser an seinen Bestimmungsort gefördert wird. Die Pumpe wird vorzugsweise in die Rücklaufleitung eingebaut, da dort die Heizwassertemperaturen geringer sind. Sinnvollerweise werden vor und hinter die Pumpe **Absperrventile** eingebaut, um einen eventuellen Tausch der Pumpe zu erleichtern. Je nach Anlagenschema empfiehlt sich typischerweise auch die Installation einer **Schwerkraftbremse** direkt hinter der Pumpe. Zum Einsatz kommen meist ungeregelte Nassläuferpumpen mit drei Leistungsstufen.

Puffer-Ladepumpe in den Rücklauf einbauen: am besten gleich mit Schwerkraftbremse!

Da ein 12-Stundenbetrieb über die Heizperiode Stromkosten von etwa 30 Euro (Basis 22 Cent/kWh) verursacht, sollte die Pumpenleistung unbedingt an die vorhandenen hydraulischen Gegebenheiten angepasst werden, um unnötige Stromkosten zu vermeiden. Schließlich soll nur die Menge Wasser durch das Rohrnetz gepumpt werden, die tatsächlich benötigt wird. Die Puffer-Ladepumpe ist daher idealerweise so auszuwählen, dass der Auslegungsbetriebspunkt in der Mitte der Pumpenkennlinie der maximalen Motordrehzahl liegt – denn dort ist der beste **Pumpenwirkungsgrad.**

Bild 13: Puffer-Ladepumpe: Richtige Dimensionierung entlastet die Stromrechnung (WILO SE)

HINWEIS:
Moderne Steuerungen können die Pumpe mittels Impuls-Paket-Steuerung betreiben. Durch Takten im Millisekundenbereich wird die Pumpenleistung zwischen 30 und 100 Prozent je nach momentaner Heizleistung variiert. Dies spart zusätzliche Stromkosten und optimiert die Wärmeabgabe.

Die Energieeinsparverordnung (EnEV) schreibt für die Heizkreise (Wohnraumerwärmung mittels thermostatisch geregelter Heizkörper) so genannte **selbstregelnde Pumpen** vor. Diese passen sich automatisch den unterschiedlichen Druckverhältnissen im Heizungssystem an, um Strom zu sparen. Da sich die Druckverhältnisse im Beheizungskreislauf bei Kaminöfen jedoch nur in der Anheizphase durch die unterschiedlichen Regelstellungen der Rücklaufanhebung ändern, bringen geregelte Pumpen in diesem Anwendungsfall meist keine Vorteile.

2.4.2 Die Rücklauf-Temperaturanhebung am Wärmetauscher

Festbrennstoffgeräte immer nur mit thermischer Rücklaufanhebung betreiben.

Die Rücklaufanhebung verhindert eine zu große Temperaturdifferenz zwischen dem Vor- und Rücklauf des im Ofen integrierten Wärmetauschers. Dafür wird dem vom Pufferspeicher kommenden kalten Rücklaufwasser mit Hilfe eines **temperaturgesteuerten Mischventils** heißes Vorlaufwasser beigemischt. Ziel der Rücklaufanhebung ist es, insbesondere in der Anbrandphase die Wassertemperatur möglichst schnell über einen Schwellenwert von etwa 55°C ansteigen zu lassen. Wenn der Wärmetauscher nämlich zu kalt ist, kondensieren die Verbrennungsabgase an seiner Oberfläche und es bildet sich Glanzruß in den Heizgaszügen. Und mit zunehmender Rußdicke verschlechtert sich die Wärmeübertragung in den Wärmetauscher: Die Leistungsfähigkeit des Ofens nimmt ab.

Während des Vollbrandes versucht das Mischventil, die Rücklauftemperatur möglichst niedrig – jedoch nicht unter 55°C – zu halten. So wird eine weitere Kondensatbildung verhindert und gleichzeitig die in den Abgasen befindliche Restwärme bestmöglich ausgenutzt: Je kälter das Wasser, desto größer die „Kühlwirkung".

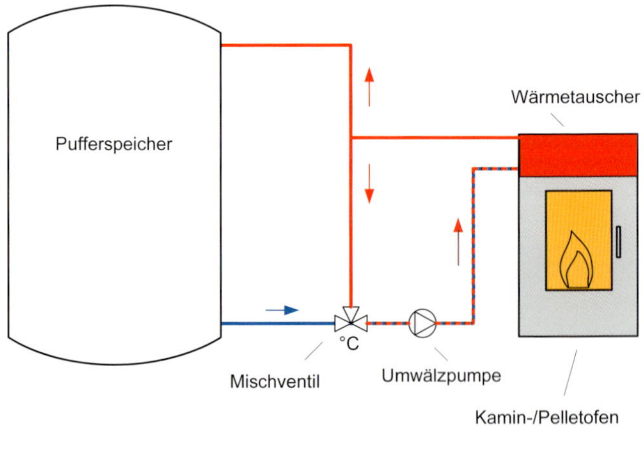

Bild 14: Rücklaufanhebung am Feststoffofen zur Vermeidung von Abgaskondensation

Bild 15: Puffer-Ladestation mit manuell einstellbarem Mischventil zur Rücklaufanhebung und Thermometern zur Temperaturkontrolle (ORANIER AquaLoad)

Das Mischventil der Rücklaufanhebung wird in der Regel als separates Bauteil außerhalb des Kessels in die Hydraulik eingebunden. Am besten wird es nahe am Kaminofen platziert, um durch kurze Zuleitungen in der Startphase das zu erwärmende Heizwasservolumen möglichst klein zu halten. Einige thermische Mischventile benötigen ein **separates Drosselventil** in der Zumischleitung.

BITTE BEACHTEN:
Beim Betrieb ohne Drosselventil kann es bei hohen Strömungswiderständen im Pufferkreislauf passieren, dass das Heizwasser des Vorlaufs direkt wieder über das Mischventil in den Rücklauf geführt wird, ohne den Pufferspeicher zu bedienen. Beachten Sie deshalb unbedingt die Angaben der Hersteller! Bitte beachten Sie zudem, dass viele Mischventile keine Dichtung haben. Um ein Entladen des Pufferspeichers zu verhindern, bauen Sie am besten eine Konvektionsbremse vor dem Mischventil ein.

Einfache Ventile sind fest auf einen Temperaturwert eingestellt. Manuell verstellbare Ventile erlauben die exakte Anpassung der Rücklauftemperatur an individuelle Heizgewohnheiten oder an besonders ausgeführte Anlagen. So kann etwa bei ungewöhnlich hohem Kondensatausfall und der damit verbundenen Versottung eine höhere Einstellung – beispielsweise auf 70°C – Abhilfe schaffen.

Das Wirkprinzip der temperaturgesteuerten Mischventile beruht auf einem Dehnstoffelement, dessen Länge sich in Abhängigkeit der Temperatur ändert – dadurch öffnet sich der Zulauf aus der Pufferspeicherstrecke entsprechend mehr oder weniger.

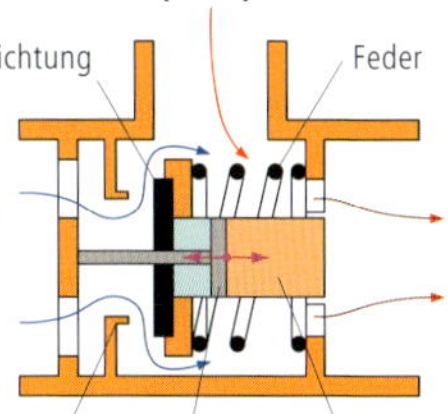

Bild 16: Funktionsweise Mischventil zur Rücklaufanhebung

Wenn bestehende Altanlagen mit Stahlrohrleitungen um einen Kaminofen erweitert werden, besteht die Gefahr, dass sich Ablagerungen aus den Altleitungen lösen und das Ventil der thermischen Rücklaufanhebung blockieren. Auch Kalkablagerungen oder sonstige Verschmutzungen können das Ventil beeinträchtigen.

Größe des Ausdehnungsgefäßes: etwa 15 Prozent des Pufferspeichervolumens!

TIPP:
Kontrollieren Sie regelmäßig, ob die Rücklauftemperatur noch auf die geforderten 55°C angehoben wird. Hierfür wird idealerweise ein Thermometer mit in die Rücklaufleitung eingebaut. Bei aufwändigen Anlagen, vor allem mit leistungsstarkem Feststoffkessel, kann die Rücklaufanhebung auch durch elektronisch angesteuerte motorische Mischventile erfolgen.

2.4.3 Das Membranausdehnungsgefäß und Sicherheitsventil

Membranausdehnungsgefäß (MAG) und Sicherheitsventil (SV) bilden eine zusammengehörende Einheit zur Absicherung des Heizkreislaufes. Ihre technischen Betriebsdaten müssen deshalb aufeinander abgestimmt sein.

Membranausdehnungsgefäß

Bild 17: Membranausdehnungsgefäß: auf ausreichende Dimensionierung achten

Der geschlossene Heizkreislauf benötigt ein variables Volumen, damit die wegen der unterschiedlichen Temperaturen entstehenden Volumenänderungen des Heizkreismediums aufgenommen werden können. Da das als Wärmeträgermedium eingesetzte Heizwasser nicht komprimierbar ist, wird ein gesondertes Ausdehnungsgefäß benötigt. Dieses besitzt eine Membran, deren eine Seite mit einem Gasvolumen aus Stickstoff gefüllt ist. Die andere Seite ist mit dem Wärmeträgermedium verbunden.

Bei Volumenausdehnung wird das Stickstoffmedium komprimiert und dehnt sich bei Volumenverringerung wieder aus. Die Verwendung von Stickstoff beziehungsweise einem ähnlichen inerten Gas als Füllmedium hat den Vorteil, dass bei Diffusionsvorgängen durch die Gummimembrane kein Sauerstoff mit dem Heizungswasser in Berührung kommen kann und somit Korrosionen vermieden werden.

Überschlägig lässt sich die Nenngröße des Ausdehnungsgefäßes mit gut 10 Prozent des Wasservolumens der gesamten Anlage oder **15 Prozent des Volumens des eingebauten Pufferspeichers** abschätzen. Wählen Sie immer das **nächst größere** handelsübliche Membranausdehnungsgefäß aus.

BEISPIEL:
Ein Kaminofen mit **600-Liter-Pufferspeicher** soll nachträglich eine konventionelle Ölheizung in einem Einfamilienhaus ergänzen: Pufferspeicher **600 l x 15 % = 90 l.** Gewähltes Gefäß für die Gesamtanlage: **110 Liter.**

WICHTIG:
Da Anlagen mit wasserführenden Kaminöfen in der Praxis häufig versehentlich bis zum Ansprechen der thermischen Ablaufsicherung aufgeheizt werden (Heizwassertemperatur 95°C), reichen die für Öl- und Gaskessel üblichen Faustformeln zur Auslegung der Ausdehnungsgefäße und des Anlagendruckes oft nicht aus – dies verursacht Wasserverlust am Sicherheitsventil und den Eintritt von Luft in die Anlage!
Die Auslegungstabellen in 3.4.3, Seite 153 ff, helfen Ihnen schnell und einfach, die genaue Größe und den Vordruck des Ausdehnungsgefäßes sowie den Fülldruck der Anlage zu bestimmen.

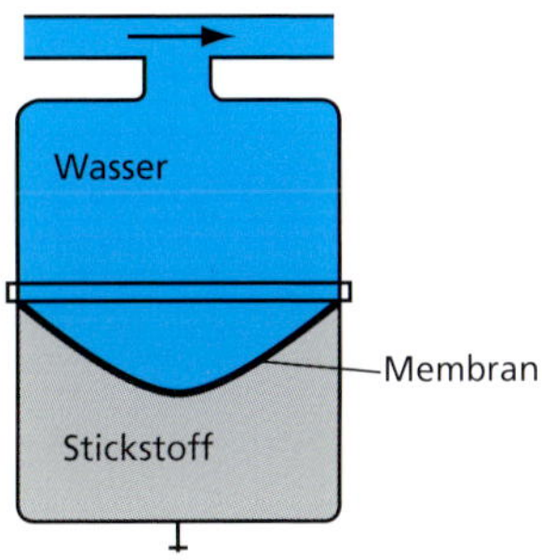

Bild 18: Funktionsprinzip des Membranausdehnungsgefäßes

Der Vordruck des Stickstoffvolumens sollte dem Druck der Wassersäule entsprechen, die zwischen dem Ausdehnungsgefäß und dem höchsten Punkt des Heizkreislaufs gemessen wird (statischer Druck). Eine Druckreserve von etwa 0,3 bar sollte dazu gerechnet werden. Diese Druckreserve verhindert das Eindringen von Luft auch an der höchstgelegenen Stelle des Heizkreislaufs und gegebenenfalls an den Zirkulationspumpen (Unterdruck an der Einlaufseite!).

Außerdem wird durch die **Druckreserve** das Restluftpolster im höchstgelegenen Heizkörper beziehungsweise im Wärmetauscher des Kaminofens so komprimiert, dass der Einlaufanschluss vollständig durch Wasser ausgefüllt ist und störende Einströmgeräusche unterbleiben.

BEISPIEL:
Die Höhendifferenz beträgt 5 Meter. Das entspricht einer Wassersäule (mWS) von ebenfalls 5 Metern oder 0,5 bar: 1 mWS = 0,1 bar. Es ergibt sich ein überschlägiger Druck für das Stickstoffvolumen des MAG: **0,5 bar + 0,3 bar = 0,8 bar**.

Den Vordruck des Membran-ausdehnungsgefäßes korrekt einstellen!

Bei kleineren Höhendifferenzen sollte der Vordruck mindestens 0,7 bar betragen. Der statische Druck lastet also von vornherein auf dem Stickstoffvolumen des Ausdehnungsgefäßes, ohne dass das Wärmeträgermedium erwärmt wird. Daher muss er durch einen entsprechenden Gegendruck – dem Vordruck im Stickstoff-volumen – neutralisiert werden.

HINWEIS:
Im Handel sind Ausdehnungsgefäße mit unterschiedlichem, **werksseitig aufgegebenem Vordruck** erhältlich. Eine Erhöhung des Vordrucks ist mit speziellen Stickstoffbehältern (Heizungsfachhandel) möglich. Verzichten Sie auf das Nachfüllen von Umgebungsluft mit Hilfe einer Fußluftpumpe!

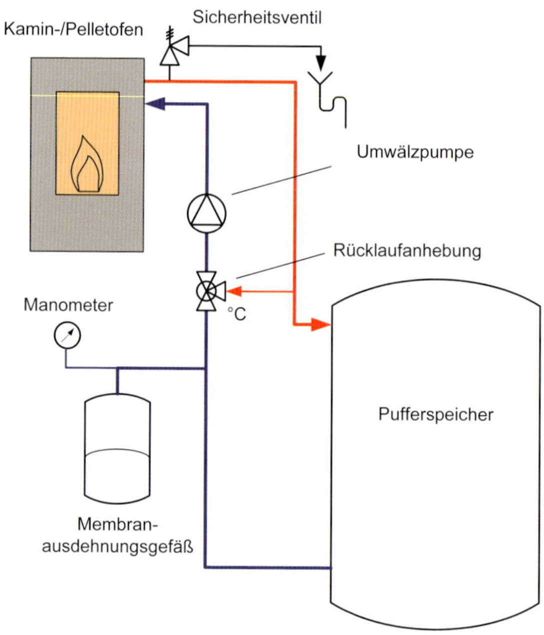

Bild 19: Einbau des Ausdehnungsgefäßes: im Rücklauf und an der "Saug"-Seite der Pumpe

Der Druck, mit dem das Wärmeträgermedium im Heizkreis im Betrieb (wenn also das Heizwasser warm ist) beaufschlagt wird, nennt man **Auslegungsenddruck**. Er sollte etwa 0,5 bar unter dem Ansprechdruck des Sicherheitsventils liegen.

BEISPIEL:
Sicherheitsventil 2,5 bar -> Anlagendruck 2,0 bar.

„Luft im Ofen!": Der Fehler liegt oft beim Ausdehnungsgefäß.

Nach Inbetriebnahme der Anlage sinkt zumeist der Anlagendruck, da noch Luft durch die Entlüftungsventile entweicht. In der Regel muss mehrmals nachgefüllt und es müssen die manuellen Entlüftungsvorrichtungen betätigt werden. Der Druck, mit dem die Anlage in kaltem Zustand befüllt wird, nennt sich **Mindest- beziehungsweise Maximalfülldruck**. Dieser wird separat berechnet und verhindert das Eindringen von Luft an der höchsten Stelle der Anlage in kaltem Zustand. Außerdem sorgt er dafür, dass die maximale Ausdehnung des Mediums bei heißer Anlage vollständig vom Ausdehnungsgefäß aufgenommen werden kann, ohne dass es zum Ansprechen des Sicherheitsventils kommt.

BITTE BEACHTEN:
Störungen im Wasserumlauf durch Eintritt von Luft können nur vermieden werden, wenn das Volumen des Ausdehnungsgefäßes ausreichend bemessen und der Füll- und Vordruck genau den ermittelten Werten entspricht. Sonst kann beim Aufheizvorgang das Sicherheitsventil ansprechen und Anlagenwasser wird abgeführt!

Das Ausdehnungsgefäß sollte mit einer möglichst kurzen **Verbindungsleitung** (mindestens 18 Millimeter Durchmesser / DN 16) am tiefsten Punkt der Anlage angeschlossen werden. Um die Lebensdauer der Membrane nicht unnötig zu belasten, sollte der Anschluss im kälteren Rücklauf erfolgen. Im Hinblick auf die Druckverhältnisse im Rohrnetz sollte zwischen „Saugseite" der Pumpe und MAG ein geringerer Rohrwiderstand als zwischen Pumpen-Druckseite und MAG bestehen (vergleiche hierzu Bild 19). Außerdem ist ein Druck-Manometer im Bereich des Ausdehnungsgefäßes vorzusehen. Besitzt dieses eine einstellbare Festmarke,

Bild 20: Kappenventil zum Anschluss des Membranausdehnungsgefäßes

so wird jene auf die statische Anlagenhöhe (also zum Beispiel 0,8 bar für 8 Meter Anlagenhöhe) eingestellt.

Für den Anschluss empfiehlt sich die Verwendung eines **Kappenventils**. Dieses beinhaltet einen plombierbaren Abstellhahn sowie ein Entwässerungsventil. Im Servicefall (jährliche Überprüfung des Stickstoffvolumen-Vordrucks) kann der Abstellhahn geschlossen und anschließend mittels Entwässerungsventil das im MAG anstehende Heizwasser abgelassen werden. Die komplette Heizanlage muss nicht entleert werden.

Sicherheitsventil

Das Sicherheitsventil schützt sämtliche Anlagenteile vor Überdruck. Deshalb muss sich der Ansprechdruck am schwächsten Bauteil orientieren. Hierbei ist insbesondere der zulässige Überdruck am Wärmetauscherkessel des Kamin-/Pelletofens zu berücksichtigen.

Bild 21: Sicherheitsbaugruppe: Manometer, Automatikentlüfter und Membransicherheitsventil

Sicherheitsventile besitzen üblicherweise einen fest eingestellten Ansprechdruck von 2,5 oder 3,0 bar. Je höher der Ansprechdruck, umso kleiner kann das Volumen des Membranausdehnungsgefäßes ausfallen. Bei Heizungsanlagen mit mehreren Wärmeerzeugern muss jeder Wärmeerzeuger durch mindestens ein Sicherheitsventil abgesichert werden. Deswegen ist manchmal ein Sicherheitsventil vom Hersteller direkt am Kamin-/Pelletofen angebracht. Dort ist die Leitungslänge der Abblaseleitung zu beachten (siehe 3.4.4 , Seite 158).

2.4.4 Der Sicherheitswärmetauscher und die thermische Ablaufsicherung

Wasserführende Kamin-/Pelletofen müssen beim Einsatz in geschlossenen Heizkreislaufsystemen mit einem **Sicherheitswärmetauscher** ausgestattet sein. Dieser besteht oft lediglich aus einer **Rohrschlange**, die durch den Kessel des Ofens geführt wird.

Sicherheitswärmetauscher: Notkühlung bei Überhitzung des Kessels.

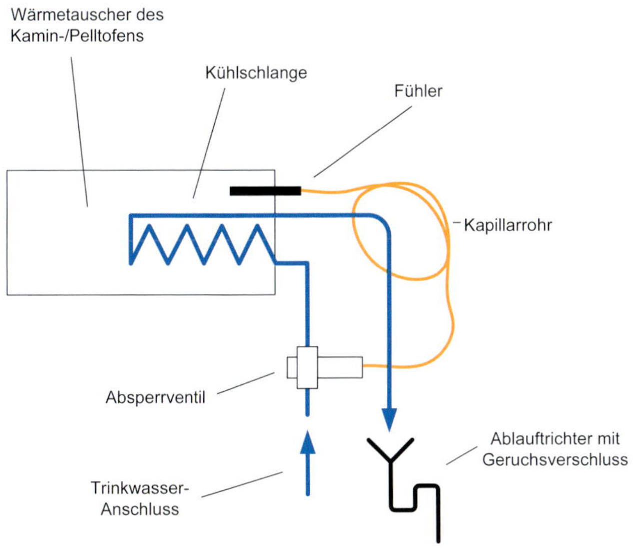

Bild 22: Prinzip der thermischen Ablaufsicherung

Im Falle einer Störung – zum Beispiel weil bei „vollem" Pufferspeicher weiter geheizt wurde – wird die Rohrschlange mit kaltem Wasser durchströmt. Dadurch wird der Kessel gekühlt und die überschüssige Heizenergie abgeführt: Ein Kochen des Kessels und der damit verbundene Druckablass durch das **Sicherheitsventil** werden vermieden.

Dieser Zustand tritt nur in Ausnahmefällen ein, weshalb der Kühlwasserkreislauf in solchen Fällen mit Wasser aus der Trinkwasserleitung gespeist und das erwärmte Kühlwasser in den Abflusskanal abgeführt wird.

Die thermische Ablaufsicherung öffnet den Kühlwasserkreislauf bei Überhitzung.

Die **thermische Ablaufsicherung** gewährleistet die Öffnung des Kühlwasserkreislaufes. Sie besteht aus einem Fühler, einem Kapillarrohr und einem Absperrventil. Der Fühler wird mittels Tauchhülse in den Kessel eingeführt. Sollte die Kesseltemperatur 95°C überschreiten, dehnt sich die Kapillarflüssigkeit so weit aus, dass das Absperrventil gegen die Federkraft geöffnet wird und damit das Kühlwasser freigibt.

WICHTIG:
Bei den hier betrachteten Sicherheitswärmetauschern (Kühlschlange) müssen Sie die thermische Ablaufsicherung **vor** dem Wärmetauscher einbauen, um diesen vor Verschmutzung, wie zum Beispiel Kalkausfällung, zu schützen. Der Sicherheitswärmetauscher bleibt demnach drucklos. Außerdem könnte es durch Wärmeausdehnung des Kühlmediums zu Undichtigkeiten an der Thermischen Ablaufsicherung kommen.

Bei den so genannten **„offenen Systemen"** (drucklos) wird kein Sicherheitswärmetauscher benötigt. Bei ihnen ist der Kessel nicht in einen geschlossenen Verbund mit Membranausdehnungsgefäß und Sicherheitsventil in den Heizkreislauf eingebunden – der Kreislauf besitzt hier an der höchsten Stelle einen Abzweig, der frei mit der Außenluft verbunden ist. Im Fehlerfall kann sich kochendes Kesselwasser ungehindert nach oben ausdehnen.

Bild 23: Thermische Ablaufsicherung direkt am Gerät

Die übliche wärmebedingte Ausdehnung wird über einen am höchsten Punkt im Rohrnetz angeordneten Behälter aufgenommen, der im kalten Zustand der Anlage einen niedrigen und im warmen Zustand einen hohen Füllstand aufweist. Der Kontakt des Wassers mit der Atmosphäre und die Aufnahme von Luftsauerstoff begünstigt allerdings **Korrosionen** im System. Ein weiterer Nachteil ist der Platzbedarf im obersten Geschoss. Deshalb gibt es offene Anlagen heute fast nur noch in **Gebäude-Altbeständen**, zum Beispiel bei koksbefeuerten Anlagen.

2.4.5 Die Schwerkraftbremse

Warmes Wasser steigt nach oben – das ist bekannt. Die sich daraus ergebende **Schwerkraftzirkulation** wird durch den Unterschied in der Dichte hervorgerufen. Für den wasserführenden Kamin-/Pelletofen ist dies eine unerwünschte Erscheinung: Ist nämlich der Pufferspeicher tiefer als der Ofen aufgestellt, kann es bei kaltem Ofen und abgeschalteter Zirkulationspumpe zur Rückzirkulation des Heizwassers entgegen der Pumpenrichtung kommen. Der Pufferspeicher erwärmt dadurch den Wärmetauscherkessel, der die Wärme mittels des Kaminzugs an die Außenluft abgibt. Folge: Der Pufferspeicher kühlt langsam aus.

Die Schwerkraftbremse verhindert die Schwerkraftzirkulation und damit die Auskühlung des Pufferspeichers.

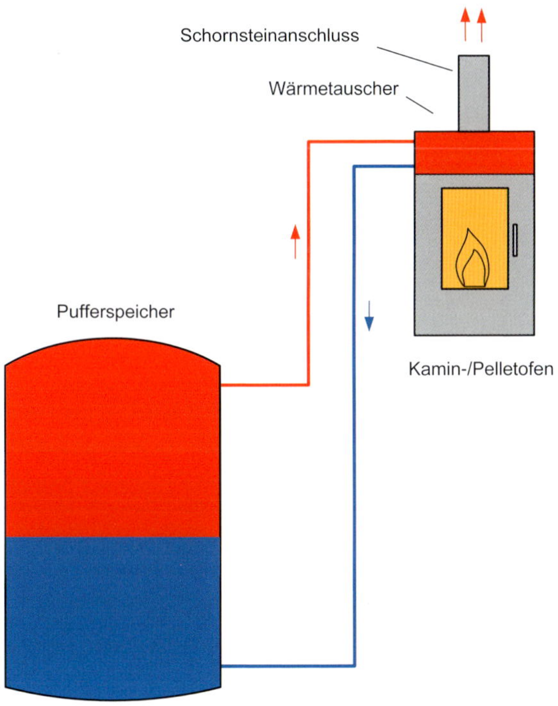

Bild 24: Auskühlen des Speichers durch Schwerkraftzirkulation

Bild 25: Kugelhahn mit integriertem Rückschlagventil hinter der Pumpe, im Rücklauf angeordnet

Um dies zu verhindern, wird ein so genannter **Rückflussverhinderer** (Schwerkraftbremse) eingesetzt. Dies ist in der Regel ein federbelastetes Rückschlagventil mit geringem Öffnungsdruck. Das Ventil sollte manuell von außen zu öffnen sein, um das Entlüften des Heizwasserstrangs zu vereinfachen. In der Regel wird das Rückschlagventil direkt hinter die Pumpe im Rücklauf eingebaut.

Auch die durch die Schwerkraftzirkulation innerhalb der Vorlaufleitung ausgelöste so genannte **Mikrozirkulation** ist ein ungewünschter Nebeneffekt. Dabei steigt im Inneren der Rohrleitung das warme Wärmeträgermedium nach oben, kühlt sich dort langsam ab und wird an der Rohrwandung wieder in den Speicher zurück zirkuliert. Das bedeutet einen – wenn auch geringen – zusätzlichen Wärmeverlust.

Wenn das Mischventil der thermischen Rücklaufanhebung nicht dicht schließt, kann dies zudem zu einer **Schwerkraftzirkulation** führen. Auch in diesem Fall steigt warmes Pufferwasser auf, kühlt sich ab und gelangt durch das Mischventil zurück in den unteren Speicherbereich.

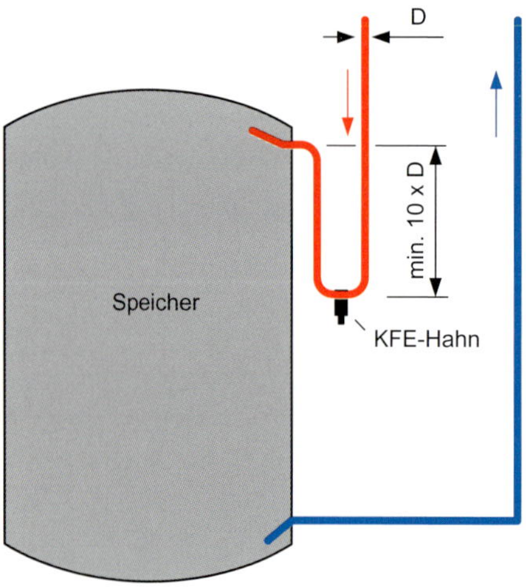

Bild 26: Thermosiphonschleife zur Vermeidung von Schwerkraft- und Mikrozirkulation

Beide Effekte können durch eine weitere **Rückschlagklappe** im Vorlauf nahe des Speichers verhindert werden (Strömungsverluste bei der Pumpenauslegung beachten!).

WICHTIG:
Unbedingt empfohlen wird der zusätzliche Einbau einer **Thermosiphonschleife.** Hierbei wird das Rohr für den Vorlauf direkt am Speicher zunächst ein Stück nach unten geführt, um danach als „U" wieder nach oben zu verlaufen. Die Länge der Schleife sollte dabei mindestens dem zehnfachen Leitungsdurchmesser entsprechen. Am Hochpunkt sehen Sie bitte einen Handentlüfter vor, am Tiefpunkt einen KFE-Hahn (Kesselfüll- und Entleerungshahn).

Die Thermosiphonschleife verhindert einfach und wirkungsvoll Wärmeverluste, falls eine Rückschlagklappe oder das thermische Mischventil nicht optimal schließen.

2.4.6 Die Entlüftungseinrichtungen

Entlüfter führen die Luft im Rohrleitungssystem aus der Anlage ab, um den Rohrquerschnitt vollständig freizugeben, Korrosion und Geräuschbildung zu vermeiden und für einen optimalen Wärmeübergang an den Heizflächen zu sorgen.

Unbedingt für ausreichend und gut zugängliche Entlüftungsmöglichkeiten sorgen!

Bei den Anschlussleitungen für wasserführende Kamin- und Pelletöfen kommen in der Regel **Entlüfterhähne**, also manuell zu öffnende Ventile, selbsttätige **Entlüfterventile** mit Schwimmkugel und **Luftabscheider** zum Einsatz.

Entlüftet wird am höchsten und wärmsten Punkt des Heizkreises – meist am Wärmetauscher des Ofens – sowie an allen relativen Hochpunkten des Rohrnetzes. Am Wärmetauscher des Ofens befindet sich dazu meist ein kleines Entlüftungsventil, mit dem die Anlage manuell entlüftet wird.

Wichtige Gründe für die regelmäßige Entlüftung:

- Nach dem Befüllen lagern sich oft viele kleine Luftbläschen an den Wandungen des Rohrnetzes und den hydraulischen Komponenten an. Diese werden beim Pumpenbetrieb nur langsam von den Wandungen abgelöst und sammeln sich schließlich an den relativen Hochpunkten
- Mit einer höheren Temperatur kann Wasser weniger Luft aufnehmen. Nach der Erstbefüllung einer 1.000-Liter-Anlage werden so rund 10 Liter Luft im ofenseitigen Wärmetauscher abgeschieden. Dieser Vorgang kann so lange dauern bis jedes „Wasser-Molekül" einmal auf Maximaltemperatur erwärmt wurde
- Mit sinkendem Anlagendruck kann Wasser ebenfalls weniger Luft aufnehmen. Auch hier wird zusätzlich Luft abgeschieden

Bild 27: Schwimmkugelentlüfter

BITTE BEACHTEN:
Versehen Sie Anlagen mit wasserführenden Kamin-/Pelletöfen immer mit ausreichend vielen und gut zugänglichen Entlüftungsmöglichkeiten, am besten mit Automatikentlüftern. Durch die kleine Förderleistung der Pumpe und die starke Schwankung der Wassertemperatur müssen Sie auch nach der Installation noch längere Zeit entlüften!

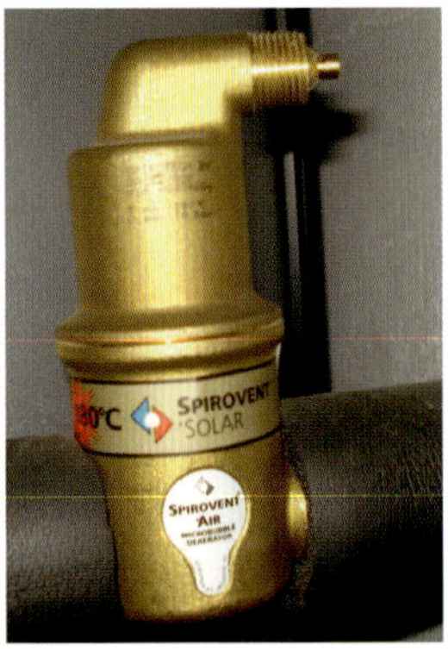

Bild 28: Optimal: Mikroblasen-Luftabscheider

Falls bauseitig möglich, sollte direkt am Kaminofen – insbesondere im Vorlauf – ein selbsttätiger **Entlüfter mit Schwimmkugel** eingesetzt werden. Bei diesem Typ wird die anfallende Luft automatisch über ein Schwimmerventil abgeschieden. Die nachströmende Flüssigkeit hebt den Schwimmer und schließt das Ventil. Nach vier Wochen wird das Ventilkäppchen zugedreht. Bei eingemauerten Geräten ist zu beachten, dass die automatischen Entlüfter üblicherweise nur bis 110°C temperaturbeständig sind. Verwenden Sie gegebenenfalls Solarentlüfter mit einer Temperaturbeständigkeit von 150°C.

Noch besser bewährt hat sich hier der Einsatz eines **Mikroblasen-Luftabscheiders**. Eventuell anfallende Luft wird über die gesamte Heizperiode wirkungsvoll abgeschieden.

Entlüfterventile mit Schwimmkugel müssen stets senkrecht und an Stellen verminderter Strömungsgeschwindigkeit (zum Beispiel vor 90°-Winkeln nach unten) eingebaut werden.

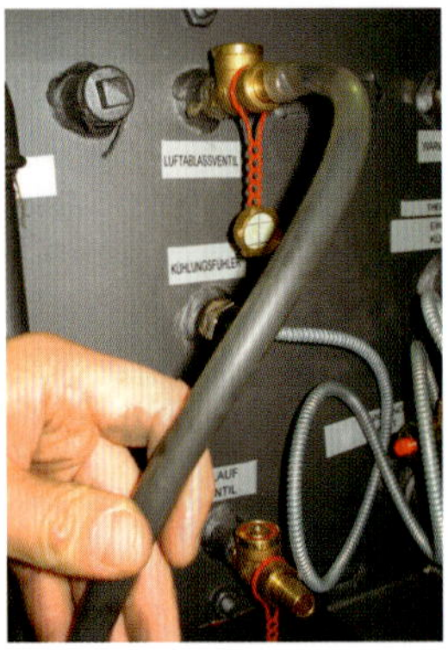

Bild 29: Manuelle Entlüftung am Ofenkörper

TIPP:
Setzen Sie die Entlüftungsventile möglichst auf ein kurzes senkrechtes Rohrstück, in dem sich die Luft bis zum nächsten Entlüften sammeln kann.

Wenn die Anlage im Sommer nicht betrieben wird, sollte sie zu **Beginn der Heizsaison** grundsätzlich nochmals **entlüftet** werden. Dabei ist zu beachten, dass anschließend ausreichend Leitungswasser zugeführt wird, um den vorgesehenen Anlagendruck zu gewährleisten (Mindest- beziehungsweise Maximalfülldruck beachten, siehe hierzu Tabellen 25 bis 27, Seite 155 ff).

2.4.7 Das Rohrnetz

Rohrleitungen

Im Heizkreislauf zwischen Ofen und Pufferspeicher wird überwiegend Kupferrohr in Stangen eingesetzt. Die Leitungen werden üblicherweise mit Pressfittings oder durch Weichlöten verbunden. Aus Kostengründen können auch C-Stahlrohre (zum Beispiel „Prestabo" der Firma Viega) verwendet werden.

Kunststoff- beziehungsweise Kunststoffverbundrohre empfehlen sich wegen der hohen Systemtemperatur für den Beheizungskreislauf weniger. Für Kamin- und Pelletöfen hat sich ein **Rohrdurchmesser von 22 Millimeter (DN 20)** bewährt, um Strömungsverluste zu vermeiden.

Bild 30: Ideal: flexibler Geräteanschluss mit Edelstahlwellrohr

Für den Zu- und Abfluss der thermischen Ablaufsicherung sind normalerweise 18 Millimeter (DN 16) völlig ausreichend. Die Abflussleitung direkt am Sicherheitsventil muss mindestens 22 Millimeter Durchmesser (DN 20) betragen, damit es im Fehlerfall nicht zu einem Druckstau kommt (vergleiche Tabelle 28, Seite 158).

WICHTIG:
Sehen Sie zum einfacheren Montieren und Demontieren des Ofens am Ofenanschluss unbedingt eine Trennmöglichkeit vor: zum Beispiel durch Press-Trennverbinder oder entsprechende Verschraubungen.

Zum Ausgleich der Montagetoleranzen ist es ratsam, die Rohrzuführungen durch Decken und Wände groß genug zu bohren, damit die direkt am Gerät abgehenden Leitungen noch etwas ausjustiert werden können. Hierbei hat sich vor allem der Anschluss mit einem Edelstahlwellrohr bewährt.

Bild 31: Geschlossenzelliger Isolierschlauch

Rohrdämmung

Stärke und Ausführung der Dämmung haben einen großen Einfluss auf die Leistungsfähigkeit des Ofens. Schließlich sollen nicht die Kellerräume und Wände beheizt werden, sondern es soll möglichst viel Energie in den Pufferspeicher gelangen.

Ein Schlauch aus geschlossenzelligem EPDM-Schaum (Wärmedurchgangszahl Lambda = 0,040 W/mK) ist für die Dämmung besonders gut geeignet. Die Dämmstärke sollte dabei mindestens dem Rohrdurchmesser entsprechen, das Material eine Temperaturbeständigkeit von über 100°C besitzen.

Die Zuleitung zur thermischen Ablaufsicherung muss nicht vor Erwärmung geschützt werden, benötigt also keine Dämmung.

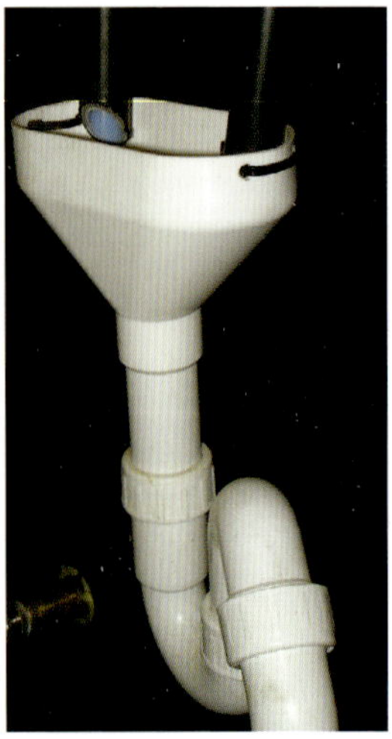

Bild 32: Geruchsdichter Anschluss der Abflussleitung von Sicherheitsventil und thermischer Ablaufsicherung an das Kanalnetz

Abwasseranschluss thermische Ablaufsicherung und Sicherheitsventil

Im praktischen Betrieb von wasserführenden Kaminöfen kommt es erfahrungsgemäß hin und wieder zum Ansprechen der thermischen Ablaufsicherung, wenn versehentlich zu viel Holz aufgelegt wurde. Dabei fließt das Kühlwasser mit Leitungsdruck durch die Kühlschlange des Wärmetauschers – in kürzester Zeit muss eine große Menge Wasser abgeführt werden.

TIPP:
Nutzen Sie in diesem Fall zum Beispiel einen freien Abfluss in ein Spülbecken in der Waschküche, um das Wasser abzuführen. Es gibt aber auch spezielle Trichter mit angeschlossenem Siphonrohr als Geruchsabschluss. Ein direkter Anschluss des Auslaufs an das Abwassersystem ist nicht zulässig (Rückverkeimung des Trinkwassers).

Heizwasser und Befüllanschluss

Insbesondere bei stark kalkhaltigem Leitungswasser sollte das Heizwasser vor Befüllen der Anlage mit Hilfe spezieller Geräte enthärtet werden, um Kalkablagerungen durch die hohen Systemtemperaturen am Wärmetauscher des Kaminofens zu vermeiden.

Stark kalkhaltiges Wasser vor Befüllen der Anlage enthärten!

Der Füllanschluss muss mit einem speziellen Trennelement versehen werden, um eine Rückverkeimung des Trinkwassers zu verhindern. Die direkte Verbindung mit einem Wasserhahn über ein Schlauchstück ist nicht zulässig.

2.4.8 Die elektrischen Stellventile

Zum Regeln von Volumenströmen in den Heizkreisen werden **elektrische Zwei- und Drei-Wege-Ventile** eingesetzt. Man unterscheidet zunächst motorische und elektrothermische Antriebe. Bei letzteren wird ein Arbeitszylinder beheizt, dessen Stofffüllung sich ausdehnt und ein Ventil betätigt. Die Stellzeit ist mit etwa 3 Minuten relativ träge. In Arbeitsstellung wird ein permanenter Betätigungsstrom benötigt (circa 3 Watt).

Bild 33: Zwei-Wege-Ventil mit elektrothermischem Stellantrieb (Resol Elektr. Regelungen GmbH)

Elektromotorische Drei-Wege-Ventile werden mittels eines Getriebemotors verstellt. Bei kurzen Stellzeiten wird im Stillstand kein Strom verbraucht.

Man unterscheidet:

a) Drei-Wege-Umschaltventile oder Zonenventile

Sie werden durch einen 230-Volt-Motor oder elektrothermisch voll in „AUF"-Stellung gefahren. Wird die Spannung weggeschaltet, so fährt das Ventil in „ZU"-Stellung zurück (bei Motorantrieb über einen Federmechanismus). Die Ansteuerung erfolgt über einen Relaiskontakt in der Regelung. In „AUF"-Stellung ist der Übergang A nach AB offen und B nach AB geschlossen. In „ZU"-Stellung ist B nach AB offen und A nach AB geschlossen.

Bild 34: Drei-Wege-Integrationsventil (ORANIER)

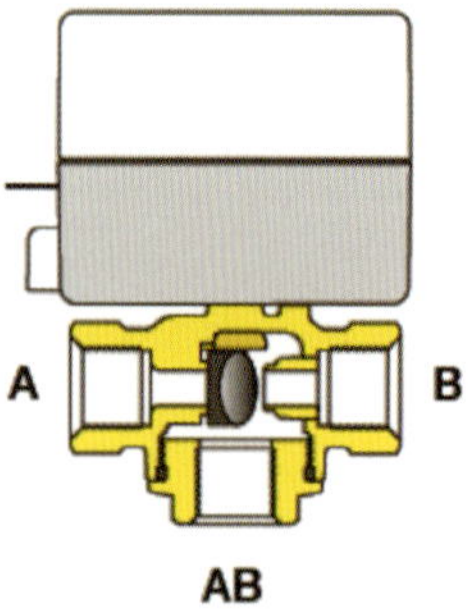

Bild 35: Drei-Wege-Umschaltventil: Es ist entweder der Übergang A-AB oder B-AB geöffnet (Caleffi Armaturen GmbH)

b) Servomotorisch betätigte Drei-Wege-Mischventile

Diese werden über einen 230-Volt-Servomotor betätigt. Für die volle Öffnung des Ventilquerschnitts muss der Motor in der so genannten **Mischerlaufzeit** (zum Beispiel 120 Sekunden) angesteuert werden. Beliebige Zwischenstellungen können durch entsprechend kürzere Ansteuerzeiten angefahren werden.

Damit das Ventil sowohl in Stellung „Auf" als auch in „Zu" in die gewünschte Position fahren kann, besitzen die **Mischermotoren** drei Anschlüsse: Rechtsdrehung, Linksdrehung, Null. Servomotorisch betätigte Drei-Wege-Mischventile werden meist nur als Mischer für die Heizkreise eingesetzt.

Die Auswahl der Stellventile richtet sich bei Drei-Wege-Ventilen nach der Nennweite sowie nach der Position der jeweiligen Anschlüsse für die Installation.

BITTE BEACHTEN:
Bauen Sie elektrische Stellventile wegen der geringeren Temperaturbelastung möglichst immer im Rücklauf der Anlage ein. Es empfiehlt sich die Verwendung von Modellen aus dem Solarbereich, die für höhere Temperaturen ausgelegt sind.

2.5 Der Pufferspeicher

Pufferspeicher haben den bodenstehenden Gas-/Ölkessel als führenden Bestandteil in modernen Heizungsanlagen abgelöst. Der Pufferspeicher ist die **Sammel- und Verteilstelle**, in die dezentrale Energieerzeuger wie Solaranlage, Pelletkessel, Feststoffkessel, wasserführender Kamin-/Pelletofen sowie gegebenenfalls eine Wärmepumpe oder ein Elektroheizstab ihre Wärme einspeisen – je nachdem, was gerade am günstigsten zur Verfügung steht.

Als Sammel- und Verteilstelle spielt der Pufferspeicher eine wichtige, zentrale Rolle in modernen Heizungsanlagen.

Parallel dazu können konventionelle **Gas-/Ölkessel** beziehungsweise Gaswandthermen Fehlzeiten und die Spitzenlast abdecken. Der Speicher ist so dimensioniert, dass er einen definierten Energiebedarf – zum Beispiel den nächtlichen Wärmebedarf im Winter – bereitstellen kann, ohne dass ein Wärmeerzeuger einspringen muss.

HINWEIS:
Wegen dieser **zentralen Rolle** sollten Sie bei Neuanlagen genau überlegen, welches Speichersystem Sie verwenden, und wie groß Sie den Speicher dimensionieren müssen. Natürlich können auch vorhandene „Zentralheizungen" durch einen wasserführenden Ofen mitgeheizt werden. Doch auch hier sollten Sie prüfen, welche Art der Verschaltung für den jeweiligen Anwendungsfall optimal ist.

Eine direkte Beheizung von Heizkörpern in Nachbarräumen aus dem Kaminofen heraus empfiehlt sich nicht, da die Brennstoffaufgabe sehr genau dosiert werden muss, um ein Ansprechen der Sicherheitseinrichtungen zu vermeiden.

Grundsätzliche Überlegungen vor der Auswahl des Pufferspeichers:

- **Ist die Anbindung einer Solaranlage vorgesehen?**

Da das frostsichere Solarmedium nicht mit dem Heizungswasser vermischt werden darf, muss der Speicher für eine Solaranbindung einen eigenen Wärmetauscher (zumeist eine Rohrschlange im unteren Speicherbereich) besitzen.

Grundsätzlich kann die Solaranbindung auch mittels eines externen Wärmetauschers und einer zusätzlichen Förderpumpe erfolgen. Wirtschaftlich ist dies jedoch nur bei großen Anlagen oder bestehendem Pufferspeicher.

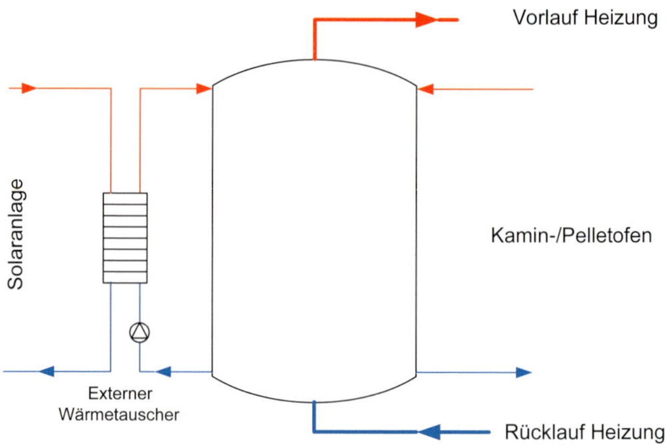

Bild 36: Externer Wärmetauscher zur Anbindung einer Solaranlage

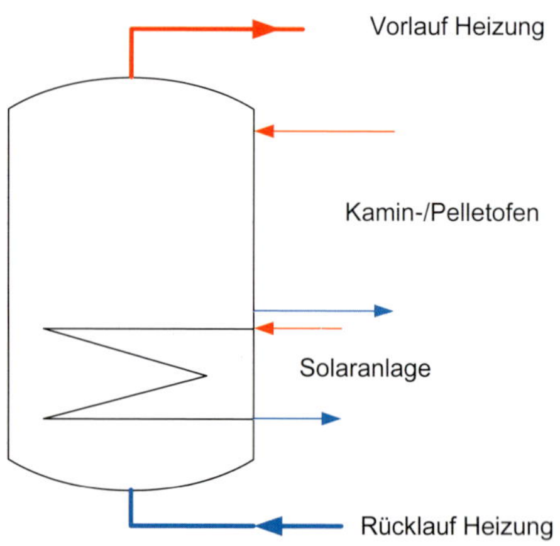

Bild 37: Pufferspeicher mit integriertem Wärmetauscher für den Solarkreislauf

■ Wie soll das Trinkwasser erwärmt werden?

Hier bestehen grundsätzlich drei Möglichkeiten:

1. Die Erwärmung findet im Speicher mittels **Tank-in-Tank- oder im Durchlaufverfahren** statt. Dies ist energetisch sehr günstig, insbesondere bei solarer Erwärmung.

2. In einer **Frischwasserstation** außerhalb des Behälters erwärmt umgepumptes Speicherwasser mittels Wärmetauscher momentan benötigtes Brauchwasser. Vorteil: Das Trinkwasser wird nicht länger bei hoher Temperatur gelagert. Nachteilig sind der Temperaturverlust durch den Wärmetauscher und die zusätzlichen Investitionskosten..

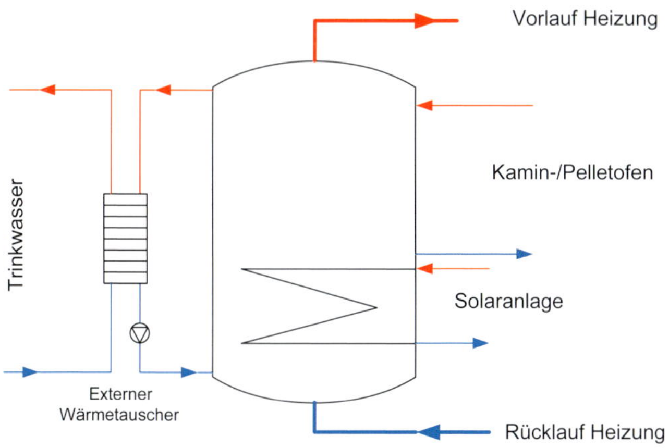

Bild 38: Anbindung einer Frischwasserstation an den Pufferspeicher

Bild 39: Frischwasserstation (Resol Elektr. Regelungen GmbH)

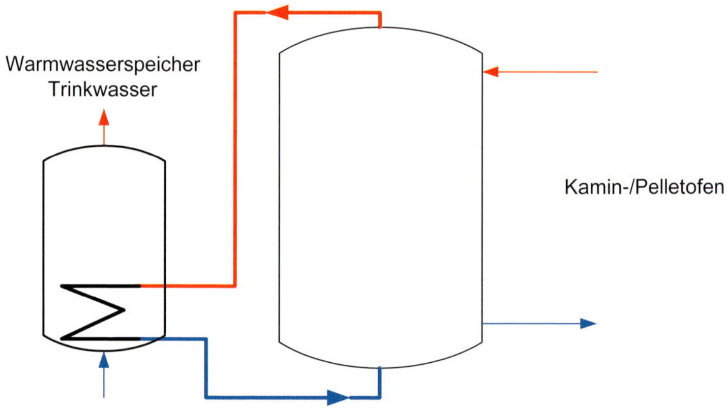

Bild 40: Separater Warmwasserspeicher

Bild 41: Pufferspeicher mit abgenommenem Wärmedämmmantel (Reflex Winkelmann)

3. Es besteht ein **separater Warmwasserspeicher**, der über eine interne Heizschlange erwärmt wird. Dies ist durch die erhöhten Übertragungs- und Auskühlverluste jedoch energetisch ungünstiger und erfordert einen erhöhten hydraulischen und regelungstechnischen Schaltungsaufwand.

2.5.1 Der einfache Pufferspeicher

Im einfachsten Fall besteht der Pufferspeicher lediglich aus einem **wärmegedämmten, druckbeständigen Behälter**, in den einer oder mehrere Wärmeerzeuger ihre Energie einspeisen und zur weiteren Nutzung zur Verfügung stellen. Eine direkte Einspeisung von Solarenergie ist wegen des Solarmediums (Frostschutz) nicht möglich.

Die Trinkwassererwärmung muss mittels **Frischwasserstation** oder mit einem **separaten Trinkwasserspeicher** erfolgen. Da bei dem einfachen Pufferspeicher nur Heizwasser verwendet wird, sind keine Emaillierung oder Edelstahlmaterialien erforderlich. Außerdem werden keine eingeschweißten Wärmetauscher oder ähnliches verwendet: Alleine betrachtet benötigt der einfache Pufferspeicher deswegen die geringsten Investitionskosten.

Die **hydraulische Verschaltung** erfolgt typischerweise entweder als reiner Vorratsspeicher, von welchem aus die Heizkreise bedient werden, oder als Rücklaufanhebung für einen Öl-/Gasheizkessel.

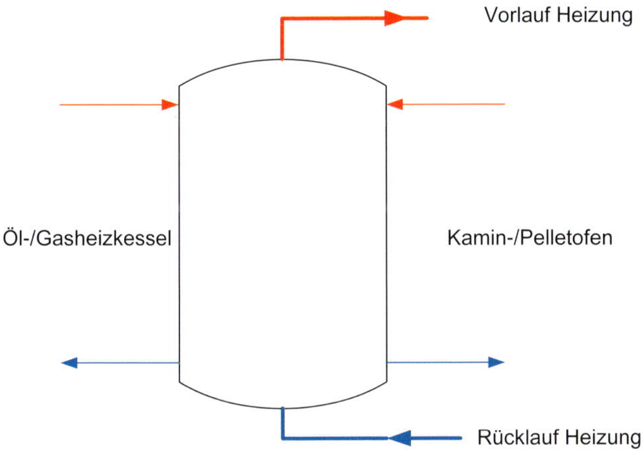

Bild 42: Einfacher Pufferspeicher als Vorratsspeicher

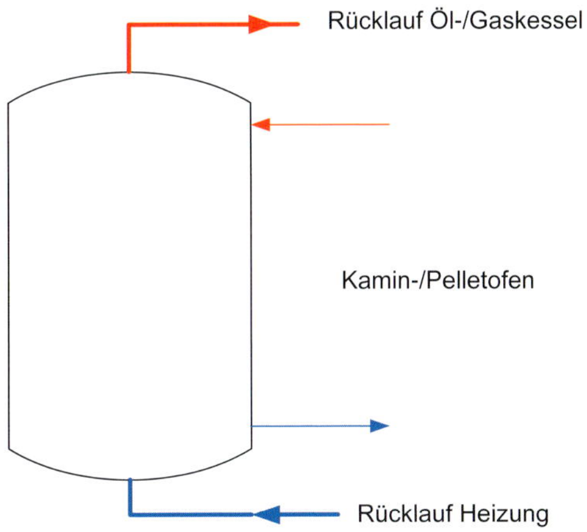

Bild 43: Einfacher Pufferspeicher zur Rücklaufanhebung eines bestehenden konventionellen Kessels

2.5.2 Der Kombispeicher als Tank-in-Tank-Speicher

Tank-in-Tank-Speicher sind besonders in Kombination mit Solaranlagen interessant.

Bei Tank-in-Tank-Speichern ist oben in den großen Pufferspeicher ein kleinerer Speicher – meist innen emailliert – für das Trinkwasser eingeschweißt. Das Pufferspeicherwasser erwärmt dabei den Trinkwasserspeicher ohne zusätzlichen hydraulischen und elektronischen Schaltungsaufwand.

Aufgrund der hohen Temperaturen im Bereich des kleinen Speichers kann es trinkwasserseitig zu Kalkanlagerungen kommen. Bei sehr kalkhaltigem Wasser empfehlen sich daher vorgeschaltete Maßnahmen zur Kalkabscheidung. Brauchwasserseitig ist ein **Mischer als Verbrühschutz** vorzusehen.

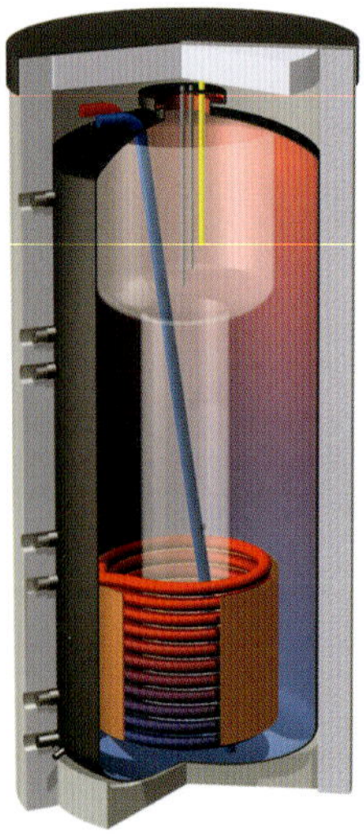

Bild 44: Kombispeicher (Wagner & Co. Solartechnik, www.wagner-solar.de)

TIPP:
Tank-in-Tank-Speichersysteme eignen sich sehr gut als Pufferspeicher für Kaminöfen in **Kombination mit Solaranlagen** zur Heizungsunterstützung in Ein- und Zweifamilienhäusern.

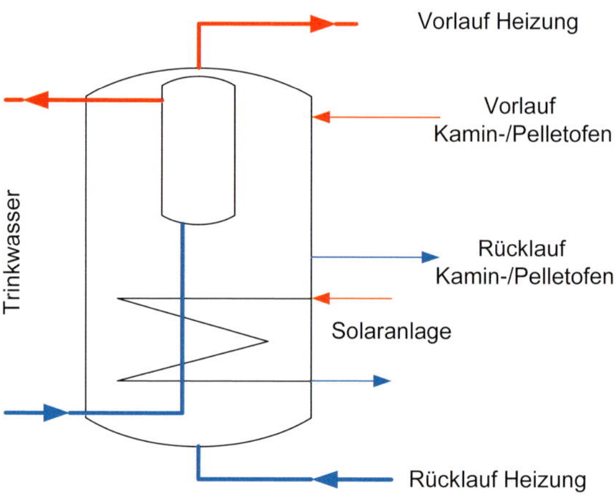

Bild 45: Anschluss eines Tank-in-Tank-Speichers

2.5.3 Der Kombispeicher mit Durchlaufwärmetauscher zur Trinkwassererwärmung

Bei diesem Speicher wird das Trinkwasser durch eine **separate Rohrschlange** erwärmt. Diese ist meist ein Edelstahwellrohr, in dem das Trinkwasser im Durchlaufverfahren erwärmt wird. Auch hier ist kein zusätzlicher hydraulischer oder elektronischer Schaltungsaufwand für die Trinkwassererwärmung erforderlich.

Durch den geringen Inhalt der Rohrschlange ist die Legionellengefahr bei diesem Speichertyp geringer, die Gefahr der Kalkanlagerung ist ebenfalls reduziert. Auch hier empfiehlt sich ein **brauchwasserseitiger Verbrühschutz**.

Während bei den Tank-in-Tank-Speichern der Warmwasserinhalt mehr oder weniger auf den kleinen Speicher beschränkt ist, kann bei diesem System der ganze Speicherinhalt zu warmem Trinkwasser umgesetzt werden.

Diese Kombispeichersysteme eignen sich sehr gut als Pufferspeicher für Kaminöfen in Ein- und Zweifamilienhäusern, insbesondere in **Kombination mit einer Solaranlage**.

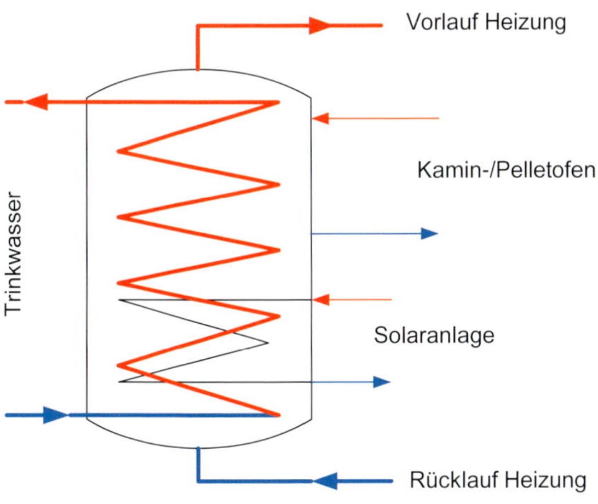

Bild 46: Anschluss eines Kombispeichers mit Durchlaufwärmetauscher

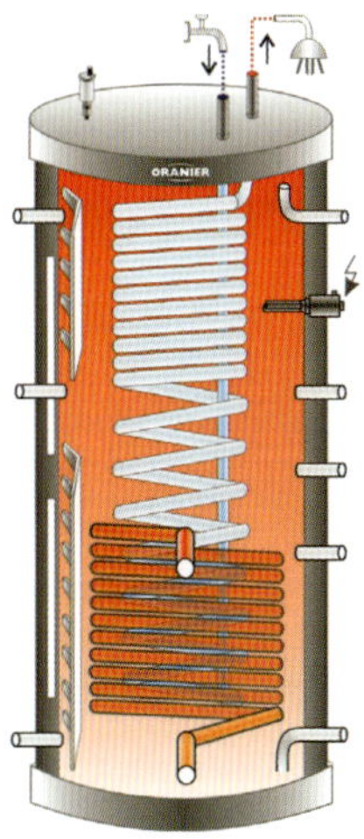

Bild 47: Kombispeicher mit Durchlaufwärmetauscher und Schichtladeeinrichtungen an Heizungsrücklauf und Ofenvorlauf (ORANIER ESD 800)

Bild 48: Schichtenladespeicher mit Aufströmkamin (Bosch Thermotechnik GmbH)

2.5.4 Der Schichtenladespeicher

Das Prinzip der Schichtladung ist ursprünglich für die **solare Erwärmung des Pufferspeichers** entwickelt worden: Spezielle Aufströmkamine sorgen dafür, dass das solar erwärmte Wasser in der Ebene des Speichers eingeschichtet wird, die die gleiche Temperatur aufweist. Es findet keine Vermischung mit kühleren Schichten statt.

Scheint etwa die Sonne sehr kräftig und produziert der Kollektor beispielsweise eine Wassertemperatur von 60°C, steht dieses Wasser sofort zur Verfügung. Scheint die Sonne weniger und erwärmt das Wasser dagegen nur auf 30°C, wird weiter unten eingespeichert. Der **Wirkungsgrad** von Solaranlagen steigt dadurch um 10 bis 15 Prozent. Dieser Vorteil entsteht jedoch nur, wenn es im Sommerhalbjahr auch vormittags einen Nutzwärmebedarf gibt.

Viele Speicher verfügen über ein an den Rücklaufanschluss integriertes Schichtladesystem. Weil das Rücklaufwasser aus dem Heizkreislauf eingeschichtet wird, können Vermischungen somit vermieden werden. Für Anlagen mit wasserführendem Kamin-/Pelletofen sind besonders jene Speicher geeignet, die neben dem Schichtladesystem am Rücklaufanschluss ein zweites am Ofenvorlaufanschluss besitzen. Hier wird dann auch das im Ofen erwärmte Wasser seiner momentanen Temperatur entsprechend zielgerecht eingeschichtet: Ein optimaler Nuzungsgrad wird erzielt. Schichtenladespeicher sind meist als Weiterentwicklung der oben beschriebenen Kombispeicher ausgeführt. Es gibt aber auch eine Vielzahl von Modellen ohne Trinkwassererwärmung.

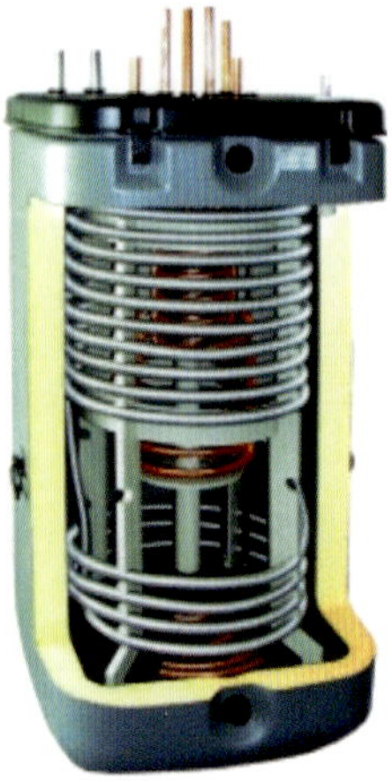

Bild 49: Druckloser Kunststoffwärmespeicher (IVT GmbH & Co. KG)

2.5.5 Der Kunststoffspeicher

Diese Speicher bestehen aus einem Kunststoffspeicherbehälter und besitzen dank der günstigeren thermischen Eigenschaften **geringere Wärmeverluste**. Der Nachteil dabei ist jedoch, dass aus Festigkeitsgründen der Speicherinhalt nicht mit dem Druck aus Heiz- oder Trinkwasserkreislauf beaufschlagt werden kann.

Hierzu sind jeweils **separate Wärmetauscher**, welche schlangenförmig integriert werden, nötig, während die Wasserfüllung des Speicherinhalts lediglich zur Wärmespeicherung und Wärmeabgabe dient – vergleichbar mit einem Akku, der aufgeladen wird und anschließend seine Energie wieder abgibt.

Die Wasserfüllung wird dabei allenfalls zu Wartungszwecken ausgetauscht. Zur Erhöhung der Speicherleistung kann die Wasserfüllung teilweise noch durch **Latentspeichermaterial** ergänzt werden. Das Latentspeichermaterial arbeitet dabei nach dem Funktionsprinzip der Taschenwärmer. Zur Zeit lässt sich damit eine Erhöhung der Speicherleistung von 10 bis 20 Prozent erzielen.

STICHWORT: LEGIONELLEN

Legionellen im Trinkwasser sind in geringer Konzentration unproblematisch. Über 60°C werden sie abgetötet, bei 40°C vermehren sie sich dagegen stark. In manchen Fällen kann es zu gesundheitlichen Problemen kommen, wenn die Keime in den Wassertröpfchen beim Duschen eingeatmet werden.
Aufgrund der Schichtung im oberen Bereich des Trinkwasserspeichers (Ein- und Zweifamilienhaus) liegen die Temperaturen meist über 50°C und das Wasser bleibt nur kurz im Speicher. Nur Warmwasserspeicher mit mehr als 400 Liter Volumen sollten einmal täglich über 60°C aufgeheizt werden.

2.5.6 Der Anschluss des Brauchwasserspeichers an das Trinkwassersystem

Rückschlagventil und Ausdehnungsgefäß verhindern Wasserverlust.

Beim Aufheizen des Brauchwasserspeichers dehnt sich das darin befindliche Trinkwasser aus. Ein **Rückschlagventil** sorgt dafür, dass dabei kein Wasser zurück ins öffentliche Trinkwassernetz gedrückt wird. Und ein **Sicherheitsventil** schützt den Speicher vor unzulässig hohem Druck. Wird über längere Zeiträume kein Wasser entnommen – weil die Bewohner zum Beispiel tagsüber nicht zu Hause sind – und ist gleichzeitig der Wasserdruck von der Leitung recht hoch, so empfiehlt sich der Einbau eines **Membranausdehnungsgefäßes** (Trinkwasserausführung). Es verhindert, dass wertvolles Trinkwasser zu häufig über das Sicherheitsventil abgegeben wird.

TIPP:
Bauen Sie eine handelsübliche komplette Trinkwasseranschlussgruppe ein!

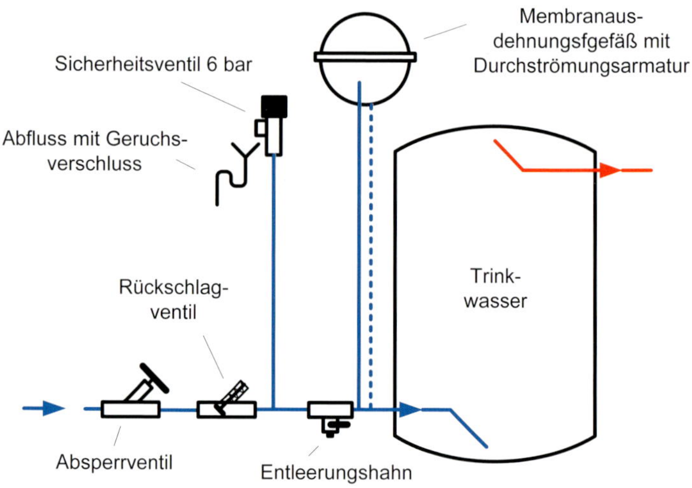

Bild 50: Anschluss des Brauchwasserspeichers an das Trinkwassernetz

2.5.7 Der Anschluss an die Heizungsanlage

Während die Anschlüsse für Brauchwasser und Solaranbindung zumindest bei den Kombispeichern fest vorgegeben sind, besitzen die heutigen Pufferspeicher eine Vielzahl von **Schraubanschlüssen in verschiedener Speicherhöhe** zur Anbindung der Wärmeerzeuger und -verbraucher. Damit wird erreicht, dass bei der Wärmeschichtung im Speicher die Einspeisung beziehungsweise die Entnahme auf dem jeweils günstigsten Temperaturniveau erfolgen kann.

Für die Einspeisung bedeutet dies, dass Geräte mit **hoher Vorlauftemperatur** (wie Feststoffkessel, Pelletkessel oder wasserführende Kamin-/Pelletöfen) im oberen Niveau einspeisen sollten.

Geräte mit **niedrigerer Vorlauftemperatur** (wie zum Beispiel eine über einen externen Wärmetauscher geführte Solaranlage) sollten eher in der Mitte des Speichers einspeisen.

Der Anschluss des Rücklaufes der genannten Geräte erfolgt entsprechend der zu erwartenden Rücklauftemperaturen. Die Temperaturfühler sollten dabei jeweils **zwischen Vor- und Rücklauf** nahe des zu überwachenden Anschlusses angeschlossen werden. Für die Pufferwasserentnahme gilt grundsätzlich das Gleiche: Radiatoren und Brauchwasserspeicherbeladung entnehmen möglichst weit oben das Heizwasser, während Fußbodenheizungen auf einem niedrigeren Niveau entnehmen können, sofern kein Mischer vorhanden ist.

Ist die Einspeisetemperatur stark variabel – zum Beispiel bei Solarwärme –, kann mittels eines Drei-Wege-Ventils in unterschiedlichen Höhen eingespeist werden (Zielladung).

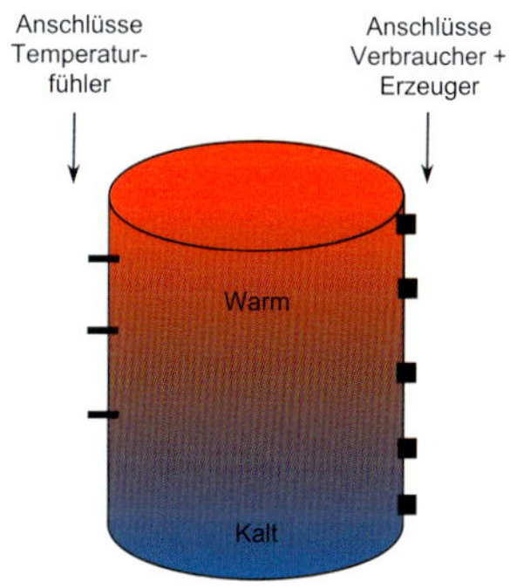

Bild 51: Temperaturschichtung im Pufferspeicher

BITTE BEACHTEN:

Bedenken Sie bitte, dass beim nachträglichen Einbinden eines Kamin-/Pelletofens in eine bestehende Heizungsanlage die aus dem Pufferspeicher in die Heizungsanlage eingespeisten Temperaturen mit zeitweise über 80°C deutlich über der Auslegungstemperatur der Heizkreise liegen. Deswegen sollten Sie grundsätzlich einen **Mischer** vor jeden **Heizkreis** schalten, um die Systemtemperaturen auf das optimale Maß einzuregeln.
In diesem Zusammenhang empfiehlt sich auch der Einsatz einer elektronisch geregelten Pumpe für den Heizkreis sowie das Durchführen eines **hydraulischen Abgleichs** bei Heizkörpern und Strängen. Durch beide Maßnahmen kann eine beträchtliche **Energieeinsparung** erzielt werden.

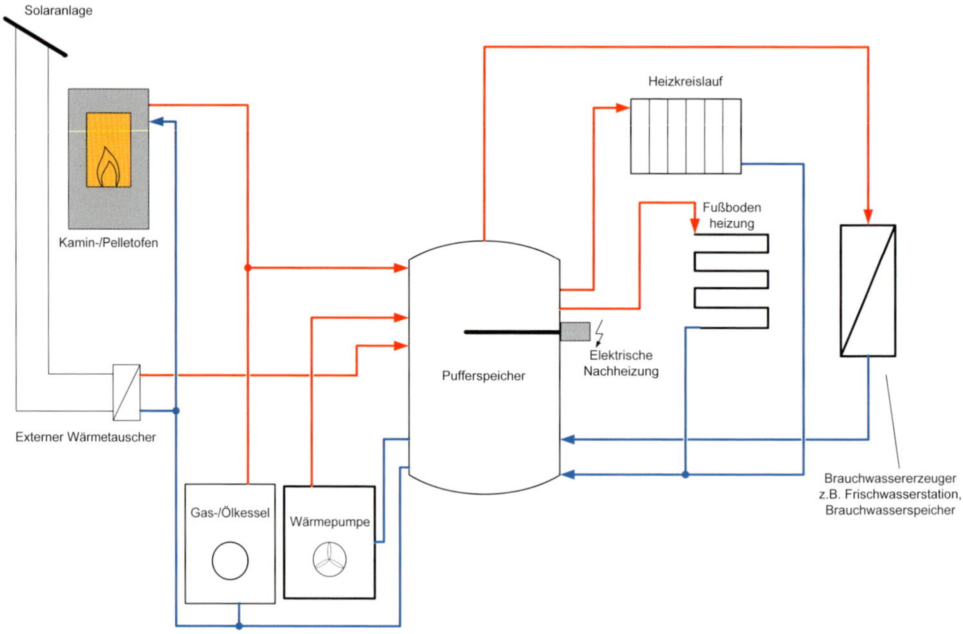

Bild 52: Erzeuger und Verbraucher werden unabhängig vom Temperaturniveau an den Pufferspeicher angeschlossen

2.5.8 Die hydraulische und regelungstechnische Einbindung in vorhandene Systeme

Rücklaufanhebung an bestehenden Kesselanlagen

Sollen vorhandene Heizungssysteme um einen wasserführenden Kamin-/Pelletofen erweitert werden, so empfiehlt sich zunächst die Einbindung als so genannte **Rücklaufanhebung**. Bei dieser Verschaltung bleibt der vorhandene Gas-/Ölkessel die führende Größe für das Gesamtsystem. Der bestehende Kesselkreislauf wird lediglich in der Rücklaufleitung durch ein Drei-Wege-Ventil unterbrochen.

Rücklaufanhebung: Die kesselseitig bestehende Heizkreisregelung kann weiter verwendet werden.

Der Kamin-/Pelletofen ist direkt mit einem neu zu installierenden Pufferspeicher verbunden. Ist die Temperatur im Pufferspeicher höher als die Rücklauftemperatur des Heizkreislaufs, so wird über das Drei-Wege-Ventil warmes Pufferspeicherwasser in den Kesselrücklauf geführt. Der Kessel muss entsprechend weniger nachheizen. Ein vorhandener Brauchwasserspeicher kann bestehen bleiben.

Der Einsatz eines Kombispeichers ist jedoch ebenfalls mit einer entsprechenden Rücklaufanhebung möglich. Der Vorteil der Rücklaufanhebung liegt darin, dass die gesamte Regelung der Verbraucher weiter über die **elektronische Kesselregelung** gefahren werden kann. Deshalb ist kein Eingriff in die elektrische Verschaltung der Anlage (Fühler, Kesselsteuerung) nötig.

Nicht optimal ist die Rücklaufanhebung dann, wenn seitens des Ofens soviel Wärme zugeführt wird, dass kein Nachheizen vom Öl-/Gaskessel erforderlich ist. In diesem Fall läuft das Vorlaufwasser durch den Kessel und gibt bereits einen kleinen Teil der Wärme über den Kessel an die Umgebung ab. Außerdem kann es zu einer häufigeren Taktung des Gas-/Ölkessels kommen.

Bei der Einbindung von Brennwertkesseln kann bei einigen Betriebszuständen der Brennwerteffekt nicht vollständig ausgeschöpft werden.

BITTE BEACHTEN:
Wandthermen sind gegebenenfalls durch eine hydraulische Weiche abzukoppeln, insbesondere wenn der Volumenstrom der durch separate Pumpen angefahrenen Heizkreise größer als der maximal mögliche Volumenstrom der Pumpe der Wandtherme ist. Beachten Sie die Vorschriften des Herstellers.

HINWEIS:
Lesen Sie unter 2.6.2 auf Seite 73 nach, was Sie bezüglich der elektronischen Regelung bei diesem System beachten müssen.

Vorteile:

- geringer regelungstechnischer Aufwand
- einfache, bewährte hydraulische Verschaltung

Nachteile:

- Wirkungsgradverluste, insbesondere bei intensiver Nutzung des Kamin-/Pelletofens (Wärmeverlust im konventionellen Kessel)

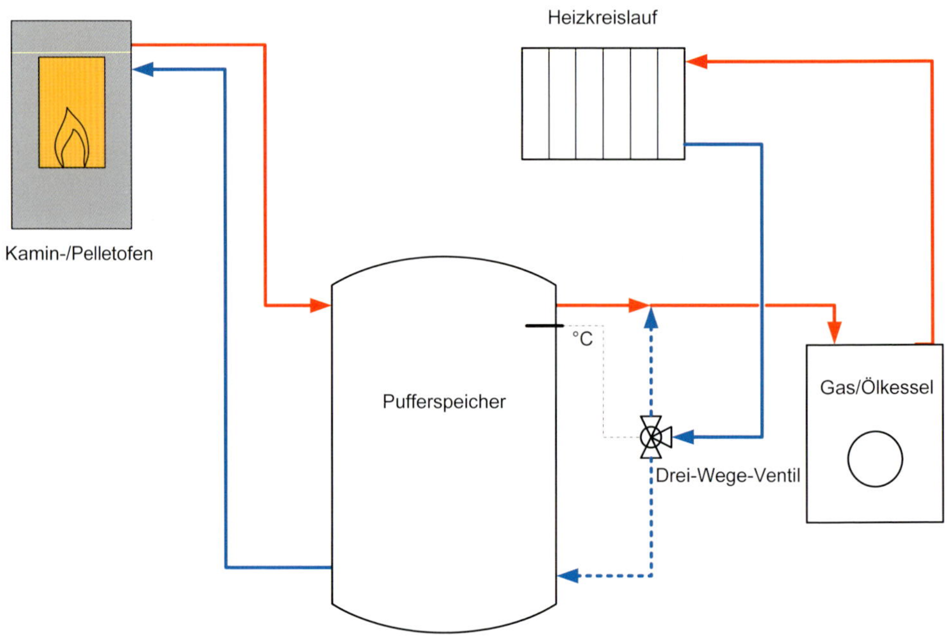

Bild 53: Kamin-/Pelletofen als Rücklaufanhebung für bestehende Gas-/Ölkessel

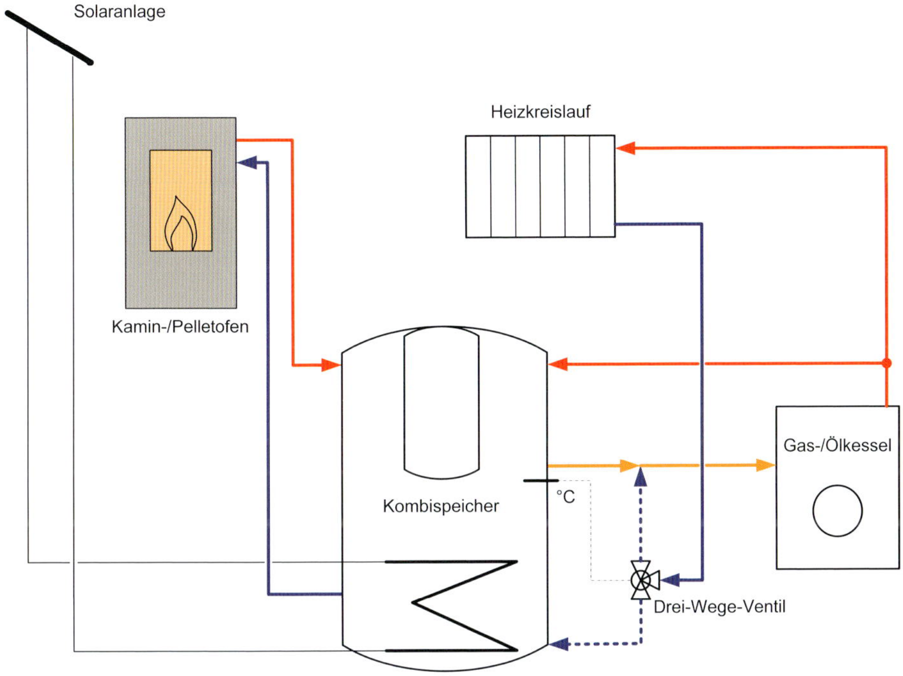

Bild 54: Kamin-/Pelletofen als Rücklaufanhebung für Gas-/Ölkessel mit Brauchwassererwärmung mittels Kombispeicher

Parallelbetrieb mit einer bestehenden Kesselanlage

Werden Pufferspeicher und Gas-/Ölkessel parallel verschaltet, so geht der Kessel nur in Betrieb, wenn die Temperatur im Pufferspeicher zu niedrig ist. Nachteil dieser energetisch optimierten Anlage ist der **erhöhte Regelungsaufwand**. Dieser ist von der Kesselregelung meist nicht zu leisten, so dass eine übergeordnete Regelung installiert werden muss. Dabei wird die elektronische Regelung des Gas-/Ölkessels überbrückt und der Feuerungsautomat des Kessels wird direkt über die neue Regelung angesteuert. Die Installation einer modernen übergeordneten Regelung lohnt sich gerade bei älteren Kesselregelungen.

Meist ist eine neue Heizkreisregelung erforderlich.

HINWEIS:
Nähere Erläuterungen zur elektronischen Regelung für einen Parallelbetrieb finden Sie unter 2.6.3 und 2.6.4 auf Seite 74.

Vorteile:

- optimaler Nutzungsgrad der Gesamtanlage
- ideal beim Einsatz von Brennwerttechnik

Nachteile:

- erhöhter elektrischer Schaltungsaufwand

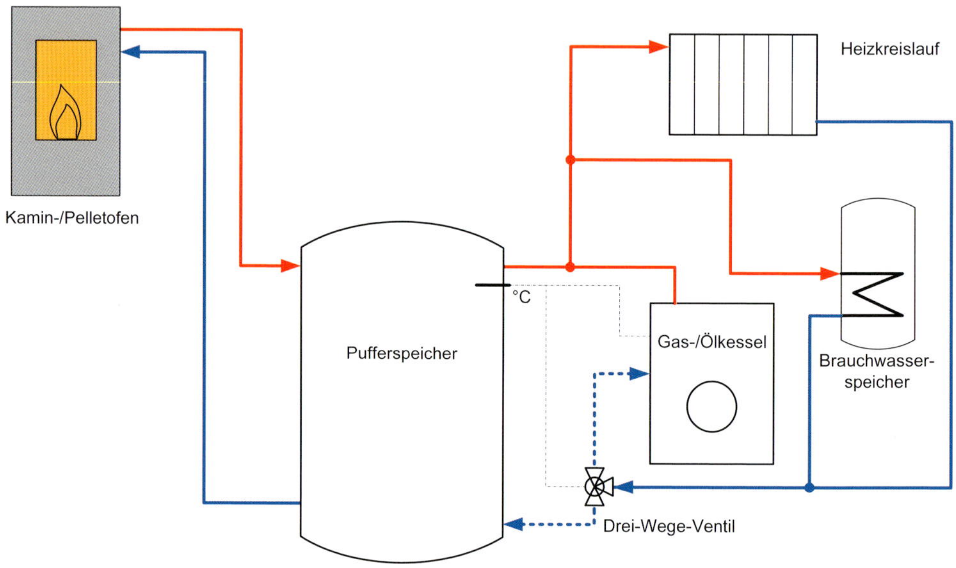

Bild 55: Kamin-/Pelletofen und Gas-/Ölkessel in Parallelbetrieb

2.6 Die elektronische Regelung und Temperaturfühler

Sobald die Wassertemperatur im Ofen die Speichertemperatur übersteigt, fördert die Puffer-Ladepumpe das im Kaminofen erhitzte Wasser zum Pufferspeicher. Dafür sorgt die **elektronische Regelung**. Um diese optimal auszuwählen, ist es notwendig, die gesamte Heizungsanlage zu betrachten: Denn schließlich sollen möglichst alle Wärmeerzeuger von einer zentralen Einheit aus geregelt werden.

Ideal: Alle Wärmeerzeuger werden von einer zentralen Einheit aus geregelt.

TIPP:
Eine Regelung mit Temperaturanzeige sollten Sie immer in Ofennähe anbringen. So haben Sie die Temperatur im Pufferspeicher stets genau im Blick und können die Holzaufgabe entsprechend reduzieren, wenn der Speicher voll ist. Ist die Anbringung in Ofennähe nicht möglich, oder wird der Ofen über eine zentrale Einheit geregelt, empfiehlt es sich, ein kleines mit dem Pufferspeicher verbundenes Thermometer aus dem Elektronikhandel anzubringen (Temperaturbereich beachten). Wenn keine andere Möglichkeit besteht, können Sie die Temperatur auch an der Rücklaufleitung abgreifen.

Bild 56: Beim Holznachlegen immer im Blick: Ein Thermometer zeigt den Ladezustand des Speichers

2.6.1 Die Differenztemperatur-Regelung „Ofen-Speicher"

Wenn ein Pufferspeicher vom Kamin-/Pelletofen beheizt werden soll, muss mindestens eine so genannte **Differenztemperaturregelung** angebracht werden. Diese besitzt je einen **Temperaturfühler** im Kessel des Ofens sowie am unteren Ausgang des Pufferspeichers (Rücklauf zum Ofen). Hat das Kesselwasser eine Mindesttemperatur von 55°C erreicht, und ist die Kesselwassertemperatur höher als die Temperatur am Speicherausgang, so wird die Puffer-Ladepumpe in Betrieb gesetzt.

TIPP:
Unabhängig von der Temperatur im Pufferspeicher sollte die Pumpe immer ab 80°C in Betrieb sein, um einem Ansprechen der Ablaufsicherung vorzubeugen. Um unnötigen Stromverbrauch zu vermeiden, sollte die Temperaturdifferenz, ab der die Pumpe läuft, mindestens 5 Kelvin betragen, da die Wärmeverluste bei der Förderung zum Speicher sowie die Trägheit bei der Wärmeübertragung auf die Fühler berücksichtigt werden müssen.

Einige **Regelungen** können durch Taktung der Pumpenbetriebsspannung die Förderleistung bis auf 30 Prozent der Nennleistung herunterfahren (so genannte Impulspaket-Steuerung). Die Taktung orientiert sich an der Temperaturdifferenz zwischen Wärmeerzeuger und Speicher. So kann der Förderstrom der momentanen Leistung optimal angepasst werden. Diese Funktionalität empfiehlt sich besonders bei wasserführenden Kamin- und Pelletöfen, da die Förderströme ohnehin sehr gering sind.

Da viele Öfen im Sommerhalbjahr meist nicht betrieben werden, besteht die Gefahr, dass der Rotor der Pumpe durch Korrosion und Ablagerungen verklemmt. Gute Steuerungen bieten deshalb einen **Anti-Blockierschutz für die Förderpumpe**: Hier wird die Pumpe in regelmäßigen Abständen, beispielsweise alle 24 Stunden, einige Sekunden angefahren, um ein Blockieren zu vermeiden.

Bild 57: Differenztemperaturregelung (ORANIER AquaControl)

Funktion	Schaltung	Einzustellender Wert
Mindesttemperatur Kaminofen	Pumpe ein	45 - 55°C
Maximaltemperatur Kaminofen	Pumpe ein	80°C
Temperaturdifferenz Ofen-Speicher	Pumpe ein	5 - 10 K je nach Anlage
	Pumpe aus	3 - 5 K je nach Anlage

2.6.2 Die elektronische Regelung einer Rücklaufanhebung an bestehenden Kesselanlagen

Wenn bestehende Heizungsanlagen nachgerüstet werden, besteht die **einfachste Lösung** darin, einen vom Kaminofen beheizten Pufferspeicher als so genannte Rücklaufanhebung in den Heizkreislauf des bestehenden Öl- oder Gaskessels zu schalten (vergleiche 2.5.8, Seite 67). Die Anhebung der Rücklauftemperatur durch das Pufferwasser wird dabei durch ein **Drei-Wege-Umschaltventil** vorgenommen. Bei diesem System werden zum Beispiel Wärmeanforderung, Außentemperatur oder Nachtabsenkung weiterhin zentral von der Kesselregelung berücksichtigt.

Ist das Pufferwasser wärmer als der Rücklauf aus den Heizkreisen, wird das Drei-Wege-Ventil betätigt.

Sobald jedoch die Temperatur im Pufferspeicher höher ist als die Rücklauftemperatur von den Heizkreisen, wird das Pufferwasser in den Rücklauf eingespeist, während das Rücklaufwasser vom Heizkreis unten in den Pufferspeicher geleitet wird. Da in bestehenden Kesselregelungen die Ansteuerung eines Drei-Wege-Ventils meist nicht vorgesehen ist, wird für das Umschaltventil eine **separate Regelungseinheit** benötigt. Der Einfachheit halber kommen in diesem Fall kombinierte Regelungen zum Einsatz: Diese regeln sowohl die Puffer-Ladepumpe aus der Differenztemperatur „Ofen-Speicher" als auch das Umschaltventil aus der Temperaturdifferenz „Rücklauf Heizung-Vorlauf Pufferspeicher".

Funktion	Schaltung	typischerweise einzustellender Wert
Mindesttemperatur Kaminofen	Pumpe ein	45 - 55°C
Maximaltemperatur Kaminofen	Pumpe ein	80°C
Temperaturdifferenz Ofen-Speicher	Pumpe ein	5 - 10 K
	Pumpe aus	3 - 5 K
Temperaturdifferenz Rücklauf Heizung-Vorlauf Pufferspeicher	Ventil auf	5 K
	Ventil zu	2 K

2.6.3 Die einfache elektronische Regelung für einen Parallelbetrieb mit einer bestehenden Kesselanlage

Auch ganz einfache Regelungen können den Heizkreis bedarfsgerecht ansteuern.

Sollen Kamin-/Pelletofen und eine bestehende konventionelle Heizung im Parallelbetrieb in die Heizungsanlage einspeisen (siehe Seite 69), so ist im einfachsten Fall eine Regelung erforderlich, die neben der Temperaturdifferenz Ofen-Speicher auch wenigstens einen Heizkreis bedarfsgerecht ansteuern kann. Um die Regelung des bestehenden Kessels zu umgehen, wird diese auf **„Nur Warmwasserbereitung"** gestellt und der **Brauchwasser-Temperaturfühler** wird am Pufferspeicher positioniert (zum Beispiel 10 bis 30 Zentimeter unterhalb des Anschlussstutzens für den Vorlauf-Heizkreis).

Ist der Pufferspeicher nahezu leer gefahren, so erhält der konventionelle Kessel eine **Brauchwasser-Bedarfsanforderung** und heizt den Pufferspeicher entsprechend nach. Diese Verschaltung eignet sich besonders dann, wenn viel mit Holz geheizt wird und der vorhandene konventionelle Kessel nur an sehr kalten Tagen oder zur Trinkwassererwärmung im Sommer zum Einsatz kommt.

Funktion	Schaltung	typischerweise einzustellender Wert
Mindesttemperatur Kaminofen	Pumpe ein	45 - 55°C
Maximaltemperatur Kaminofen	Pumpe ein	80°C
Temperaturdifferenz Ofen-Speicher	Pumpe ein	5 - 10 K
	Pumpe aus	3 - 5 K
Einschalttemperatur Puffer-Ladepumpe	Pumpe ein	z. B. 40°C
	Pumpe aus	z. B. 35°C

HINWEIS:
Schemata 6 und 7 im Anhang, Seite 212 ff, zeigen die hydraulische Verschaltung einer solchen Anlage.

2.6.4 Die umfassende elektronische Regelung für die gesamte Anlage

Komplexe Heizungsanlagen mit verschiedenen Wärmeerzeugern sollten idealerweise über **eine zentrale elektronische Regelung** gefahren werden. Eingangsgrößen wie Außentemperatur, Wärmebedarf und Tageszeit regeln hierbei die Pumpen und Ventile beispielsweise bei Kamin-/Pelletofen und Solaranlage. Wird ein bestehender Öl-/Gaskessel mit angesteuert, so wird dessen vorhandene Regelung – mit Ausnahme des STB (Sicherheitstemperaturbegrenzers) – deaktiviert. Die zentrale Steuerung kommuniziert dann direkt mit dem Brennersteuergerät.

Komplexe Systeme mit anlagenspezifisch konfigurierten zentralen Regelungen ansteuern!

Zentrale elektronische Regelungen müssen stets anlagenspezifisch konfiguriert werden, da meist keine Anlage der anderen gleicht. Einige Hersteller bieten diesen Service bereits ab Werk in Absprache mit dem Anlagenhersteller an.

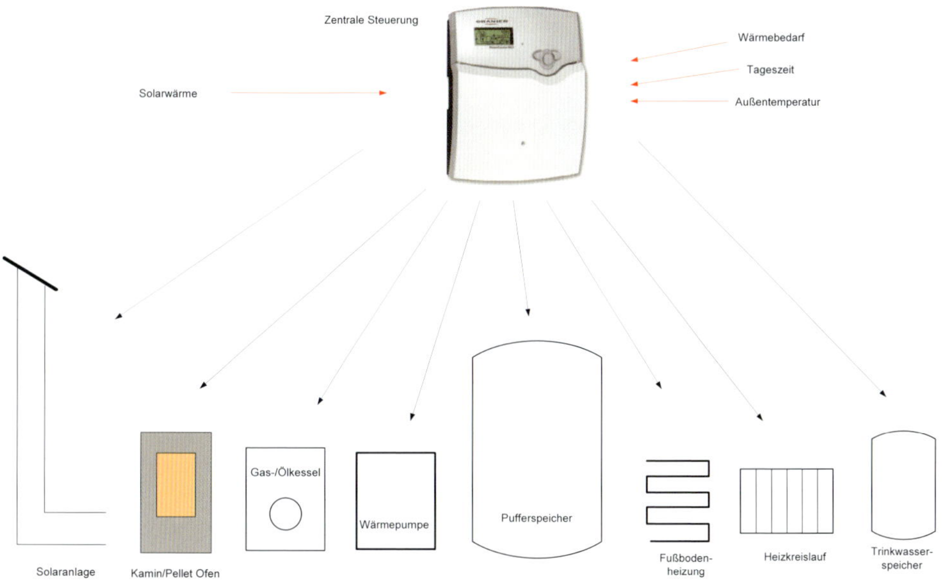

Bild 58: optimal: Eine zentrale elektronische Regelung regelt alle Heizungskomponenten (ORANIER MasterControl)

2.6.5 Der Temperaturfühler

Bei der Befestigung der Temperaturfühler auf guten Wärmeübergang achten.

In den meisten Heizungsanlagen werden **PTC-Halbleiterfühler** eingesetzt. Ihr Ohm'scher Widerstand nimmt mit steigender Temperatur annähernd linear zu. Die Messgenauigkeit liegt bei plus/minus 1 Kelvin. Im Servicefall kann mit Hilfe eines **Ohmmeters** die am Fühler anliegende Temperatur überprüft werden. Die meisten Hersteller führen dazu in der Bedienungsanleitung eine Tabelle mit Temperaturen und zugehörigen Widerstandswerten an. Zur besseren Handhabung sowie zum Schutz vor Beschädigungen sind die Fühler zumeist in Edelstahlhülsen verpresst.

Bild 59: Befestigung eines Anlegefühlers im Wärmedammmantel

Die Messgenauigkeit und damit die Genauigkeit der Regelung ist aber nur so gut wie der Übergang der Temperatur an der Messstelle auf den Fühler.

BITTE BEACHTEN:
Sorgen Sie immer dafür, dass der Fühler fest an der Messstelle anliegt! Dabei sollten Sie stets spezielle Rohranlegeadapter – oder bei größeren Tauchhülsen: Klemmbleche – verwenden. Im Zweifelsfall kann auch Wärmeleitpaste den Temperaturübergang sicherstellen. Werden Fühler von außen an Rohre befestigt, so sollten Fühler und Rohr von der Wärmedämmung umschlossen werden.

2.6.6 Die Anschlussposition der Temperaturfühler

Meistens ist am **Kamin-/Pelletofen** bereits vom Hersteller eine **Tauchhülse** zur Aufnahme des Fühlers für die Kesselwassertemperatur vorgesehen. Die Tauchhülse befindet sich dabei meist im oberen Drittel des Kessels. Eine weitere Tauchhülse dient der Aufnahme des Fühlers der thermischen Ablaufsicherung.

TIPP:
Um Dampfblasenbildung bei schnellem Aufheizen zu vermeiden, sollten Sie den Temperaturfühler eher weiter oben als zu weit unten positionieren.

Am **Pufferspeicher** sollte die Temperatur für eine **Temperaturdifferenzregelung** etwas oberhalb des Anschlussstutzens der Rücklaufleitung zum Ofen abgegriffen werden. Da der Speicher oft keine Tauchhülse oder Klemmung an dieser Position besitzt, hat es sich in der Praxis bewährt, den Fühler innerhalb des Wärmedämmmantels mit Aluminiumklebeband von außen an den Speicherkörper zu kleben.

Unbedingt die richtige Position der Fühler am Speicher beachten!

Anschließend ist der Dämmmantel zu schließen. Die **Fühlerleitungen** sollten durch Kabelbinder entsprechend zugentlastet werden.

WICHTIG:
Wird der Speicher über eine **Rohrschlange** beheizt, so setzen Sie den Fühler idealerweise innerhalb der Wärmedämmung an die Rücklaufleitung. Den Fühler für ein separates Thermometer zur Kontrolle der Speichertemperatur beim Holznachlegen setzen Sie auf Höhe der Rücklaufleitung zum Ofen.

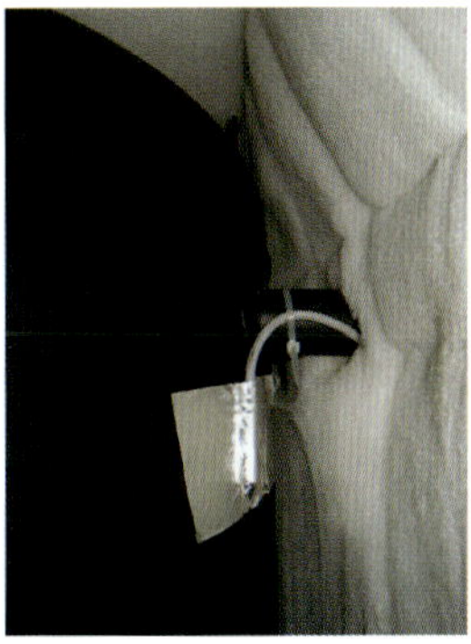

Bild 60: Befestigung der Temperaturfühler am Speichermantel mittels Aluminiumklebeband

Die **Position des Fühlers** für die Entnahmetemperatur aus dem Pufferspeicher (zum Beispiel zum Schalten eines Drei-Wege-Ventils zur Rücklaufanhebung oder zum Ansteuern der entsprechenden Pumpen im Parallelbetrieb) sollte sich einige Zentimeter unterhalb des Anschlussstutzens der Vorlaufleitung zu den Verbrauchern befinden.

Soll eine **externe Heizquelle** (zum Beispiel Ölheizkessel oder elektrischer Nachheizstab) bei Unterschreiten einer Mindesttemperatur den Puffer nachladen, so sollte die Speichertemperatur wenigstens 5 bis 10 Zentimeter unterhalb der Vorlaufleitung abgegriffen werden, um ein gewisses Restvolumen zu sichern.

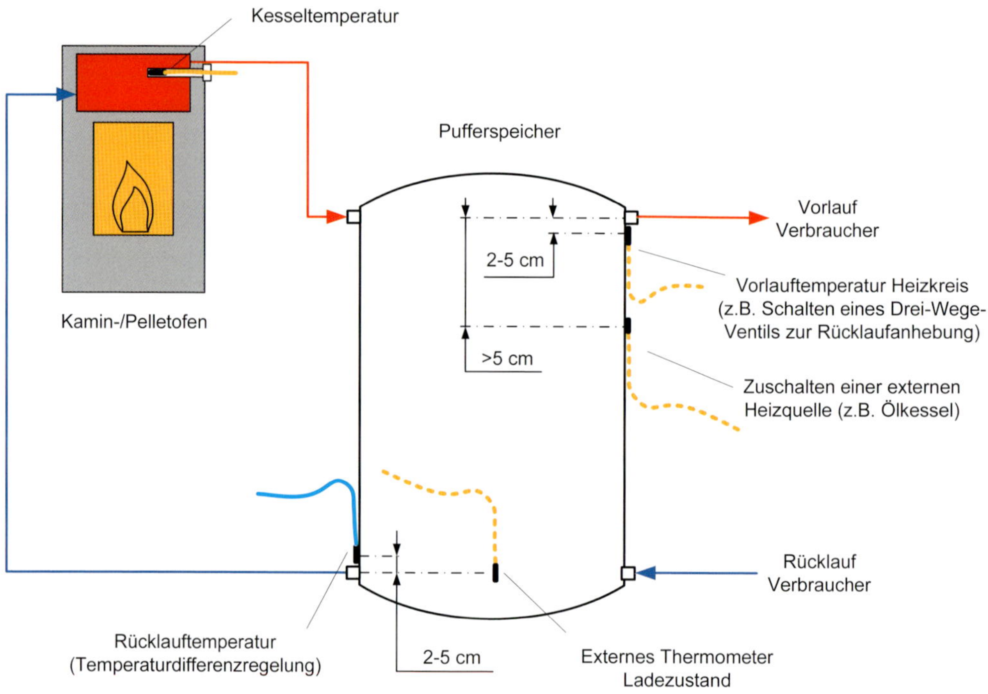

Bild 61: Position der Fühler am Pufferspeicher

2.6.7 Der elektrische Anschluss der Puffer-Ladepumpe

Der elektrische Anschluss der Puffer-Ladepumpe kann der Anleitung des Herstellers entnommen werden. Grundsätzlich sind zwei Anschlussarten üblich:

a) Die Steuerung besitzt einen **direkten Anschluss P1**, über welchen die Pumpe mit Spannung versorgt wird, oder:

b) Die Steuerung besitzt einen **potenzialfreien Schaltkontakt** (Relaisausgang). Bei dieser Anschlussart benötigt die Pumpe einen eigenen Netzanschluss, der über den Schaltkontakt geführt wird.

2.7 Der Schornstein und abgasseitige Anschluss

Der Schornstein dient dazu, die Abgase aus der Verbrennung nach außen zu führen und durch den sich einstellenden **„Zug"** das Feuer anzufachen. Der „Zug" darf einerseits nicht zu gering sein, muss aber gegebenenfalls auch begrenzt werden, damit das Feuer nicht zu schnell und zu heiß abbrennt.

Der Förderdruck darf weder zu gering noch zu groß sein.

BITTE BEACHTEN:
Kaminanschluss und Aufstellungsort müssen Sie grundsätzlich immer mit dem zuständigen Schornsteinfeger abstimmen!

2.7.1 Der Schornstein als Motor der Feuerungsanlage

Der Schornstein führt durch den **thermischen Auftrieb** nicht nur die Abgase nach außen, sondern es wird auch gleichzeitig die benötigte Verbrennungsluft von außen in den Aufstellungsraum und von dort in den Brennraum der Feuerstätte „gesaugt".

Indem mehr oder weniger Verbrennungsluft an den Verbrennungsprozess herangeführt wird, bestimmt die Stärke des so genannten **Förderdrucks („Schornsteinzug")** die Feuerungsleistung. Der Förderdruck wird zunächst durch die wirksame Höhe des Abgassystems (Schornsteinfuttermitte bis Schornsteinmündung) und die Differenz zwischen der Abgastemperatur am Ofenausgang und der Temperatur am Schornsteinkopf bestimmt:

Je heißer das Abgas und je höher der Schornstein, umso größer der Förderdruck!

Dem wirken entgegen:

- Strömungsverluste im Ofen
- Reibungsverluste im Schornstein selbst (insbesondere bei gemauerten Schornsteinen)
- Verluste durch waagerecht geführte Ofenrohre und Rohrbögen
- Einflüsse durch Wind oder Luftverwirbelung an der Schornsteinmündung

Bei Kachelöfen entstehen außerdem Druckverluste durch senkrecht nach unten geführte Rauchgaskanäle. Bei raumluft**ab**hängigen Anlagen sind schließlich noch Verluste durch die Förderung der Verbrennungsluft von außen in den Aufstellungsraum hinein zu beachten. Bei raumluft**un**abhängigen Anlagen können Verluste durch die Verbrennungsluftzuführung und gegebenenfalls ein Schutzgitter entstehen.

Typische Ursachen für zu geringen „Zug":

- zu geringe Schornsteinhöhe
- Rußablagerungen im Ofen oder Ofenrohr
- zu großer oder zu kleiner Querschnitt
- Schornsteinmündungen in Windschatten oder Windstau (vor allem, wenn der Schornsteinkopf niedriger als der First ist)
- Falschluft durch Undichtigkeiten im Schornstein, Rauchrohr oder Ofen
- Falschluft durch weitere Heizgeräte am gleichen Schornstein
- Falschluft durch offene oder undichte Reinigungstüren im Schornstein
- Verstopfungen durch Bauschutt
- zu tief in Schornsteine eintauchende Abgasrohre

BITTE BEACHTEN:
Der effektive Förderdruck wird am brennenden Gerät gemessen. Dazu müssen Sie eine **Messbohrung im Abgasrohr** vornehmen. Der Förderdruck sollte den Geräteangaben entsprechen. Gegebenenfalls müssen Sie ihn durch Zugbegrenzungseinrichtungen begrenzen oder durch günstigere Zuluft und Abgasführung erhöhen.

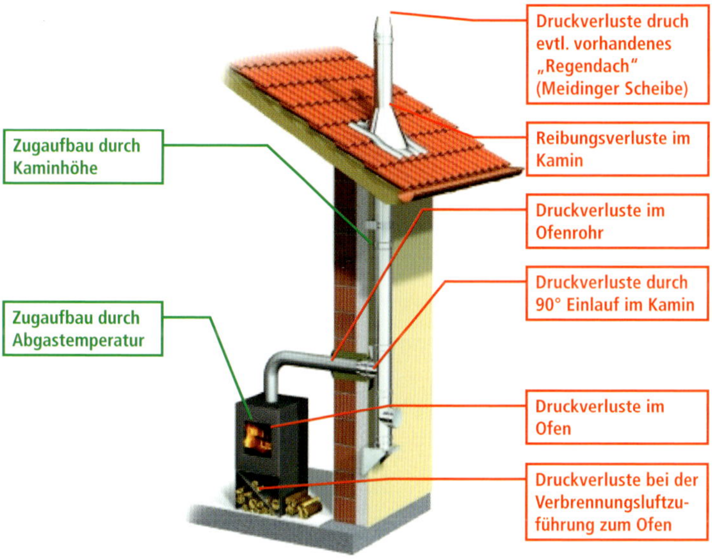

Bild 62: Zug-Gewinn und Zug-Verluste am Schornstein (Schiedel GmbH & Co. KG)

HINWEIS:
Wasserführende Kaminöfen können durch den starren Anschluss der wasserseitigen Verrohrung nicht mehr bewegt werden. Bei einem Kaminanschluss mittels Rauchrohr müssen Sie darauf achten, dass dieses über entsprechende **Kehröffnungen** vollständig gereinigt werden kann. Bewährt haben sich auch verstellbare dreiteilige Segmentbögen zum Zerlegen.

2.7.2 Die Schornsteinarten

Die Schornsteinart bestimmt Förderdruck und Rauchgastemperatur.

Grundsätzlich lassen sich drei Arten von Kaminen beziehungsweise Schornsteinen unterscheiden:

1. **Gemauerter Schornstein (Altbau)**
   Durch die Mauerfugen und anheftende Mörtelreste ergeben sich etwas geringere Förderdrücke („Zug") als bei glatten Rohren. Der Anschluss von Ofenrohren erfolgt durch runde Öffnungen, in die Doppelwandfutter oder Rohrhülsen dicht eingesetzt werden. Durch die geringe Wärmedämmwirkung und die hohe Speichermasse muss die Rauchgastemperatur bei voll brennendem Feuer am Anschluss mindestens 200°C und beim Schornsteinkopf mindestens 60°C betragen, damit der Schornstein durch Kondenswasser nicht langsam durchfeuchtet und versottet.

2. **Fertigteilschornsteine mit Schamotterohr und Dämmung**
   Durch die glatte Oberfläche ergeben sich höhere Förderdrücke. Der nachträgliche Anschluss von Ofenrohren ist kompliziert, da sich das Innenrohr gegenüber dem Außenrohr erheblich dehnt. Die Rauchgastemperatur muss bei voll brennendem Feuer mindestens 110°C betragen, bei neueren Ausführungen auch weniger.

3. **Gedämmter, doppelwandiger Edelstahlschornstein**
   Durch die sehr glatte Oberfläche werden höchste Förderdrücke erzielt. Bei Schornsteinhöhen über 5 Meter sollten Maßnahmen zur Zugbegrenzung, wie zum Beispiel eine Drosselklappe, vorgesehen werden. Gut gedämmte (3 Zentimeter) Schornsteine sind unempfindlich gegen Feuchtigkeit, so dass auch Rauchgastemperaturen unter 110°C gefahren werden können.

BITTE BEACHTEN:
Edelstahlschornsteine werden meist im gleichen Querschnitt wie die Feuerstätte ausgeführt. Dies kann zur Folge haben, dass der Rauch bei Anlagerung von Rußschichten nicht mehr vollständig abtransportiert werden kann und in den Aufstellungsraum austritt.

Einschaliger gemauerter Schornstein
- standsicher
- brandbeständig
- rauchgasdicht

Einschaliger vollwandiger Fertigteilschornstein
- standsicher
- brandbeständig
- rauchgasdicht
- einfache und schnelle Montage

Einschaliger Ferigteilschornstein mit Zellen
- standsicher
- brandbeständig
- rauchgasdicht
- einfache und schnelle Montage
- geringeres Gewicht
- verbesserte Wärmedämmung

Zweischaliger Fertigteilschornstein
- standsicher
- brandbeständig
- rauchgasdicht
- säurebeständig
- geringerer Reibungswiderstand
- bewegliches Innenrohr

Dreischaliger Fertigteilschornstein
- standsicher
- brandbeständig
- rauchgasdicht
- säurebeständig
- gut Wärmegedämmt

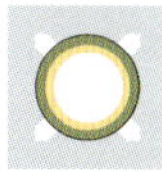

Einschaliger Fertigteilschornstein mit Zellen
- standsicher
- brandbeständig
- rauchgasdicht
- säurebeständig
- gut Wärmegedämmt
- feuchteunempfindlich

Doppelwandiger Edelstahlschornstien
- standsicher (z.T. bis 3 m über letzter Aussteifung)
- brandbeständig
- rauchgasdicht
- säurebeständig
- geringerer Reibungswiderstand

Bild 63: Ausführungsarten von Schornsteinsystemen (Schiedel GmbH & Co. KG)

2.7.3 Die Zugbegrenzungseinrichtungen/Zugverbesserer

a) Drosselklappe

Dies ist ein einfaches Zubehör für das Ofenrohr, dessen Einbau unbedingt empfohlen wird. Die Drosselklappe wird beim Anzünden und Nachlegen geöffnet und kann im Vollbrand meist geschlossen werden. Durch das Schließen verringert sich der Förderdruck am Gerät typischerweise um circa 5 bis 8 Pascal. Die Stellung der Drosselklappe ist am Handgriff erkennbar: In „ZU"-Stellung muss mindestens ein Drittel des Rohrquerschnittes offen bleiben. Deswegen ist eine jährliche Reinigung zwingend erforderlich.

Bild 64: Drosselklappe

b) Nebenluftvorrichtung/Zugbegrenzer

Zugbegrenzer besitzen ein verstellbares Tariergewicht, das mit einer Pendelklappe verbunden ist. In Abhängigkeit vom Schornsteinzug öffnet sich die Pendelklappe und lässt einen definierten Anteil an Raumluft mit in den Schornstein ziehen. Die Unterdruckverhältnisse im Brennraum bleiben daher konstant. Mittels der Verstellschraube kann der Förderdruck auf Werte zwischen circa 10 und 30 Pascal begrenzt werden. Zugbegrenzer dürfen nur in den Aufstellräumen der Feuerstätte angeordnet sein (Raumluftverbund). Dabei ist zu beachten, dass beim Schornsteinkehren Ruß austreten kann!

Bild 65: Zugbegrenzer (Kutzner + Weber GmbH)

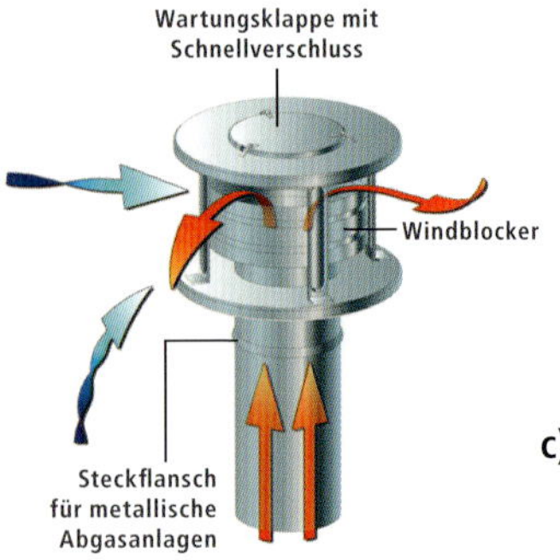

Bild 66: Schornsteinaufsatz zur Stabilisierung des Auftriebs (Raab-Gruppe)

c) **Schornsteinaufsätze**

Bei ungünstiger Anordnung des Schornsteins zum Hausdach und bei starkem Windanfall oder Fallwinden stabilisieren Schornsteinaufsätze den Schornsteinzug und sorgen so für einen gleichmäßigen Abbrand.

2.7.4 Der Schornsteinanschluss

Wenn möglich, sollte man einen Anschluss mit Rauchrohr als Verbindung vorsehen, da das vertikale Rohrstück als Anlaufstrecke dient und damit die Zugbedingungen insbesondere beim Anfeuern verbessert.

Außerdem besteht die Möglichkeit, eine **Drosselklappe als Zugbegrenzer** für den Heizbetrieb einzubauen. Beim direkten Anschluss mittels Verbindungsstück in der Geräterückwand muss die Öffnung im Schornstein sehr genau hergestellt werden. Beim Ausmessen sind eventuelle Glasunterlagen et cetera mit zu berücksichtigen.

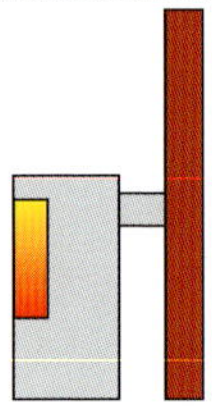

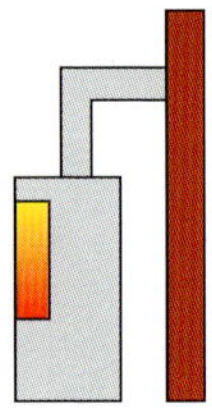

Bild 67: Anschlussarten

BITTE BEACHTEN:
Die Schornsteinhöhe muss mindestens 4 Meter über dem Rauchrohranschluss betragen (bei Mehrfachbelegung 5 Meter). Bei rechnerischem Nachweis und bei Verwendung von vertikalen Rauchrohren sind jedoch auch kleinere Höhen möglich (siehe 3.3.1, Seite 124).

Die Verbindungsstücke beziehungsweise die Rauchgasrohre sollten keinesfalls in die vertikale Schornsteinöffnung hinein ragen (Folgen: Zugbehinderung, Kollision beim Schornsteinkehren). Bei mehreren Anschlüssen dürfen diese nicht genau gegenüber liegen, sondern sind um 30 Zentimeter versetzt anzuordnen. Der Anschluss erfolgt bei einschaligen Schornsteinen mittels Doppelwandfutter oder Rohrhülse. Bei Edelstahl- oder mehrschaligen Schornsteinen sind entsprechende Formelemente nötig. Das Rauchrohr muss aus mindestens 2 Millimeter dickem Stahlblech bestehen.

2.6.5 Die Sicherheitsabstände und der Aufstellungsort

Beim Aufstellen des Gerätes müssen die jeweiligen Landesbauordnungen beziehungsweise Feuerungsverordnungen beachtet und es muss immer Rücksprache mit dem Bezirksschornsteinfeger gehalten werden.

Den Aufstellungsort immer mit dem Schornsteinfeger besprechen!

WICHTIG:
Berücksichtigen Sie die Deckenlast am Aufstellungsort!

Die typischen Abstände sind im Folgenden aufgelistet.

Gerätespezifisch können auch größere Abstände gefordert werden. Bei wasserführenden Kamin- und Pelletöfen sind seitlich und hinten meist kleinere Abstände erlaubt (Kühlung durch Wasser, Wärmedämmung). Die Angaben in der Bedienungsanleitung des Ofens sind deshalb zu beachten.

Sicherheitsabstände zu brennbaren Materialien

1) Fußboden vorne	> 50 cm
2) Fußboden seitlich	> 30 cm
3) Strahlungsbereich Sichtscheibe	> 80 cm
4) Wandabstand seitlich	> 40 cm
5) Wandabstand hinten	> 20 cm
6) Rauchrohr seitlich und oben	> 40 cm

Bild 68: Abstände zu brennbaren Bauteilen

BITTE BEACHTEN:
Die Wandabstände für Gerät und Rauchrohr können durch das Anbringen von Wärmedämmung oder Strahlungsschutzblechen verringert werden. Maßgeblich ist dabei, dass bei Betrieb mit Nennleistung die Oberflächentemperatur der brennbaren Bauteile unter 85°C bleibt. Tapeten gelten zwar in der Regel als nicht brennbar, werden aber oft in der Nähe von Ofenrohren braun oder lösen sich ab.

Führt das Rauchrohr beziehungsweise das Verbindungsstück durch brennbare Bauteile hindurch (zum Beispiel durch eine holzverkleidete Wand vor dem Schornstein), so ist eine 20 Zentimeter dicke Ummantelung aus einem nichtbrennbaren Dämmstoff (spezielle Rohrdämmhülsen sind im Handel erhältlich) oder ein nichtbrennbares Schutzrohr in 20 Zentimeter Abstand vorzusehen (Rauchrohr 150 Millimeter, Schutzrohr 550 Millimeter Durchmesser).

Rauminhalt bei raumluftabhängigen Geräten

Bei zu kleinem Rauminhalt Belüftungsöffnungen schaffen!

Vorgeschrieben ist ein Raumluftvolumen von mindestes 4 Kubikmetern pro Kilowatt Nennwärmeleistung. Das heißt: Ein Gerät mit einer Leistung von 9 Kilowatt benötigt 36 Kubikmeter Rauminhalt. Das wären etwa bei einem Wohnzimmer mit einer Deckenhöhe von 2,75 Meter circa 13,1 Quadratmeter, oder 4 m x 3,3 m Grundfläche. Steht dieses Volumen nicht zur Verfügung, muss von außen oder von einem anderen Raum über eine Öffnung Luft zugeführt werden. Ein gleichzeitiger Betrieb von Dunstabzugshauben, Lüftungsanlagen et cetera muss ausgeschlossen sein.

3. Die Planung einer Anlage mit wasserführendem Kamin-/Pelletofen

3.1 Die Auswahl des Ofens

Der Wärmebedarf des Aufstellungsraumes begrenzt die „luftseitige" Leistung des Ofens.

Die Auswahl des Gerätes soll hier unter dem Gesichtspunkt der Heizleistung, insbesondere der Aufteilung der Leistung auf Luft und Wasser sowie dem Arbeitsaufwand für die Beschickung betrachtet werden. Maßgeblich für die Heizleistung ist dabei der **Raumwärmebedarf im Aufstellungsraum**. Dieser sollte zumindest nach Tabelle 4, Seite 96, abgeschätzt werden, es empfiehlt sich jedoch die genauere Berechnung.

Da Scheitholzöfen nur bei **Nennleistung** zu betreiben sind, muss darauf geachtet werden, dass der Aufstellungsraum nicht überheizt wird. Gegebenenfalls ist zu ermitteln, welche Räume durch geöffnete Türen mitgeheizt werden können.

3.1.1 Scheitholz – Wie viel kann ich heizen?

Bei Anlagen mit wasserführenden Kaminöfen wird die Energiemenge, die dem Haus zugeführt werden kann, letztlich durch die **Holzbeschickung** bestimmt: Es muss etwa jede Stunde neues Holz aufgelegt werden. Zudem muss ein trockenes Lager für den Holzvorrat vorhanden sein. Als Lagerraum sollte etwa das vierfache Volumen der jährlich benötigten Brennstoffmenge eingeplant werden, um das Holz genügend lang ablagern und trocknen zu können.

Bei kleinen Aufstellungsräumen und hoher luftseitiger Wärmeabgabe wird die **maximale Heizdauer** durch die Raumtemperatur bestimmt.

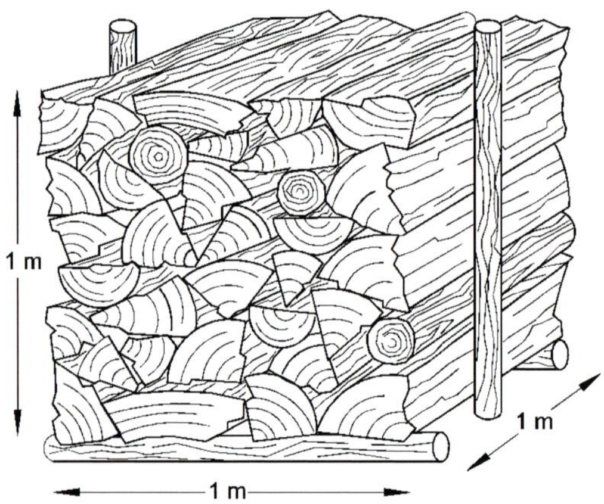

Bild 69: Ein Raummeter Brennholz (Hartmann/Handbuch Bioenergie)

> **WICHTIG**
> Da bei der Aufgabe kleiner Brennstoffmengen oder starker Luftdrosselung die Sichtscheibe verrußen und der Wärmetauscher versotten kann, dürfen Sie die Geräte immer nur bei Nennleistung betreiben!

Nennleistung	Aufgabemenge	
	Buche-Scheitholz	Kiefer-Scheitholz
[kW]	[kg/Stunde]	[kg/Stunde]
6	1,9	1,7
7	2,2	2,0
8	2,5	2,3
9	2,8	2,6
10	3,1	2,8
11	3,4	3,1
12	3,8	3,4
13	4,1	3,7
14	4,4	4,0

Tabelle 1: Aufgabemengen an trockenem Scheitholz zur Erzielung der Nennleistung (Geräte-Wirkungsgrad: 80 Prozent), Heizwerte siehe Tabelle 31, Seite 165

tägliche Heizzeit bei 9 kW Leistung	jährlicher Holzverbrauch (225 Tage)	Einsparung Heizöl	Einsparung Erdgas
[Stunden]	[Raummeter Buche]	[Liter]	[m³]
1	1,2	215	208
2	2,4	429	417
3	3,6	644	625
4	4,8	859	834
5	6	1073	1042
6	7,2	1288	1251
7	8,4	1502	1459
8	9,6	1717	1667
9	10,8	1932	1876
10	12	2146	2084
11	13,2	2361	2293
12	14,4	2576	2501
13	15,6	2790	2710
14	16,8	3005	2918
15	18	3219	3127
16	19,2	3434	3335
17	20,4	3649	3543
18	21,6	3863	3752

Tabelle 2: Abhängigkeiten von täglicher Heizdauer, Holzverbrauch und Einsparpotenzial fossiler Brennstoffe

ERKLÄRUNG:
Ein wasserführender Kaminofen mit einer Gesamtleistung von 9 Kilowatt und einem Wirkungsgrad von 80 Prozent wird täglich mehrere Stunden betrieben. Ein entsprechender Wärmebedarf besteht auch in der Übergangszeit. Das Einsparpotenzial für Heizöl oder Erdgas bezieht sich auf einen Öl-/Gas-Niedertemperaturkessel mit einem Wirkungsgrad von 93 Prozent.

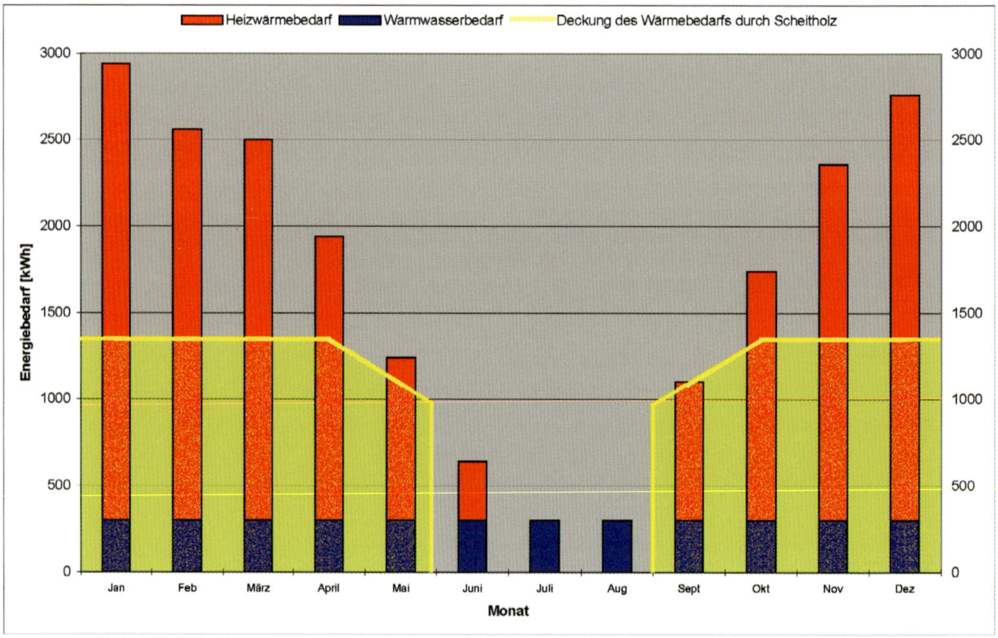

Diagramm 2: Anteil eines wasserführenden Kaminofens am Wärmebedarf für Heizung und Warmwasser

ERKLÄRUNG:
In einem Vier-Personenhaushalt wird ein 9-Kilowatt-Ofen täglich 4 - 5 Stunden beheizt: Der jährliche Heizölverbrauch sinkt von 2.170 Litern auf 936 Liter.

BEISPIELRECHNUNG:

Nennleistung des Ofens (Luft + Wasser): 9 kW
Heizdauer pro Tag (Okt.-April) : 5 h

Heizdauer pro Tag (Mai + September): 4 h
Juni - August keine Heizung durch Kaminofen.

Scheitholz Buche lufttrocken, Heizwert: 2.100 kWh / Raummeter
Wirkungsgrad des Ofens: 80 %

ERGEBNIS:

Konstante Wärmeabgabe über 24 h, wenn die Fehlzeit über Pufferspeicher abgedeckt werden kann (Oktober - April): 9 kW x 5 h / 24 h = **1,875 kW**

Gesamte gelieferte Energiemenge pro Tag (max.): 9 kW x 5 h = **45 kWh**

Holzverbrauch im Jahr :
(7 Monate x 30 Tage x 9 kW x 5 h + 2 Monate x 30 Tage x 9 kW x 4 h) / 2.100 kWh/Raummeter / 80% = **6,9 Raummeter**

6,9 Raummeter entsprechen 1.234 Liter Heizöl (Niedertemperaturkessel)!

3.1.2 Pellets – Wie viel kann ich heizen?

Der Pellettank muss regelmäßig nachgefüllt werden.

Pelletöfen werden in der Regel manuell beschickt, indem der Bediener die Pellets (15- oder 25-Kilogrammbeutel) von Hand in den Pellettank schüttet. Der **Tankinhalt** liegt üblicherweise zwischen 25 und 40 Kilogramm Pellets. Wie lange der Ofen mit einem Sack Pellets betrieben werden kann, zeigt unten stehende Tabelle.

WICHTIG:
Für die Lagerung des Pelletvorrats für die Heizperiode sollte ein trockener und leicht zugänglicher Vorratsraum vorhanden sein. Auch muss die Entleerung der Asche berücksichtigt werden: Am einfachsten ist es, den Brennraum nach Befüllen des Tanks kurz auszusaugen (Funkenschutzvorsatz benutzen!).

Dauerleistung [kW]	Brenndauer nach Aufgabe 25 kg [h]
6	18,4
7	15,8
8	13,8
9	12,3
10	11,0
11	10,0
12	9,2
13	8,5
14	7,9

Tabelle 3: Wie lange hält ein 25-Kilo-Sack Pellets? (Gerätewirkungsgrad 90 Prozent)

In Kombination mit einer Solaranlage zur Warmwasserbereitung im Sommer kann ein Pelletofen die Wärmeerzeugung für eine komplette Wohneinheit – insbesondere bei Niedrigenergiebauweise – übernehmen. Für die Urlaubszeit wird eine **elektrische Heizpatrone** im Pufferspeicher installiert. Deren Energiekosten sind zwar höher, die Investition ist jedoch extrem niedrig.

BEISPIELRECHNUNG:

Tankinhalt	25 kg
Geräteleistung	9 kW
Wirkungsgrad	90 %
Heizwert Pellets	4,9 kWh/kg bzw. 3.185 kWh/m³

Die im Tank befindlichen Pellets erzielen eine gesamte Energiemenge von:
25 kg x 4,9 kWh/kg x 90% = **110,25 kWh**

Bei einer Geräte-Nennleistung von 9 kW reicht der Tankinhalt dann:
110,25 kWh / 9 kW = **12,3 Stunden**

Wird also der Kessel durchgängig bei Vollast betrieben, muss der Tank morgens und abends aufgefüllt werden.

Pelletverbrauch während der Heizperiode (225 Heizungstage):
225 x 24 h x 10 kW / 3.185 kWh/m³ / 90 % = **18,8 m³ Pellets**

3.1.3 Die Ermittlung des Raumwärmebedarfs

Bei der Auslegung von Heizanlagen mit wasserführendem Kamin oder Pelletofen orientiert man sich in der Regel am Raumwärmebedarf des Aufstellungsraumes.

Ofen möglichst im Raum mit dem größten Wärmebedarf aufstellen!

Wesentlich dabei ist, dass ein Überhitzen des Raumes im normalen Betrieb vermieden werden muss, was die luftseitig vom Ofen abzugebende Wärme begrenzt. Deshalb ist es immer sinnvoll, den Ofen in dem **Raum mit dem größten Wärmebedarf** – meistens wohl dem Wohnzimmer – aufzustellen. Falls Türen zu Nachbarräumen ständig geöffnet bleiben können, kann deren Wärmebedarf wie unten beschrieben mit berücksichtigt werden.

Auch eine Aufstellung in Fluren mit anschließendem offenen Treppenhaus kann für eine Verteilung der luftseitig abgegebenen Wärme sorgen (Achtung: Die Aufstellung in Fluren und Fluchträumen muss vom Schornsteinfeger erlaubt werden!). Bei offenen Treppenhäusern kommt es jedoch zu einer starken Schichtung der aufsteigenden Konvektionswärme. Die Wärmeabgabe in das jeweilige Stockwerk sollte daher jeweils gesondert gerechnet werden.

Haustyp	vor 1978*	1978-1983*	1984-1994	ab 1995	NH**
erforderliche Grundfläche pro kW luftseitig	11 m²/kW	12 m²/kW	16 m²/kW	20 m²/kW	>32 m²/kW

* Isolierverglasung vorausgesetzt **Niedrigenergiehaus

Tabelle 4: Erwärmte Raumfläche pro Kilowatt luftseitige Ofenleistung bei Häusern mit Wärmeschutz im ursprünglichen Zustand

BEISPIELRECHNUNG:
In einem Einfamilienhaus, Baujahr 1990, soll ein wasserführender Kaminofen im Wohnzimmer aufgestellt werden. Durch stets geöffnete Türen sollen die angrenzende Küche und der angrenzende Flur mitgeheizt werden. Wohnzimmer, Küche und Flur haben zusammen eine Grundfläche von 80 Quadratmetern.

Der luftseitige Wärmebedarf beträgt demnach 80 m² / 16 m²/kW = 5 kW.

Es sollte ein Ofen mit maximal 5 Kilowatt luftseitig gewählt werden.

In der Praxis ergeben sich Temperaturunterschiede zu Nachbarräumen oder höher gelegenen Stockwerken – wie in den Bildern 70 und 71, Seite 97, dargestellt. Als Erfahrungswert kann eine durch den Türsturz um 2°C verminderte Raumtemperatur für den Nachbarraum angesetzt werden. Heizt der Kaminofen beispielsweise das Wohnzimmer auf 22°C auf, so stellen sich in der benachbarten Küche bei ständig geöffneter Tür etwa 20°C ein. Ein hinter der Küche befindlicher Flur erreicht dann noch 18°C.

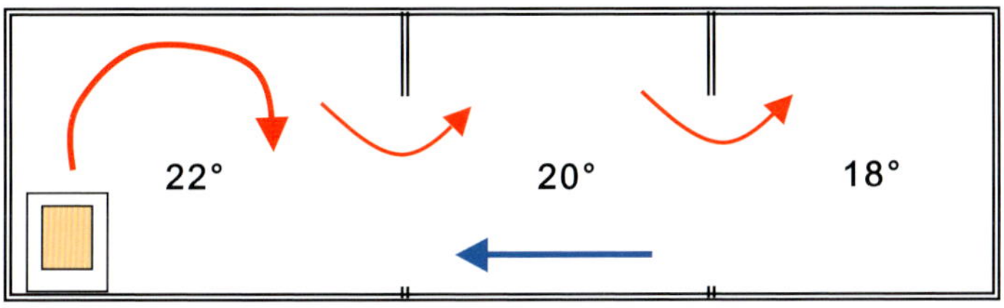

Bild 70: Übertragung der Konvektionswärme in Nachbarräume bei ständig geöffneten Türen

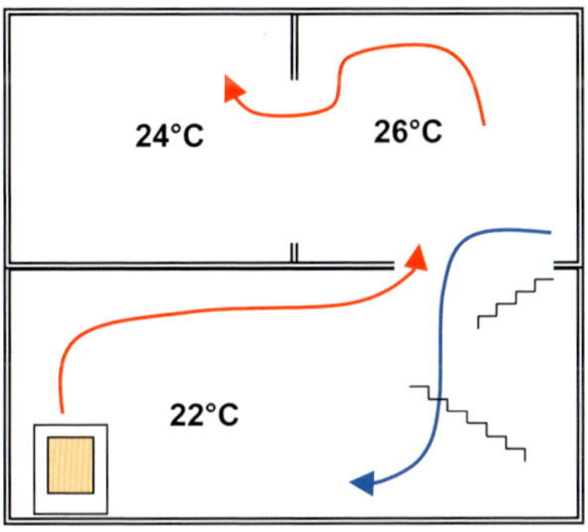

Bild 71: Übertragung der Konvektionswärme durch freie Treppenhäuser

Berechnung des tatsächlichen Raumwärmebedarfs

Nach der folgenden vereinfachen Berechnungsmethode kann eine genauere Abschätzung des Raumwärmebedarfs erfolgen. Berücksichtigt wird hierbei der Wärmeübergang durch die Außen- und Innenwände und gegebenenfalls auch die Erwärmung weiterer Räume bei ständig geöffneten Türen. Innenwände zu beheizten Räumen und Decken zu beheizten Geschossen werden nicht berücksichtigt.

Für eine optimale Anlagenplanung den tatsächlichen Raumwärmebedarf ermitteln!

In der Tabellenrechnung werden die einzelnen Verlustleistungen durch Fenster, Außen- und gegebenenfalls Innenwände sowie Geschossdecken und die Lüftungsverluste ermittelt. Bei unbeheizten Nachbarräumen beziehungsweise Geschossen sind die Temperaturen einzusetzen, die dort erfahrungsgemäß im Winter herrschen. Die Aufsummierung ergibt schließlich die gesamte Verlustleistung.

Unberücksichtigt bleiben der so genannte Wärmeübergangskoeffizient (Wärmeübergang auf die Bauteiloberfläche) sowie die Putzschichten. Beide besitzen eine geringe zusätzliche Wärmedämmwirkung und dienen als „Sicherheitszuschlag".

HINWEIS:
Bei den üblichen Berechnungsmethoden wird der Wärmebedarf für den „kältesten Tag" angesetzt. Für den Betrieb des Kaminofens wird dagegen von der durchschnittlichen Temperatur während der Heizperiode (circa 4°C in Mitteldeutschland) ausgegangen, um Überdimensionierungen zu vermeiden. Am „kältesten Tag" hilft die konventionelle Heizung.

$$K = \frac{\lambda}{s} \qquad Q_{Durchgang} = \sum A * K * (\vartheta_{Innen} - \vartheta_{Außen})$$

$$Q_{Lüftung} = \sum F * Lü \qquad Q_{Gesamt} = Q_{Durchgang} + Q_{Lüftung}$$

$$K_{Gesamt} = \frac{1}{\frac{S1}{\lambda_1} + \frac{S2}{\lambda_2}}$$

K:	Wärmedurchgangskoeffizient, K-Wert oder U-Wert in [W/(m²K)]
λ:	Wärmeleitfähigkeit in [W/(mK)]
s:	Bauteildicke (z.B. Mauerstärke) in [m]
$Q_{Durchgang}$:	Transmissionswärmeverluste in [W]
A:	Bauteilfläche (z.B. Fensterfläche, Wandfläche) in [m²]
$\vartheta_{Außen}$:	durchschnittliche Außentemperatur während der Heizperiode (ca. 4°C Mitteldeutschland) in [°C]
ϑ_{Innen}:	Raumtemperatur (bei Übertragung der Konvektionswärme in Nachbarräume durch ständig geöffnete Türen Bild 3.1.3-1 berücksichtigen) in [°C]
$Q_{Lüftung}$:	Lüftungsverluste, durch undichte Bauteile [W]
F:	Grundfläche des Raumes [m²]
Lü:	Lüftungsverlustkoeffizient. Es wird ein Pauschalwert von 5,7 W pro m² Wohnfläche eingesetzt. Passivhäuser erreichen Werte bis 3 W/m², in [W]

Referenzort	Durchschnittstemperatur während der Heizperiode [°C]
Berlin	3,9
Braunschweig	4,5
Dresden	4,1
Essen	5,2
Frankfurt	4,6
Freiburg	5,0
Garmisch-Partenkirchen	3,0
Hamburg	4,6
Hannover	4,6
Kassel	4,4
Kiel	4,7
Leipzig	4,2
Lüdenscheid	4,4
München	3,6
Nürnberg	3,9
Saarbrücken	4,6
Schwerin	4,1
Stuttgart	4,2
Trier	4,8

Tabelle 5: Durchschnittstemperaturen während der Heizperiode

Schritte für die Tabellenrechnung:

1. Flächen der Außenwände und Decken ermitteln

2. Aus Tabelle 7, Seite 100, die Wärmeleitfähigkeit (λ) der verwendeten Baustoffe entnehmen und durch die Wand- beziehungsweise Deckendicke dividieren. Man erhält den Wärmedurchgangskoeffizienten (auch U-Wert oder K-Wert genannt). Bei mehrschichtigem Aufbau sind die Leitfähigkeiten jeder Schicht zu K_{Gesamt} gemäß Seite 98 addieren

3. Flächen der Türen und Fenster ermitteln und aus Tabelle 6, Seite 100, deren Wärmedurchgangskoeffizienten entnehmen (die Bauteildicke ist in dem Wärmedurchgangskoeffizienten bereits berücksichtigt)

4. Transmissionswärmeverluste aller Bauteile sowie die Lüftungsverluste ermitteln und aufsummieren

Systematisch alle im Raum auftretenden Wärmeverluste ermitteln!

Bauelement	U-Wert oder K-Wert in [W/(m²K)]
Fenster Einfachglas inkl. Rahmen	4,9
Doppelfenster (1970-1980) inkl. Rahmen	2,6
Isolierfenster 1980-2005 inkl. Rahmen	1,8
Fenster Passivhausstandard inkl. Rahmen	0,8
Außentür Holz oder Kunststoff (1970–1980)	3,0
Außentür Holz oder Kunststoff (1980–2005)	1,8
Innentür	2,0

Tabelle6: Typische Wärmedurchgangskoeffizienten (unabhängig von der Bauteildicke)

Baustoff	λ [W/mK]
Glaswolle / Steinwolle	0,04
PS-Schaum (Styropor®)	0,04
Holz (Eiche, Buche)	0,2
Holz (Fichte, Tanne, Kiefer)	0,13
Holz-Spanplatten / Flachpressplatten	0,13
Beton	2,1
Leichtbetonvollstein 1.2kg/dm³ „Bimsstein", „Schwemmstein"	0,54
Leichtbeton-Hohlblockstein, 2-Kammer bis 24 cm	0,32
Leichtbeton-Hohlblockstein 3-Kammer bis 30 cm	0,35
Kalksand-Hohlblocksteine 1,2 kg/dm³	0,56
Gas / Schaumbetonsteine 1 kg/dm³	0,56
Gasbeton-Blocksteine 0,6 kg/dm³	0,24
Mauerziegel (Vollziegel, 1,8 kg/dm³)	0,81
Lehm	0,7

Tabelle 7: Wärmeleitfähigkeiten - dividiert durch die Bauteildicke ergibt sich der jeweilige Wärmedurchgangskoeffizient

Beispielrechnung:

- Außenwände 24 cm Hohlblockstein
- Isolierfenster 1,8 W/m²K
- Haustür: ältere Holztüre, ungedämmt 3 W/m²K
- Kellerdecke: Stahlbeton mit 2 cm Schaumplatten (0,04 W/mK) unter Estrich, Keller ungeheizt im Schnitt 13°C
- Geschossdecke: Beton, mit 1 cm Faserdämmstoff (0,04 W/mK). Obergeschoss zentral beheizt, ca. 18°C
- Wohnzimmer mit Kaminofen beheizt, Türen zu Flur und Küche immer geöffnet
- übrige Räume zentral beheizt

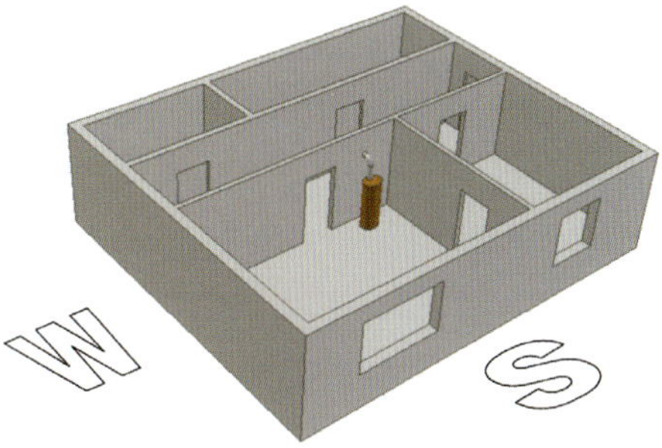

	Was	Länge	Breite / Höhe	Fläche	Wärmeleitfähigkeit λ1	Bauteildicke 1	Wärmeleitfähigkeit λ2 (z. B. zusätzliche Isolierung)	Bauteildicke 2	Berechneter oder eingesetzter U- bzw. K-Wert	Temperatur im Raum	Temperatur außen, bzw. an anderer Wandseite	Verlust
		[m]	[m]	[m²]	[W/mK]	[m]	[W/mK]	[m]	[W/m²K]	[°C]	[°C]	[W]
Wohnen	Grundfläche (Beton)	5	7	35	2,1	0,2	0,04	0,02	1,68	22	13	529,2
	Decke (Beton)	5	7	35	2,1	0,15	0,04	0,01	3,11	22	18	435,6
	Außenwand Westen	5	2,75	13,75	0,32	0,24	1		1,33	22	3	348,3
	Außenwand Süden abzgl. Fenster	7	2,75	15,5	0,32	0,24	1		1,33	22	3	392,7
	Fenster Süden	2,5	1,5	3,75					1,80	22	3	128,3
	Lüftungsverluste (5,7 W/m²)	5	7	35								199,5
Küche	Grundfläche	5	5	25	2,1	0,2	0,04	0,02	1,68	20	13	294,0
	Decke	5	5	25	2,1	0,15	0,04	0,01	3,11	20	18	155,6
	Außenwand Süden abzgl. Fenster	5	2,75	11,5	0,32	0,24	1		1,33	20	3	260,7
	Außenwand Osten	5	2,75	13,75	0,32	0,24	1		1,33	20	3	311,7
	Fenster Süden	1,5	1,5	2,25					1,80	20	3	68,9
	Lüftungsverluste (5,7 W/m²)	5	5	25								142,5
Flur	Grundfläche	12	2	24	2,1	0,2	0,04	0,02	1,68	20	13	282,2
	Decke	12	2	24	2,1	0,15	0,04	0,01	3,11	20	18	149,3
	Außenwand Osten abzgl. Haustür	2	2,75	3,5	0,32	0,24	1		1,33	20	3	79,3
	Außenwand Westen	1,3	2,75	3,575	0,32	0,24	1		1,33	20	3	81,0
	Haustür Osten	2	1	2					3,00	20	3	102,0
	Lüftungsverluste (5,7 W/m²)	12	2	24								136,8
									Summe Raumwärmebedarf			**4.097,5**

Tabelle 8: Raumwärmebedarf

3.1.4 Die Geräteleistung und der Wasseranteil

Großes Sichtfenster – viel Strahlungswärme

Es muss der „richtige" Kompromiss zwischen Luft- und Wasserleistung gefunden werden.

Bei der Auswahl des Ofens spielt neben der Optik und der Gesamtleistung vor allem das Verhältnis zwischen der Leistungsabgabe in das Heizungswasser und in den Aufstellungsraum eine wichtige Rolle. Aus regelungstechnischer Sicht müsste der „ideale" Ofen seine gesamte Wärme in den Heizkreislauf abgeben, um aus dem Pufferspeicher den genauen momentanen Bedarf im Haus zu bedienen. Dieser ergibt sich zunächst nur aus den Anforderungen der Heizkörpern der einzelnen Räume und durch die Brauchwasseranforderungen.

In der Praxis jedoch möchte der Besitzer eines Kaminofens den Feuerschein des Abbrandes sehen und die vom Ofen ausgehende „wohlige" Strahlungswärme fühlen. Deshalb ist der **„richtige" Kompromiss** zwischen Luft- und Wasserleistung erforderlich. Einerseits soll der Raum nicht überheizt werden und trotzdem möglichst viel Wärme in den Heizkreislauf gelangen. Andererseits sollen der Blick aufs Feuer und die Ofenwärme „erlebt" werden.

Vor allem die uneingeschränkte Sicht auf Feuer und Glutbett verlangt ein großes Sichtfenster in der Ofentür, das gleichzeitig für eine optimale Abgabe der Strahlungswärme aus dem Ofeninneren in den Aufstellungsraum sorgt. Mit der Strahlungswärme ist physikalisch bedingt jedoch auch die entsprechende Leistungsabgabe in die Raumluft verbunden.

BITTE BEACHTEN:
Bei großen Türen mit entsprechend großen Sichtscheiben entstehen schnell Wärmeabgaben in den Raum in Größenordnungen von 3 Kilowatt allein durch die Tür. Dazu kommt noch die Wärmeabgabe des übrigen Ofenkörpers. Auch wenn dieser in der Regel unter der Verkleidung in Wärmedämmungsmaterial eingepackt ist, ergibt sich bei Nennleistung meist noch eine zusätzliche Wärmeabgabe von 1 Kilowatt.

Ermittlung der Leistung

Sofern keine Wärmebedarfsberechnung des Gebäudes vorliegt, kann der Gesamtwärmebedarf (also der Wärmebedarf für das gesamte Gebäude) gemäß unten stehender Tabelle ermittelt werden. Die Leistung (Luft + Wasser) des Kaminofens sollte in der Praxis maximal etwa **50 bis 70 Prozent** des Gesamtwärmebedarfs betragen, um auch in der Übergangszeit einen geregelten Betrieb zu gewährleisten.

Bei der Wahl der Ofenleistung nicht vom „kältesten Tag" ausgehen!

Vorgehensweise zur Auslegung des wasserführenden Kaminofens:

1. Raumwärmebedarf ermitteln: Die **luftseitige** Wärmeleistung sollte diesen Wert nicht überschreiten
2. Gesamtwärmebedarf des Gebäudes ermitteln: Die **Gesamtleistung** (Luft + Wasser) sollte bei 50 bis 70 Prozent des ermittelten Wertes liegen
3. Die wasserseitige Wärmeleistung ergibt sich als Differenz aus Gesamt- und Luftleistung

Haustyp	vor 1978*	1978-1983*	1984-1994	ab1995	NH**
Gesamtwärmebedarf	130 W/m²	115 W/m²	90 W/m²	70 W/m²	< 45 W/m²

* Isolierverglasung vorausgesetzt **Niedrigenergiehaus

Tabelle 9: Leistungswärmebedarf in Watt pro Quadratmeter Wohnfläche bei Häusern mit Wärmeschutz im ursprünglichen Zustand

BEISPIELRECHNUNG:

Einfamilienhaus, Baujahr 1976, Wohnfläche 143 Quadratmeter,
die einfachverglasten Fenster wurden durch isolierverglaste Fenster ersetzt.

Der ungefähre Wärmebedarf des Gebäudes beträgt demnach circa:
130 W/m² x 143 m² = 18.590 W (18,5 kW)

gewählter Ofen (Gesamtleistung): 18,5 kW x 50 % = 9 kW

Vorsicht bei hohen Wasserwärmeleistungen

Einige Geräte sind auf sehr große wasserseitige Wärmeleistungen (teilweise 20 Kilowatt und mehr) ausgelegt – **hier ist Vorsicht geboten!** Es sollte stets geprüft werden, ob diese Werte bei der praktischen Wohnraumheizung auch wirklich erzielt werden können. Ein 25-Kilowatt-Gerät benötigt beispielsweise alle anderthalb Stunden einen großen Korb Holz (12 Kilogramm Buche), der in den Wohnraum getragen werden muss. Ein Betrieb bei kleiner Leistung ist – wie bereits beschrieben – nicht empfehlenswert. Außerdem besteht bei Geräten von mehr als 14,9 Kilowatt eine Messpflicht durch den Schornsteinfeger.

3.1.5 Der Einbau in Niedrigenergiehäuser mit kontrollierter Wohnraumlüftung

Vorsicht: Lüftungsanlagen können Abgase in den Aufstellungsraum „saugen".

Bei einem gemeinsamen Betrieb von Feuerstätten und lufttechnischen Anlagen besteht die Gefahr, dass es im Fall von Fehlfunktionen – wenn zum Beispiel der Zuluftventilator ausfällt – zu einem Unterdruck in der Umgebung der Feuerstätte kommen kann. Dann ist es möglich, dass Verbrennungsgase in den Aufstellungsraum gelangen und es schlimmstenfalls zu Anreicherungen von Kohlenmonoxid (CO: geruchloses, hochgiftiges und brennbares Gas) im Aufstellungsraum kommt.

Grundsätzlich unterscheidet man zwischen

- raumluft**un**abhängigen,
- raumluft**ab**hängigen und
- raumluft**ab**hängigen Öfen mit externer Verbrennungsluftzufuhr

Vom Deutschen Institut für Bautechnik (DIBT) zugelassene raumluft**un**abhängige Geräte dürfen zwar ohne Einschränkung mit Wohnungslüftungsanlagen kombiniert werden. In der Praxis hat sich jedoch gezeigt, dass insbesondere bei den Türdichtungen Undichtigkeiten durch Verschleiß entstehen können – ganz abgesehen vom Türöffnen zum Nachlegen von Brennholz.

WICHTIG:
Behandeln sie „raumluft**un**abhängige" Geräte im Sinne der Sicherheit genauso wie „raumluft**ab**hängige Öfen mit externer Verbrennungsluftzufuhr!"

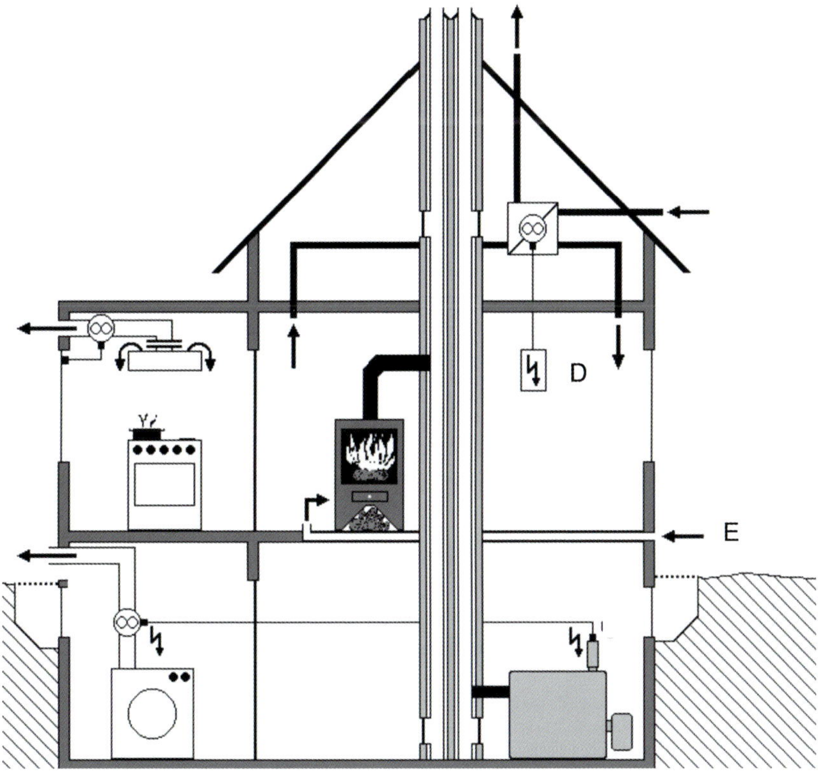

Bild 72: Gleichzeitiger Betrieb von Kaminofen und Unterdruck erzeugenden Geräten (D: Druckwächter, E: externe Verbrennungsluft)

HINWEIS:
„Raumluft**ab**hängige Öfen mit externer Verbrennungsluftzuführung" dürfen in Wohnungen oder Nutzungseinheiten vergleichbarer Größe, aus denen Luft mit Hilfe von Ventilatoren – wie Lüftungs- oder Warmluftheizungsanlagen, Dunstabzugshauben, Abluft-Wäschetrocknern – abgesaugt wird, nur dann aufgestellt und gleichzeitig betrieben werden, wenn eine Sicherheitseinrichtung in Form eines **Druckwächters** die angeschlossenen lufttechnischen Geräte im Falle von Unterdruck (> 4 Pascal) abschaltet.

Lüftungsanlagen mit der so genannten „F-Kennzeichnung" schalten bei Ausfall eines Ventilators entweder die komplette Lüftungsanlage aus, oder sie sind bereits intern mit einem Druckwächter ausgestattet.

Bild 73: Luftdruckwächter Typ P4
(Erich Huber GmbH)

3.2 Die Auslegung des Speichers

Auf Grund der zentralen Rolle des Pufferspeichers in der Heizanlage ist eine sorgfältige Auslegung für günstige Nutzungsgrade sehr wichtig. Vor allem bei der Kombination mit weiteren Wärmeerzeugern beeinflussen verschiedenste Aspekte die Speichergröße.

3.2.1 Der Speicherbedarf wasserführender Kaminöfen

Die Dimensionierung des Pufferspeichers richtet sich im Wesentlichen nach dem Wärmebedarf, den Systemtemperaturen der Heizungsanlage, der Leistung des Kaminofens und der Betriebszeit, in welcher der Ofen geheizt werden soll.

TIPP:
Je niedriger die Systemtemperaturen der Heizungsanlage (Vorlauf/Rücklauf der Heizkörper) sind, umso größer ist das Speichervermögen des Pufferspeichers. Am idealsten sind Fußboden- oder Flächenheizungen.

Diese Dimensionierungsverfahren sind möglich:

a) Dimensionierung nach Vorgaben der BImSchV

Die Dimensionierung nach BImSchV orientiert sich an zentralen Feststoffkesseln.

Die Bundes-Immissionsschutzverordnung (BImSchV) fordert für „zentrale" Festbrennstoff-Heizkessel einen Mindestwasserinhalt von 55 Litern pro Kilowatt Kesselleistung. Übertragen auf einen Kaminofen mit 5 Kilowatt wasserseitiger Leistung wären dies 275 Liter. Bei dieser Forderung wird angenommen, dass bei einem zentralen Kessel nur ein Abbrand (circa 1,5 Stunden) gefahren und gespeichert werden muss.

BITTE BEACHTEN:
Bei wasserführenden Kaminöfen muss jedoch davon ausgegangen werden, dass der Benutzer regelmäßig Holz nachlegt, um das Feuer für eine gemütliche Atmosphäre und einen warmen Aufstellungsraum am Brennen zu halten. Dabei hat er nicht immer eine Temperaturanzeige für den Pufferspeicher im Blickfeld – der Mensch als „Regelorgan" fällt also aus.

Typischerweise stößt der Pufferspeicher an ungewöhnlich milden Wintertagen – wenn mit der gewohnten Aufgabemenge weitergeheizt wird, jedoch keine Wärmeabnahme aus dem Pufferspeicher erfolgt – an seine Grenzen. Aber auch in der Übergangszeit kann ein großes Pufferspeichervolumen erforderlich werden.

Soll fast ausschließlich mit Holz geheizt werden, orientiert sich die Puffergröße am nächtlichen Wärmebedarf.

b) Dimensionierung nach nächtlichem Wärmebedarf

Soll beispielsweise der Pufferspeicher tagsüber so weit aufgeladen werden, dass damit der nächtliche Wärmebedarf gedeckt wird, berechnet sich das Speichervolumen wie folgt:

$$V_{Pu} = \frac{Q_H * 3600 * t_K}{\rho_W * c_W * (\vartheta_{PU,\max} - \vartheta_{PU,\min})} [Liter]$$

$V_{Pu} = Volumen\ Pufferspeicher\ [Liter]$

$Q_H = Gebäude-Wärmebedarf\ [kW]$

$t_K = zu\ überbrückende\ Zeit\ [h]$

$\rho_W = mittlere\ Dichte\ Heizungswasser\ (ca.\ 0{,}982 kg/l)$

$c_W = mittlere\ spezifische\ Wärmekapazität\ (ca.\ 4{,}18 kJ/kgK)$

$\vartheta_{PU,...} = maximale\ bzw.\ minimale\ mittlere\ Pufferspeichertemperatur\ [°C]$

BEISPIELRECHNUNG:

In einem gut isolierten Haus soll der Wärmebedarf für einen nächtlichen Zeitraum von 8 Stunden überbrückt werden. Der nächtliche Gebäude-Wärmebedarf beträgt 6 Kilowatt. Die Minimaltemperatur im Speicher liegt bei 40°C, die Maximaltemperatur bei 85°C:

V_{PU} = 6 kW x 3600 x 8 h / 0,982 kg/l / 4,18 kJ/kgK / (85°C – 40°C) = 935 Liter

c) Dimensionierung nach der Heizzeitmethode

Soll nur ein Teil des Wärmebedarfs mit Holz abgedeckt werden, empfiehlt sich ein Puffervolumen nach der Heizzeittmethode.

Während die nach der Bundes-Immissionsschutzverordnung (BImSCHV) ausgelegten Speicher für wasserführende Kaminofenanlagen recht klein ausfallen, werden zur vollständigen Überbrückung des nächtlichen Wärmebedarfs meist zu große und damit zu verlustbehaftete Speicher gewählt, die – sollen sie nur durch einen oder zwei Abbrände aufgeheizt werden – oft gar nicht die Rücklauftemperatur der Heizungsanlage erreichen und somit nicht zur Beheizung der Wohnräume beitragen.

BITTE BEACHTEN:
Prüfen Sie zur optimalen Auslegung des Pufferspeichers immer, wie oft und wie lange die Anlage im Regelfall betrieben wird, und wie groß in diesem Zeitraum die wasserseitige Wärmeabnahme ist!

Die eigentliche Dimensionierung für eine alleinige Pufferung des Kaminofens sollte deswegen nach der **Heizzeitmethode** erfolgen. Hier wird angenommen, dass bei einer Null-Wärmeabnahme die gesamte durch das Gerät erzeugte Wärmemenge an Heizwasser im Pufferspeicher zwischengespeichert werden kann.

Zur Bestimmung des Speicherbedarfs ist deshalb zunächst abzuschätzen, **wie viele Stunden der Ofen betrieben wird, ohne dass eine Wärmeabgabe aus dem Pufferspeicher erfolgt**. Wird beispielsweise im Normalfall von 17 bis 21 Uhr geheizt, so sollte der Pufferspeicher für eine 4-stündige Beladung ausgelegt werden.

Weiterhin bezieht sich die Volumenbestimmung auf die Temperaturdifferenz zwischen der an der vorhandenen Heizungsanlage eingestellten Rücklauftemperatur (kälter kann das Speicherwasser nicht werden) und der Speichermaximaltemperatur (heißer darf das Speicherwasser nicht werden). Die Speichermaximaltemperatur sollte für die Auslegung bei 85 bis 90°C liegen.

WICHTIGER PRAXISTIPP:
In der Praxis haben sich bei Anlagen, deren Pufferspeicher nur durch einen wasserführendem Kaminofen beheizt wird, mit einem Speichervolumen von **100 bis 120 Liter pro Kilowatt wasserseitiger Leistung** bewährt.

Auslegungsformel:

$$V_{Pu} = \frac{Q_K * 3600 * b_K}{\rho_W * c_W * (\vartheta_{PU,max} - \vartheta_{PU,min})} [Liter]$$

V_{Pu} = Volumen Pufferspeicher [Liter]
Q_K = wasserseitige Nennleistung [kW]
b_K = Brenndauer [h]
ρ_W = mittlere Dichte Heizungswasser (ca. 0,982kg/Liter)
c_W = mittlere spezifische Wärmekapazität (ca. 4,18kJ/kgK)
$\vartheta_{PU,...}$ = maximale bzw. minimale mittlere Pufferspeichertemperatur [°C]

BEISPIELRECHNUNG:
Ein Kaminofen mit 6 Kilowatt wasserseitiger Leistung ist 4 Stunden am Stück ohne Wärmebedarf (circa 3 bis 4 Abrände) in Betrieb. Der Pufferspeicher hat laut Hersteller eine maximale Temperatur von 85°C. Die Rücklauftemperatur des Heizkreislaufs beträgt 40°C:

VPU = 6 kW x 3600 x 4 h / 0,982 kg / l / 4,18 kJ/kgK / (85°C - 40°C)
= 468 Liter

Es sollte ein Speicher von 500 Litern gewählt werden.

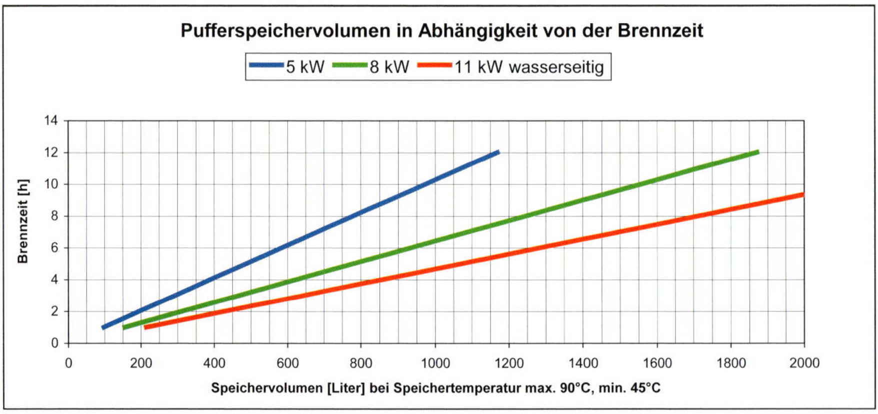

Diagramm 3: Ermittlung des Pufferspeichervolumens für wasserführende Kaminöfen aus der Betriebszeit des Ofens, Minimaltemperatur 45 °C

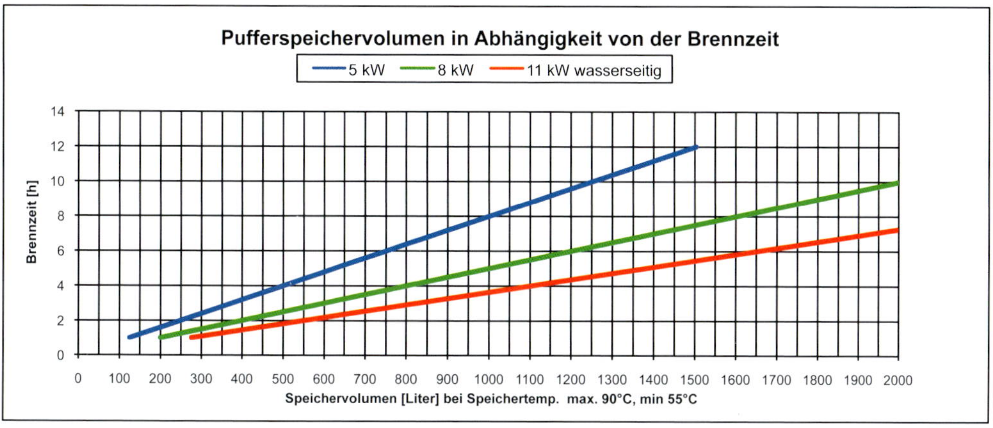

Diagramm 4: Ermittlung des Pufferspeichervolumens für wasserführende Kaminöfen aus der Betriebszeit des Ofens, Minimaltemperatur 55 °C

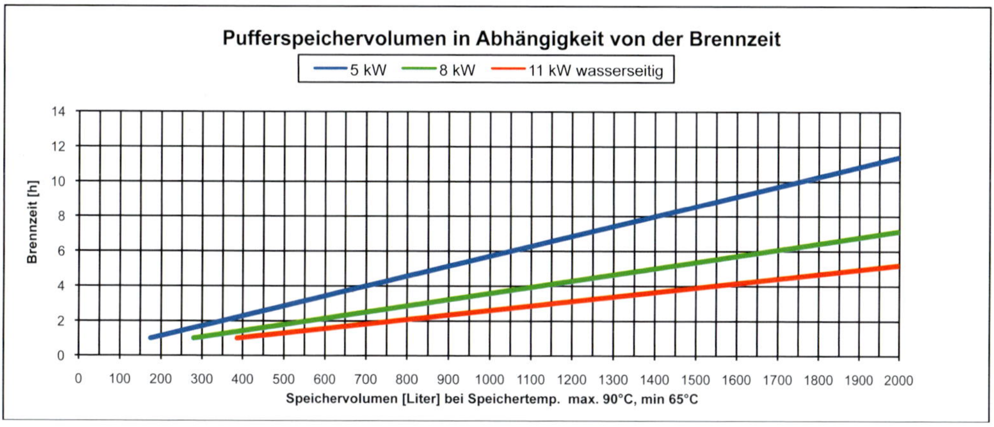

Diagramm 5: Ermittlung des Pufferspeichervolumens für wasserführende Kaminöfen aus der Betriebszeit des Ofens, Minimaltemperatur 65 °C

ABLESEBEISPIEL:

Die Minimaltemperatur im Speicher beträgt 55°C. Wird während der Übergangszeit ein Ofen mit 5 Kilowatt wasserseitiger Leistung von 17 bis 21 Uhr 4 Stunden lang betrieben, während die Heizung aufgrund der Nachtabsenkung keine Wärme mehr anfordert, so wird nach Diagramm 4 ein Pufferspeichervolumen von 500 Litern benötigt.

3.2.2 Die Kombination mit einer Solaranlage zur Heizungsunterstützung

Der Inhalt des Solarspeichers reicht meist für den Kaminofen mit aus.

Die Basis für die **Speicherauslegung** in Kombination mit einer Solaranlage zur Heizungsunterstützung bildet die Solaranlage als Systemteil mit dem größeren Speicherbedarf.

Die Dimensionierung einer heizungsunterstützenden Solaranlage hängt von unterschiedlichen Faktoren ab. Dazu zählen beispielsweise der Energiebedarf des Gebäudes, die angestrebte solare Deckungsrate sowie wirtschaftliche Überlegungen.

Eine überschlägige Methode zur Auslegung der Kollektorfläche besteht darin, zunächst den Wärmebedarf im Sommer, der in aller Regel dem Bedarf für die Trinkwassererwärmung entspricht, zu ermitteln. Die zu dessen Deckung erforderliche Kollektorfläche wird anschließend mit einem Minimalfaktor von 2 und einem Maximalfaktor von 2,5 multipliziert. Die empfohlene Kollektorfläche bewegt sich innerhalb des Ergebnisbereiches. Alternativ kann die Kollektorfläche auch mit 10 Prozent der beheizbaren Wohnfläche ausgelegt werden (bei Röhrenkollektoren 7,5 Prozent).

Grundsätzlich unterscheidet man zwischen der **Bruttokollektorfläche**, die sich aus den Außenmaßen des Kollektors ergibt und der **Aperturfläche**. Letztere wird manchmal auch als Lichteinfallsfläche bezeichnet und entspricht bei Flachkollektoren dem sichtbaren Bereich der Glasscheibe. Schließlich wird noch die eigentliche **Absorberfläche** angegeben. Sie ist beim Flachkollektor meist nur geringfügig kleiner als die Aperturfläche. Während die Bruttokollektorfläche für die Bewertung der Kollektorleistung keine Bedeutung hat, ist sie jedoch wichtig für die Planung und die Beantragung von Fördermitteln.

Für die **Speicherdimensionierung** ist es gleichgültig, ob das System mit einem Kombispeicher oder mit einem Heizwasserpufferspeicher plus einem separaten Trinkwasserspeicher ausgerüstet ist. Bei letzterem können beide Speichervolumina addiert werden, wenn für eine entsprechende Wärmeabgabe an den Trinkwasserspeicher während der Beladung gesorgt wird. Für die reine Solarwärme werden zwischen 50 und 70 Liter Speichervolumen pro Quadratmeter Flachkollektor-Aperturfläche vorgesehen (bei Röhrenkollektoren 70-90 l/m²). Bei der Kombination mit einem wasserführenden Kaminofen sollte man sich dabei an den oberen Grenzwert halten (Flach: 60-70 l/m², Röhre: 80-90 l/m²).

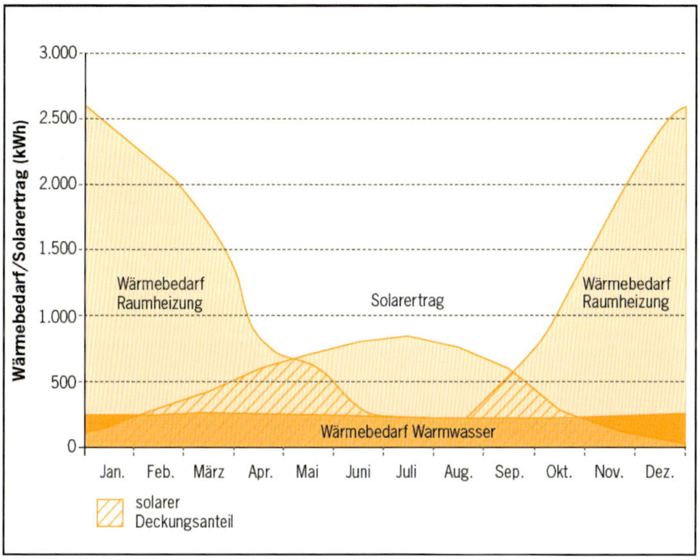

Diagramm 6: Wärmebedarf eines typischen Einfamilienhauses und Solarertrag von 10 Quadratmetern Flachkollektoren im Jahresverlauf (Wirtschaftsministerium Baden-Württemberg)

HINWEIS:
Wird der Speicher solar vorgewärmt, reduziert sich dessen Kapazität, da die Ausgangstemperatur aufgrund der Vorerwärmung steigt. Bei unveränderter Maximaltemperatur verringert sich also die Temperaturdifferenz und damit auch die Speicherkapazität.

Wie man in der obigen Abbildung sehen kann, ist ein Nachheizen zwischen Anfang Mai und Mitte September in der Regel nicht erforderlich.

Im April und Oktober werden an sonnigen Tagen durch die solare Vorwärmung bereits mittlere Speichertemperaturen von 50 bis 60°C erzielt. Setzt man die wie oben beschriebene ermittelte Pufferspeichergröße in das Diagramm 4, Seite 111, ein, so erkennt man, dass bei 8 Kilowatt wasserseitiger Ofenleistung durchaus noch zwei Abbrände (bei 3 Stunden Heizzeit / 600 Liter Speicher) möglich sind.

Erst bei wasserseitigen Leistungen über 10 Kilowatt kommt es zu einer gewissen „Konkurrenz" der Wärmeerzeuger in der Übergangszeit.

BITTE BEACHTEN:
Vermeiden Sie ein Überhitzen des Ofens durch Fehlbedienung: Kaminöfen mit wasserseitiger Leistung über 10 Kilowatt sollten einen separaten Pufferspeicher besitzen, der nicht solar vorgewärmt wird!

Personen im Haushalt	Warmwasserbedarf (60°C)	erforderliche Fläche Flachkollektoren	empfohlenes Pufferspeichervolumen (Einspeisung Solar + wasserführender Kaminofen)
	[Liter/Tag]	[m² Brutto]	[Liter]
2	60	10	500–750
3	90	10	600–750
4	120	10	700–800
5	150	12,5	750–900
6	180	15	900–1000
7	210	17,5	1000–1250
8	240	20	1250–1500

Tabelle 10: Empfohlenes Pufferspeichervolumen bei Speisung durch Solar und Kaminofen (wasserseitig bis 6 Kilowatt)

Speisen Solaranlage und Kaminofen in den selben Pufferspeicher ein, gelten die empfohlenen Pufferspeichervolumina aus der obigen Tabelle – ganz gleich, ob ein Kombispeicher oder ein einfacher Heizwasserpuffer verwendet wird. Werden getrennte Speicher vorgesehen, erfolgt eine separate Auslegung jedes Speichers nach den entsprechenden Berechnungsverfahren (für den wasserführenden Kaminofen: siehe Seite 107).

TIPP:
Ermitteln Sie bei wasserseitigen Leistungen von mehr als 6 Kilowatt Speichervolumina für Ofen und Solar separat und verwenden Sie den größeren Wert für den Pufferspeicher!

3.2.3 Die Kombination mit einer Wärmepumpe

Die Kombination einer Wärmepumpe mit einem wasserführenden Kamin- oder Pelletofen ist ideal. Wenn der Ofen im Winter regelmäßig geheizt wird, muss die Wärmepumpe genau dann nicht arbeiten, wenn sie eine schlechte Leistungszahl hat. Da Anlagen, die mit einer Wärmepumpe betrieben werden, außerdem meist auf einem geringen Temperaturniveau arbeiten, besitzt ein zugeschalteter Pufferspeicher grundsätzlich noch eine große Restkapazität, die durch den Kaminofen aufgeheizt werden kann.

Ideal: Kombination aus Wärmepumpe und Kamin-/Pelletofen.

Je nach Anlagenkonzept muss die Wärmepumpe bereits mit einem Pufferspeicher versehen werden.

Man unterscheidet dabei:

a) Reihen-Pufferspeicher (technischer Speicher)

Um in allen Betriebszuständen eine Mindestlaufzeit von 6 bis 10 Minuten sicher zu stellen, wird für die Wärmepumpe der Einsatz eines **Reihen**-Pufferspeichers empfohlen, bei Luft-Wasser-Wärmepumpen sogar meist vorgeschrieben. Sein Volumen beträgt etwa 10 bis maximal 30 Prozent des stündlichen Heizwasserdurchsatzes der Wärmepumpe. Dieser Speicher kann grundsätzlich auch mittels Kaminofen erwärmt werden, jedoch dürfte das Speichervolumen in den meisten Fällen für einen regelmäßigen Ofenbetrieb zu gering sein.

Überdimensionierte Speicher führen zu unnötigen Verlusten und längeren Verdichterlaufzeiten. Bei zweistufigen Wärmepumpen kann es zu einem nicht notwendigen Zuschalten des zweiten Verdichters kommen.

b) Pufferspeicher zur Überbrückung von Sperrzeiten

Für den Ofen können Sperrzeitspeicher genutzt werden.

Aus stromtariflichen Gründen unterliegen Wärmepumpen oft bestimmten **Sperrzeiten.** Bei den meisten Stromanbietern sind dies nur 1 oder 2 Stunden, in welchen das Gerät nicht betrieben wird. Die fehlende Wärmemenge kann meist durch die Verwendung von Flächenheizsystemen und die „Trägheit" des Gebäudes sowie durch eine entsprechende Überdimensionierung der Wärmepumpe überbrückt werden. Reicht dies nicht aus, so muss die Wärmepumpe mit einem **parallel** geschalteten Heizwasser-Pufferspeicher kombiniert werden.

Zur Dimensionierung solcher Pufferspeicher wird das Minimum an gespeicherter Wärme bestimmt, welches für die Überbrückung der Sperrzeiten notwendig ist. Auch dieses Volumen dürfte in den meisten Anwendungsfällen nicht für den Ofenbetrieb ausreichend sein.

Für die Kombination von Wärmepumpe mit wasserführendem Kaminofen ergeben sich in der Praxis **drei Lösungsmöglichkeiten:**

1. **Beheizen des Reihen-Pufferspeichers durch den Kaminofen:** Hier wird das Volumen gemäß 3.2.1, Seite 107 ff, bestimmt. Der verringerte Nutzungsgrad bei reinem Wärmepumpenbetrieb wird in Kauf genommen

2. **Überbrückung der Sperrzeiten:** Ist hier ein Pufferspeicher zwingend notwendig, so kann dieser auf das für den Kaminofenbetrieb erforderliche Volumen vergrößert werden. Dabei muss jedoch der für die Sperrzeiten notwendige Teil der Wärmepumpe hydraulisch und regelungstechnisch getrennt zur Verfügung gestellt werden

3. **Unabhängiger Parallelbetrieb:** Müssen keine Sperrzeiten überbrückt werden, so sollte ein unabhängiger Parallelbetrieb wie beim konventionellen Gas- oder Ölkessel vorgesehen werden. Die Auslegung der Pufferspeichergröße kann dann gemäß 3.2.1 , Seite 107 ff, unter Berücksichtigung des Temperaturniveaus der Wärmepumpe erfolgen. **Diese Lösung ist zu favorisieren**

WICHTIG:
Schützen Sie die Wärmepumpe vor dem Einschalten mit Hilfe eines entsprechend positionierten Temperaturwächters, falls die durch externe Beladung erzeugten Systemtemperaturen zu hoch sind.

3.2.4 Die Kombination mit einem Öl- oder Gaskessel

Die Kombination eines wasserführenden Kaminofens mit einer Anlage mit einem bodenstehenden Öl- oder Gaskessel beziehungsweise mit einer Gastherme kommt sicherlich am häufigsten vor. Die **Dimensionierung des Speichers** sollte hierzu nach der in 3.2.1 beziehungsweise. 3.2.2, Seite 107 ff, beschriebenen **Heizzeitmethode** erfolgen. Dabei ist es gleichgültig, ob der Pufferspeicher als Rücklaufanhebung geschaltet wird, oder ob ein Parallelbetrieb von Puffer und Kessel vorgesehen ist.

Die Auslegung des Speichers wird ausführlich unter 3.2.1, Seite 107 ff, beschrieben.

TIPP:
Wird der Pufferspeicher nicht nach der Faustformel (100 bis 120 Liter pro Kilowatt wasserseitige Leistung) ausgelegt, so setzen Sie in die Formel beziehungsweise die Diagramme die geplante **Rücklauftemperatur** der Heizkreise als Minimaltemperatur ein.

3.2.5 Die Kombination mit einem Pelletkessel

Um den Teillastbereich zu vermeiden und zu häufigem Takten vorzubeugen, werden Pelletkessel meist ebenfalls mit einem **Pufferspeicher** ausgestattet.

Kaminofen und Pelletkessel: Das größere Volumen ergibt den Pufferspeicher!

Das Pufferspeichervolumen kann voll zur Pufferung des wasserführenden Kaminofens verwendet werden. Dabei ist jedoch zu beachten, dass die vom Pelletkessel erzeugte mittlere Speichertemperatur die untere Temperatur (Minimaltemperatur) zur Auslegung des Speichervolumens für den Kaminofen darstellt.

Über die Steuerung des Pelletkessels sollte deswegen die maximale Ladetemperatur des Puffers während der „Kaminofen-Heizperiode" so eingestellt werden, dass der Speicher genügend Reserve zur Aufnahme der Kaminofenleistung gemäß 3.2.1, Seite 107 ff, besitzt.

Wird dies berücksichtigt, so sind Speichervolumen für Pelletkessel und für Kaminofen getrennt zu ermitteln – das größere Volumen ergibt den Pufferspeicher:

BERECHNUNG:

$V_{Pelletkessel}$ = mindestens 35 l/kW

$V_{Kaminofen}$: gemäß Kapitel 3.2.1 bzw. 3.2.2

wenn $V_{Pelletkessel} > V_{Kaminofen}$: **Gesamtspeichervolumen = $V_{Pelletkessel}$**

wenn $V_{Pelletkessel} < V_{Kaminofen}$: **Gesamtspeichervolumen = $V_{Kaminofen}$**

Um Bedienungsfehler auszuschließen und die Anzahl der Brennerstarts außerhalb der „Kaminofen-Heizperiode" zu reduzieren, kann ein größeres Speichervolumen gemäß folgender Näherungsformel errechnet werden:

Gesamtspeichervolumen =
35 l/kW Pelletkessel + 100 l/kW wasserseitig Kaminofen

3.2.6 Die Kombination mit einem Scheitholzkessel

Der Pufferspeicher des Feststoffkessels kann für den Ofen mitgenutzt werden.

Um gute Wirkungsgrade zu erzielen und die Schadstoffemissionen so gering wie möglich zu halten, sollten Feststoffkessel bereits mit einem **Pufferspeicher** ausgestattet sein. Für zukünftige Anlagen schreibt die Bundes-Immissionsschutzverordnung (BImSchV) hierzu 55 Liter pro Kilowatt Kesselleistung vor. Dieses Puffervolumen kann auch für den wasserführenden Kaminofen genutzt werden.

BITTE BEACHTEN:

Für den sicheren Schutz vor dem Ansprechen der thermischen Ablaufsicherung sollten Sie das Pufferspeichervolumen so auslegen, dass bei einer Null-Wärmeentnahme ein vollständiger Abbrand des Feststoffkessels aufgenommen werden und zusätzlich der Kaminofen noch eine ausreichend lange Zeit brennen kann.

Das Gesamtvolumen berechnet sich deshalb aus der Summe von dem Volumen für den Feststoffkessel und dem Volumen für den Kaminofen:

$$V_{Pu} = V_F + V_K \, [Liter]$$

$$V_F = \frac{Q_F * 3600 * b_F}{\rho_W * c_W * (\vartheta_{PU,max} - \vartheta_{PU,min})} \, [Liter]$$

$$V_K = \frac{Q_K * 3600 * b_K}{\rho_W * c_W * (\vartheta_{PU,max} - \vartheta_{PU,min})} \, [Liter]$$

V_{Pu} = *Volumen Pufferspeicher [Liter]*

V_F = *Volumenanteil Feststoffkessel [Liter]*

V_K = *Volumenanteil Ofen [Liter]*

Q_F = *Nennleistung Feststoffkessel [kW]*

Q_K = *wasserseitige Nennleistung Ofen [kW]*

b_F = *Abbrandzeit einer Füllung des Feststoffkessels ······ bei Nennleistung (Herstellerangabe) [h]*

b_K = *Brenndauer Ofen [h]*

ρ_W = *mittlere Dichte Heizungswasser (ca. 0,982kg / l)*

c_W = *mittlere spezifische Wärmekapazität (ca. 4,18kJ / kgK)*

$\vartheta_{PU,...}$ = *maximale bzw. minimale mittlere Pufferspeichertemperatur [°C]*

Als Näherungsformel gilt:

Gesamtspeichervolumen =
55 l/kW Feststoffkessel + 100 l/kW wasserseitig Kaminofen

Wenn ein versehentlich gleichzeitiger Betrieb ohne Wärmeabgabe an den Heizkreislauf ausgeschlossen werden kann, so entspricht das Pufferspeichervolumen dem jeweils größeren ermittelten Einzelvolumen.

3.2.7 Der Pufferspeicher für Pelletöfen

Pufferspeicher für Pelletöfen: nicht notwendig, aber empfehlenswert!

Aufgrund ihrer modulierenden Betriebsweise ist der Einsatz eines Pufferspeichers bei Pelletöfen nicht so zwingend notwendig wie bei handbeschickten Kaminöfen. Durch den Einsatz eines Pufferspeichers lässt sich jedoch die Häufigkeit von Brennerstarts reduzieren und das Gerät kann in dem für den Wirkungsgrad günstigsten Leistungsbereich gefahren werden. Dadurch reduzieren sich Verschleiß und Wartungsintervalle. Einem frühzeitigen Verrußen der Sichtscheibe wird ebenfalls vorgebeugt.

Die Dimensionierung des Pufferspeichers kann analog zu zentralen Pelletkesseln erfolgen:

Pufferspeichervolumen = 35 Liter pro Kilowatt wasserseitiger Pelletofenleistung

3.2.8 Die Kombination mit einem Trinkwasserspeicher

Eine alleinige Nutzung zur Brauchwassererwärmung ist in der Regel nicht sinnvoll.

Um den Ofenbetrieb nicht auf kürzeste Brenndauern zu begrenzen – und damit illusorisch zu machen –, ist ein reiner Warmwasserspeicher für Trinkwasser als Pufferspeicher **nur bei Anlagen mit einem extrem hohen Bedarf an warmem Brauchwasser sinnvoll.**

Da der Speicher bis auf 90°C aufgeheizt werden kann, ist brauchwasserseitig ein **Mischer als Verbrühschutz** vorzusehen. Wird regelmäßig ein sehr hoher Temperaturbereich (über 60°C) gefahren, so ist je nach Wasserqualität mit Kalkablagerungen am Wärmetauscher zu rechnen. Außerhalb der Heizperiode muss der Warmwasserbedarf durch andere Energieträger gedeckt werden: beispielsweise ein parallel geschalteter, elektrischer **Durchlauferhitzer,** der bei Wassertemperaturen unter 38°C in Betrieb geht, oder ein in Reihe geschalteter, für hohe Eingangstemperaturen geeigneter Durchlauferhitzer, der auf die gewünschte Brauchwassertemperatur nachheizt.

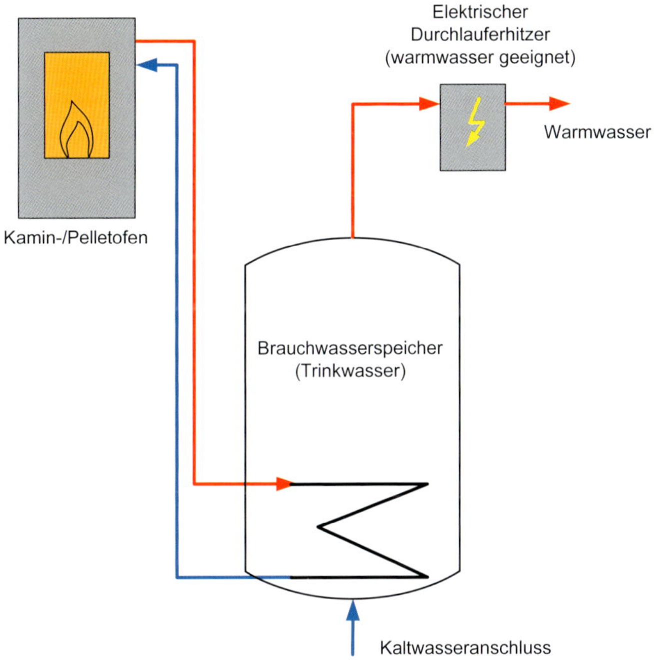

Bild 74: Brauchwasserspeicher als Puffer für einen Kaminofen

Bei der Auslegung kann davon ausgegangen werden, dass der Brauchwasserspeicher maximal bis auf eine mittlere Temperatur von 38°C entleert wird (Badewasser). Für einen in Reihe geschalteten Durchlauferhitzer kann sogar bis zur Kaltwassertemperatur (15°C) ausgelegt werden.

BITTE BEACHTEN:
Aus 90°C warmen Wasser ergibt sich durch die Zumischung von Kaltwasser (15°C) mehr als die dreifache Menge an 38°C warmem Wasser!

[Liter bei 90°C]	[Liter bei 38°C]
100	326
200	652
300	978
400	1304
500	1630
600	1957
700	2283
800	2609

Tabelle 11: Aus welcher Menge 90°C warmen Wassers ergibt sich wie viel 38°C warmes Wasser?

Für Haushalte mit niedrigem bis mittlerem Warmwasserbedarf rechnet man mit etwa 30 Litern pro Person und pro Tag. Wer viel duscht, kann abschätzen: 12 l/min (normaler Brausekopf) x Duschzeit = Tagesbedarf (Sparduschköpfe bis 6 l/min, Brausen bis 18 l/min).

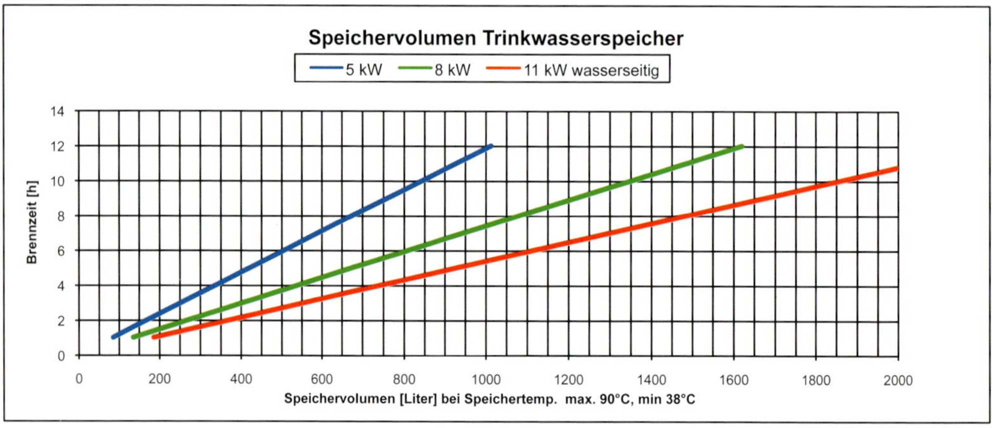

Diagramm 7: Brenndauer zum Laden von Trinkwasserspeichern ohne Nachheizung

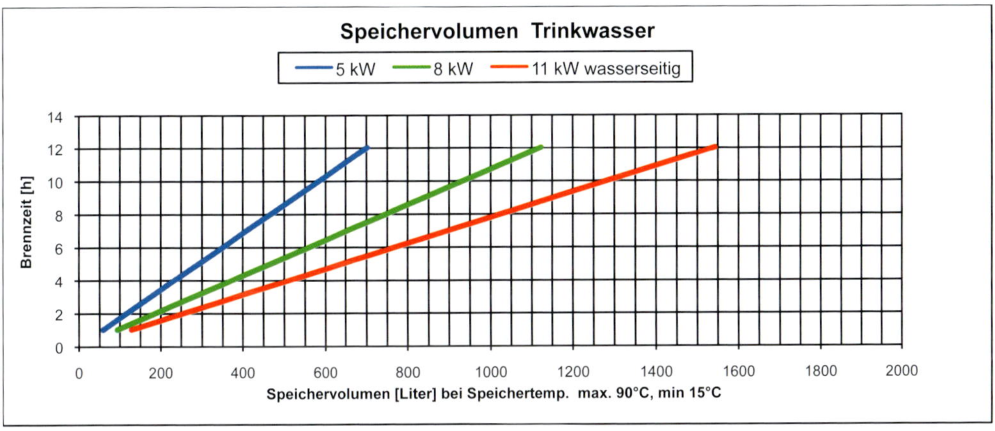

Diagramm 8: Brenndauer zum Laden von Trinkwasserspeichern mit Nachheizung

BEISPIEL:

Mit einem wasserführenden Kaminofen (5 Kilowatt wasserseitig) soll im Winter das Brauchwasser für 6 Personen bereitet werden. Ein in Reihe geschalteter temperaturbeständiger elektrischer Durchlauferhitzer soll nur im Ausnahmefall in Betrieb gehen (Mindestwassertemperatur: 38°C). Alle Personen duschen jeden Tag ausgiebig, im Schnitt 10 Minuten. Es ergeben sich:

12 l/min x 10 min x 6 Pers. = 720 l/Tag.

Durch Zumischen von kaltem Wasser sind dazu nach Tabelle 11, Seite 122, circa 220 Liter 90°C warmes Wasser nötig. Nach Diagramm 7, Seite 122, darf der Kaminofen dazu maximal 3 Stunden am Tag betrieben werden.

3.3 Die Auslegung des Schornsteins

Lichter Querschnitt, Höhe, Anordnung, Dichtheit und Wärmedurchlasswiderstand des Schornsteins müssen sicherstellen, dass die für die Verbrennungsluftführung, den Wärmeerzeuger und das Verbindungsstück notwendigen Förderdrücke bestehen und der Widerstand des Schornsteins überwunden wird. Die Abgase müssen vom Schornstein so ins Freie gefördert und gegen Abkühlung geschützt werden, dass ein Niederschlag dampfförmiger Abgasbestandteile diesen nicht beschädigen kann, beziehungsweise dass der Schornstein entsprechend ausgelegt ist. Für die korrekte Auslegung des Schornsteins verwendet man heute üblicherweise Berechnungsprogramme.

3.3.1 Die Querschnittberechnung und Mindesthöhe

Querschnittberechnung

Korrekter Schornsteinquerschnitt: wichtig für Förderdruck und Vermeidung von Kondensatbildung!

Schornsteine müssen einen kreisförmigen, quadratischen oder rechteckigen lichten Querschnitt haben, dessen Mindestfläche 100 Quadratzentimeter (entspricht circa 110 Millimeter Durchmesser) nicht unterschreitet.

Die kürzere Seite bei rechteckigen Querschnitten muss mindestens 10 Zentimeter betragen. Bei Schornsteinen, die aus Mauerwerk gemauert sind, sind dies mindestens 12,5 Zentimeter. Die längere Seite darf das 1,5-fache der kürzeren Seite nicht überschreiten.

WICHTIG:
Der Schornsteinquerschnitt muss mindestens dem Querschnitt des geräteseitigen Abgasstutzens entsprechen!

Der größte **lichte Querschnitt** ist so zu bemessen, dass bei der geringsten Wärmeleistung der angeschlossenen Feuerstätten das Abgas noch mit einer Geschwindigkeit von mindestens 0,5 Metern pro Sekunde strömt. Diese Vorschrift gilt auch, wenn mehrere Feuerstätten an einem Schornstein angeschlossen sind.

Wird der Querschnitt so groß dimensioniert, dass die **Strömungsgeschwindigkeit** des Abgases unter 0,5 Metern pro Sekunde liegt, so ist mit Durchfeuchtung und betriebsstörenden Kaltlufteinbrüchen an der Mündung zu rechnen. Deshalb dürfen Schornsteine mit größerem lichten Querschnitt nur ausgeführt werden, wenn dieser Effekt nachweisbar ausgeschlossen werden kann.

So wird die Strömungsgeschwindigkeit überschlägig berechnet:

$$v_m = \dot{m} / (\rho_m \times A)$$

v_m = mittlere Abgasgeschwindigkeit in m/sec
$\dot{m}$ = Abgasmassenstrom in kg/sec
ρ_m = mittlere Dichte des Abgases ca. 0,7 kg/m^3
A = Schornsteinquerschnitt in m^2

Es ergeben sich die folgenden Werte (der Abgasmassenstrom muss auf dem Typenschild beziehungsweise in der Bedienungsanleitung des Gerätes angegeben sein):

Abgasmassenstrom	max. Querschnitt ohne Nachweis	empfohlener Schornstein Durchmesser (Edelstahl)
[kg/sec]	[cm²]	[mm]
5	143	150
6	171	150
7	200	180
8	229	180
9	257	180
10	286	200
11	314	200
12	343	200

Tabelle 12: Schornsteinquerschnitt in Abhängigkeit vom Abgasmassenstrom

In der Praxis hat sich gezeigt, dass es vor allem bei Kaminöfen mit großer Tür zu Rauchaustritt in den Aufstellungsraum kommen kann. Um dies zu vermeiden, sollte tendenziell eine große Querschnittfläche gewählt werden. Außerdem ist der Aufbau einer Rußschicht im Betrieb zu berücksichtigen.

Mindesthöhe

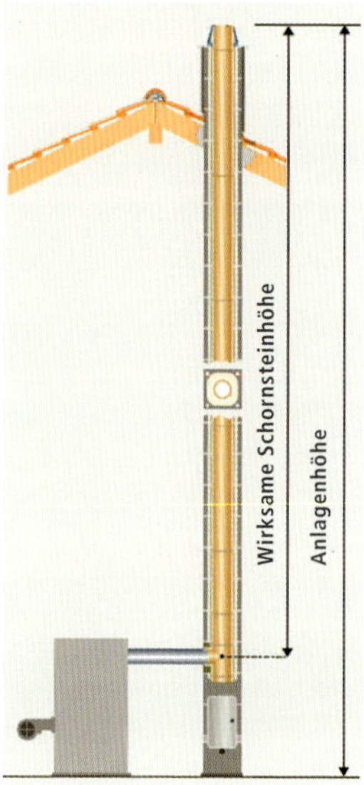

Bild 75: Wirksame Schornsteinhöhe (Schiedel GmbH & Co. KG)

Die wirksame Höhe eigener Schornsteine muss normalerweise mindestens 4 Meter betragen. Die wirksame Höhe gemischt belegter Schornsteine bei Betrieb mit festen und/oder flüssigen Brennstoffen muss mindestens 5 Meter betragen. Gemessen wird dabei von der Schornsteinfuttermitte bis zur Schornsteinmündung.

Bei Anschluss des Ofens über ein senkrechtes Rauchrohr wird der vertikale Anteil des Rauchrohrs mit einem Faktor von 1,5 berücksichtigt, da sich dies positiv auf den Förderdruck auswirkt.

BEISPIELRECHNUNG:
Höhe Anschlussstutzen Ofen bis Mitte Schornsteinfutter: 1 Meter
Höhe Mitte Schornsteinfutter bis Schornsteinmündung: 3 Meter

1 m x 1,5 + 3 m = **4,5 m wirksame Schornsteinhöhe**

HINWEIS:
Wird in einem rechnerischen Nachweis gemäß EN 13384 (zum Beispiel mittels „KESA"-Software) die Einhaltung des nötigen Förderdrucks sowie der Temperaturbedingungen bestätigt, so können auch geringere wirksame Schornsteinhöhen zugelassen werden. In der Praxis ist dies teilweise bei Edelstahlschornsteinen möglich.

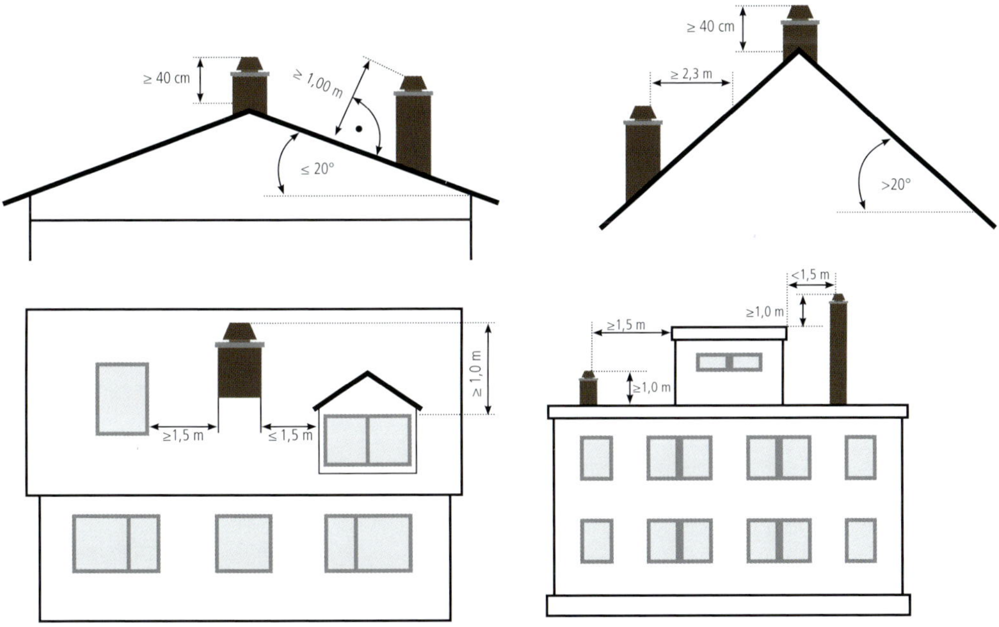

Bild 76: Einzuhaltende Abstandsmaße

Zusätzlich muß die Schornsteinmündung sämtliche Fenster, Türen und Lüftungsöffnungen im Umkreis von 15 Meter um mindestens 1 Meter überragen.

3.3.2 Die Zugberechnung

Die nachstehenden Diagramme ermöglichen eine Abschätzung des Förderdrucks.

Die Schornsteinberechnung wird in EN 13384 geregelt. Zur exakten Auslegung des Schornsteins wird man in aller Regel auf entsprechende Softwarelösungen zurückgreifen. In der Praxis variieren die tatsächlichen Abgaswerte (Temperatur, Fördermenge, Leistung) jedoch stark in Abhängigkeit vom Nutzerverhalten, da die aufgegebene Brennstoffmenge und die Luftschiebereinstellungen die Abgaswerte direkt beeinflussen. Außerdem sind eventuelle Verluste durch eine externe Verbrennungsluftzuführung (bis über 5 Pascal) zu berücksichtigen.

Die folgenden Diagramme zeigen den **Einfluss verschiedener Parameter auf den Förderdruck** anhand ausgewählter Beispiele und dienen der Abschätzung des zu erwartenden Förderdrucks:

Bild 77:
Anschluss direkt

Anschluss mit Rauchrohr

Diagramm 9: Kaminofen 9 kW doppelwandiger Edelstahlkamin, Durchmesser 150 mm; Ziegelmauerwerk Vollziegel 150 x 150 mm; Rauchrohr: 1 m hoch – 90° Bogen – 1 m waagerecht

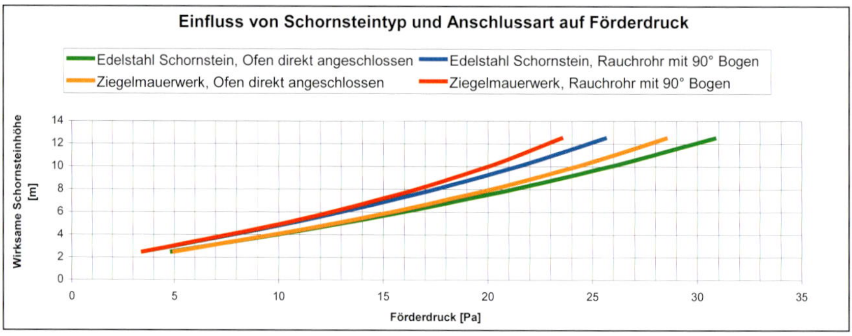

Vergleich von Edelstahlschornsteinen und gemauertem Ziegelschornstein sowie Einfluss durch Verwendung eines Rauchrohrs

Diagramm 10: Kaminöfen scheitholzbefeuert; doppelwandiger Edelstahlkamin, Durchmesser 150 mm; Rauchrohr: 1 m hoch – 90° Bogen – 1 m waagerecht

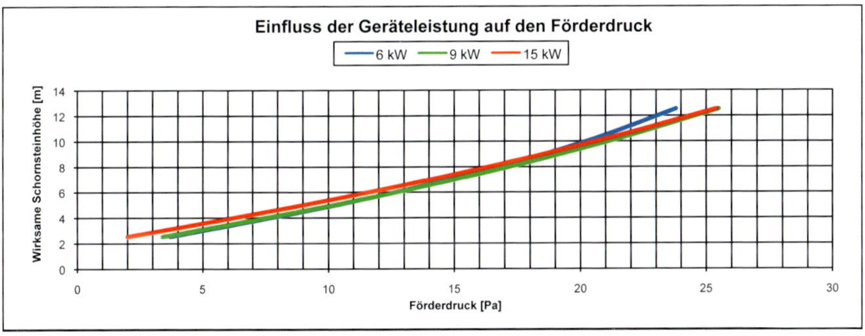

Bild 78: Anschluss mit Rauchrohr Edelstahlkamin

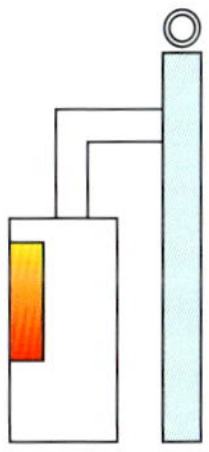

Vergleich typischer Kaminöfen unterschiedlicher Leistung

Diagramm 11: Kaminofen 9 kW; Kamin aus Ziegelmauerwerk Vollziegel; Rauchrohr: 1 m hoch – 90° Bogen – 1 m waagerecht

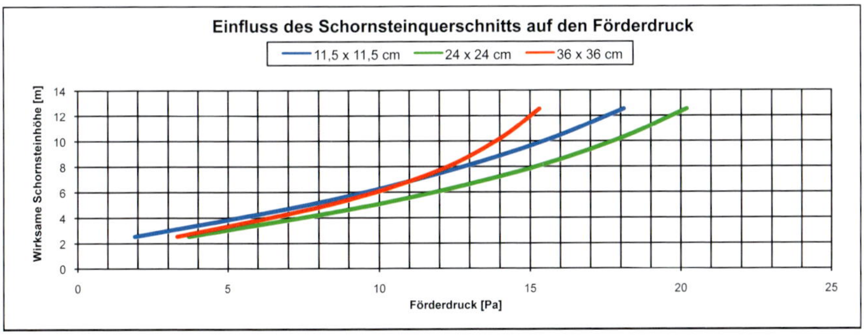

Bild 79: Anschluss mit Rauchrohr gemauerter Kamin

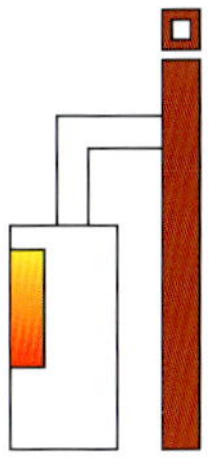

Vergleich unterschiedlicher Schornsteinquerschnitte

Diagramm 12: Kaminofen 9 kW; doppelwandiger Edelstahlkamin; Rauchrohr: 1 m hoch – 90° Bogen – 1 m waagerecht

Bild 80: Anschluss mit Rauchrohr, Edelstahlkamin

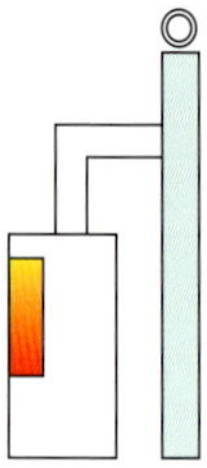

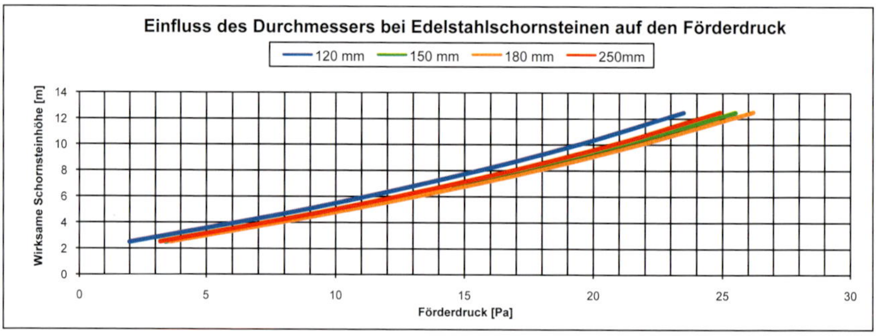

Vergleich unterschiedlicher Durchmesser

Diagramm 13: Kaminofen 9 kW; doppelwandiger Edelstahlkamin, Durchmesser 150 mm; Rauchrohr: 1 m hoch – 90°- Bogen – 1 m waagerecht

Bild 81: Anschluss mit Rauchrohr

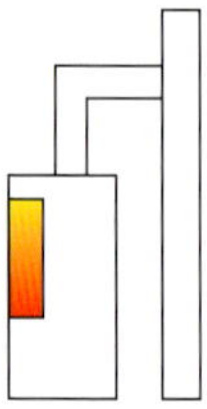

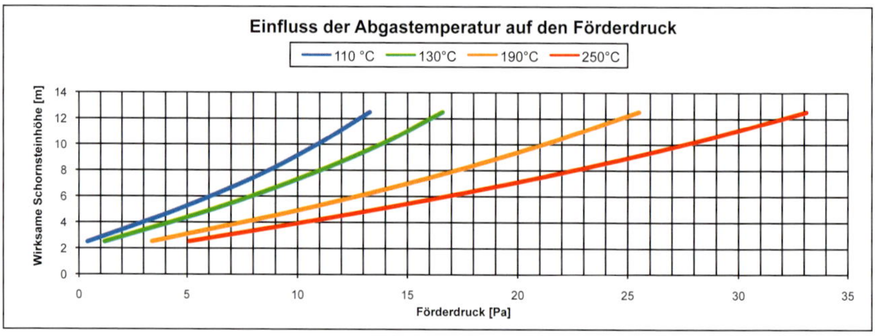

Vergleich unterschiedlicher Abgastemperaturen

Diagramm 14: Kaminofen 9 kW; doppelwandiger Edelstahlkamin, Durchmesser 250 mm; Rauchrohr: 1 m hoch - 90° Bogen – 1 m waagerecht; Schornsteinhöhe 6 m

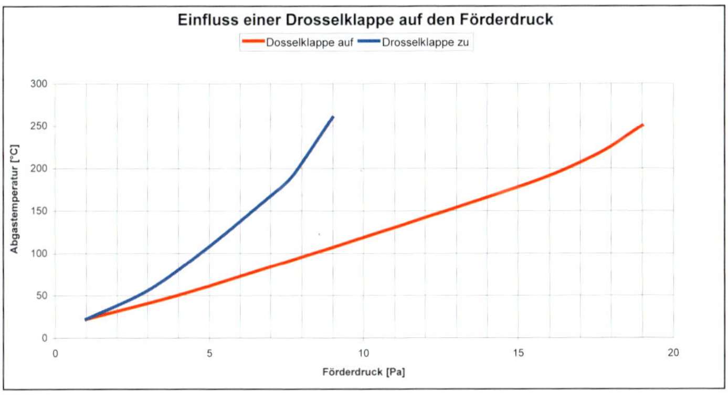

Einfluss einer Drosselkappe im Abgasrohr

Bild 82: Anschluss mit Rauchrohr Edelstahlkamin

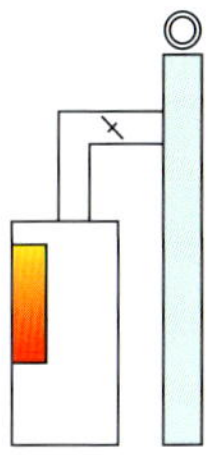

ERKLÄRUNG:
Ein Kaminofen ist mit einer herkömmlichen, handbetätigten Drosselklappe im Abgasrohr ausgestattet. Der unzulässig hohe Förderdruck bei Nennleistung wird durch Schließen der Drosselklappe wirkungsvoll begrenzt. Das Flammenbild wird ruhiger und die Abgastemperatur steigt nicht weiter an. Der Abbrand wird insgesamt verzögert.

3.3.3 Die Mehrfachbelegung/Gemischtbelegung

Bild 83: Anlaufstrecke bei Mehrfachbelegung

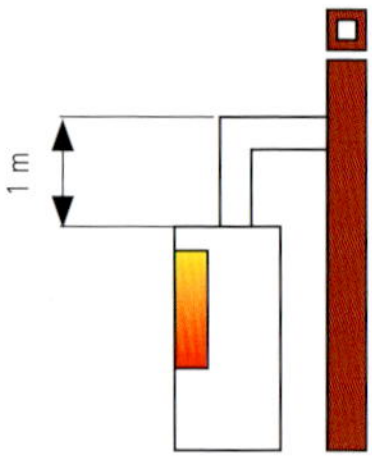

Mehrfachbelegung

Von einer Mehrfachbelegung spricht man, wenn mehrere Feuerstätten für gleiche Brennstoffe an dem selben Schornstein angeschlossen werden. Im Falle von Kaminöfen ist darauf zu achten, dass die Geräte eine selbstschließende Tür besitzen (Bauart 1). Außerdem ist ein Rauchrohr (Ofenrohr) von mindestens 1 Meter Höhe bis zum Anschluss in den Schornstein vorzusehen. Es dürfen maximal drei Öfen am selben Schornstein angeschlossen werden. Die Dimensionierung (Querschnittfläche) des Schornsteins muss bei Berechnung nach EN 13384 für den gleichzeitigen Betrieb aller Öfen ausreichend sein.

Gemischtbelegung

Eine Gemischtbelegung des Schornsteins, das heißt eine gleichzeitige Belegung durch Kaminofen und Gas- oder Heizölgeräte, ist grundsätzlich möglich. Separate Schornsteinzüge sind jedoch unbedingt vorzuziehen, da mitunter gravierende Probleme auftreten können.

BITTE BEACHTEN:
Eine Planung von Gemischtbelegung im **Neubau** ist nicht erlaubt!

Die folgenden Punkte müssen bei der Gemischtbelegung von Kaminöfen mit Gas- beziehungsweise Ölheizgeräten unbedingt berücksichtigt werden:

- Die Anlage ist mit dem zuständigen Bezirksschornsteinfeger abzusprechen.
- Der Schornstein muss entweder für den gleichzeitigen Betrieb aller Feuerstätten ausreichend dimensioniert sein, oder der gleichzeitige Betrieb muss zum Beispiel mittels **Rauchgasthermostat** im Rauchrohr des Kaminofens ausgeschlossen sein.
- Der Kaminofen muss eine **selbstschließende Tür** und eine 1 Meter lange vertikale Anlaufstrecke (Ofenrohr) besitzen. Ein **Rauchgasaustritt** bei Nichtbetrieb muss ausgeschlossen sein!
- Es dürfen maximal drei Feuerstätten mit einem Schornstein verbunden sein.
- Alle angeschlossenen Geräte müssen **raumluftabhängig** sein.
- Die maximale Geräteleistung beträgt je 20 Kilowatt (Gasgeräte 30 Kilowatt).
- Eine Gemischtbelegung mit Gasgebläsekessel ist verboten.
- Jede Feuerstätte ist mit einem **eigenen Verbindungsstück** an den Schornstein anzuschließen. Die Verbindungsstücke müssen in der Höhe um mindestens 30 Zentimeter versetzt in den Schornstein eingeführt werden. Der Abstand zwischen der Einführung des untersten und des obersten Verbindungsstückes in den Schornstein darf nicht mehr als maximal 6,5 Meter betragen.
- Es besteht **Versottungsgefahr** bei Kombination mit einem **Niedertemperaturkessel**: Bei Niedertemperaturgeräten kommt es je nach Anlage zu Abgaskondensation im Schornstein. Der Kaminofen produziert Ruß im Schornstein. Durch Vermischung von Kondensat und Ruß kann es so zur Versottung kommen.
- **Erhöhter Rußanfall beim Kaminkehren** ist möglich. Beim Kehren ist eine eventuell vorhandene Nebenluftvorrichtung zu schließen und das Rauchrohr des Kessels im untersten Stockwerk abzumontieren. Der Kamin sollte mit einer Kapsel dicht verschlossen, zumindest jedoch nach dem Kehren ausgesaugt werden. Bei Gasthermen kann der Ruß durch die Strömungssicherung in den Aufstellungsraum gelangen: Vorsichtig kehren!
- Bei einem atmosphärischen Gaskessel im Keller sind **Störungen beim Anheizen des Kaminofens** möglich, da durch die Strömungssicherung des Gaskessels Falschluft in den Schornstein gelangt. In diesem Fall muss eine dicht schließende Abgasklappe eingebaut werden.

Bild 84: Elektrisches Thermostat im Rauchrohr zur Vermeidung von Brennerstarts bei Kaminofenbetrieb

3.4 Die Auslegung der Hydraulik

Bei Anlagen mit wasserführendem Kamin-/Pelletofen greifen die üblichen Auslegungskriterien oft nicht. Unsachgemäß dimensionierte Ausdehnungsgefäße oder Rohrquerschnitte sind oft Ursache für einen nicht zufriedenstellenden Anlagenbetrieb. Häufig wird der Fehler am Ofen gesucht, obwohl das eigentliche Problem meist in der Hydraulik liegt.

3.4.1 Die Rohrleitungen

Die Diagramme 15 bis 20 auf den Seiten 146 und 147 helfen bei der Ermittlung des Druckverlusts!

Auch wenn Pumpen und Rohranschlüsse meist vom Hersteller vorgegeben sind, lohnt sich eine kurze **Berechnung des Rohrnetzes** und die entsprechende **Bestimmung der Pumpengröße**, um unnötigen Stromverbrauch durch die Pumpe oder Strömungs- beziehungsweise Kavitationsgeräusche von vornherein ausschließen zu können. Dies gilt vor allem dann, wenn die Anlage etwas anders als üblich konzipiert wurde.

Bei den Berechnungen ist es besonders wichtig, dass der ermittelte Rohrquerschnitt über die gesamte Rohrstrecke beibehalten wird.

BITTE BEACHTEN:
Bereits kurze Querschnittsverringerungen können den Volumenstrom massiv beeinflussen: In diesem Falle gehen Sie in der Berechnung dann von dem kleinsten Querschnitt aus.

Rohrnetzberechnung (Vor- und Rücklauf)

Zur Berechnung des Rohrnetzes wird zunächst der Massenstrom an Heizwasser berechnet, der benötigt wird, um die Heizenergie aus dem Kaminofen kontinuierlich in den Pufferspeicher zu fördern. Anschließend wird der dafür erforderliche Rohrdurchmesser der Anlage bestimmt. Schließlich wird der Gesamtdruckverlust der Anlage aus Reibung in den geraden Rohrstücken und Druckverlusten an Bögen, Ventilen und sonstigen Einzelwiderständen ermittelt.

Die Diagramme auf den Seiten 146 und 147 dienen der einfachen Ermittlung des Druckverlustes aus Leitungslänge und der Summe der Einzelwiderstände.

Temperatur [°C]	Dichte ρ [kg/m³]	spezifische Wärme-kapazität c [kJ/kgK]
40	992,3	4,179
50	988,1	4,181
60	983,2	4,185
70	977,7	4,190
80	971,6	4,196
90	956,2	4,205

Tabelle 13: Stoffwerte für warmes Wasser

1. Berechnung des Massenstroms:

Im Betrieb wird wasserseitig eine bestimmte Wärmeleistung erzeugt. Um diese in den Pufferspeicher abzuführen, ist ein spezifischer Massenstrom an Heizungswasser erforderlich. Dieser ist insbesondere von der Ofenleistung und der Differenz zwischen Vorlauf und Rücklauftemperatur abhängig (Spreizung). **Bei der energetischen Betrachtung muss die Temperatur vor der Rücklaufanhebung berücksichtigt werden.**

Je größer die Spreizung, desto kleiner der benötigte Massenstrom.

zu beladendes System	Temperaturspreizung Vorlauf - Rücklauf Δ T
Pufferspeicher, konventionell; Speicher kalt	40 K
Pufferspeicher, konventionell; Speicher warm	5 K
Rohrwendel eines Warmwasserspeichers	5 K
Pufferspeicher über Rohrwendel beheizt, kalt	20 K
Pufferspeicher über Rohrwendel beheizt, warm	5 K
Radiatoren direkt ohne Pufferspeicher	5 -15 K

Tabelle 14: Temperaturspreizung in Kelvin bei verschiedenen Anlagesystemen ohne Berücksichtigung der Rücklaufanhebung

Bei der **Auslegung von Rohrnetz und Pumpe** wird zunächst von einem Dauerbetrieb der Pumpe ausgegangen. In der tatsächlich ausgeführten Anlage wird der

Pumpenbetrieb durch die **Taktung der elektronischen Regelung** bestimmt. Meist lässt sich in der Regelung die Temperaturdifferenz zwischen Pufferspeicher und Ofen einstellen, bei der die Pumpe zu laufen beginnt (delta T). Durch eine langsamere Taktung (größeres delta T) lässt sich die Spreizung noch weiter erhöhen. Die Regelung kann die ausgelegte Spreizung hingegen nicht mehr verringern.

Je größer die Spreizung, umso kleiner der benötigte Massenstrom: Daraus ergeben sich kleinere Pumpen und kleinere Rohrdurchmesser. Von Nachteil ist es bei einer großen Spreizung jedoch, dass der Pufferspeicher nicht optimal genutzt werden kann:

BEISPIELRECHNUNG:
Die Spreizung zwischen Vor- und Rücklauf beträgt 20 Kelvin, der Ofen kann wasserseitig bis maximal 93°C geheizt werden (Ansprechen der thermischen Ablaufsicherung):

Maximale mittlere Pufferspeichertemperatur: 93°C - 20 K = 73 °C

TIPP:
In der Praxis hat sich für die Auslegung eine Spreizung von 8 Kelvin bewährt.

Rechenformel:

$$\dot{m} = \frac{\dot{Q} * 3600}{c * (\vartheta_V - \vartheta_R)}$$

$\dot{m}$ = Heizwasser-Massenstrom zum Abführen der am Kaminofen wasserseitig erzeugten Wärme [kg/h]
$\dot{Q}$ = wasserseitige Nennwärmeleistung des Ofens [kW]
ϑ_V = Vorlauftemperatur [K]
ϑ_R = Rücklauftemperatur [K]
c = Wärmekapazität des Wassers bei mittlerer Temperatur aus Vorlauf und Rücklauf [kJ/kgK]

BEISPIELRECHNUNG:

Welcher Massenstrom ist erforderlich, um bei 5 Kilowatt wasserseitiger Leistung, einer angenommenen Spreizung von 8 Kelvin und einer mittleren Speichertemperatur von 70°C die anfallende Wärmeenergie abzutransportieren?

$\dot{m}$ **= 5 kW x 3.600 / 4,190 kJ/kgK / 8 K = 537 kg/h**

Spreizung / wasserseitige Ofenleistung	5K	8K	10K	20K	40K
[kW]	[kg/h]	[kg/h]	[kg/h]	[kg/h]	[kg/h]
3	515,5	322,2	257,8	128,9	64,4
4	687,4	429,6	343,7	171,8	85,9
5	859,2	537,0	429,6	214,8	107,4
6	1031,0	644,4	515,5	257,8	128,9
7	1202,9	751,8	601,4	300,7	150,4
8	1374,7	859,2	687,4	343,7	171,8
9	1546,5	966,6	773,3	386,6	193,3
10	1718,4	1074,0	859,2	429,6	214,8
11	1890,2	1181,4	945,1	472,6	236,3
12	2062,1	1288,8	1031,0	515,5	257,8

Tabelle 15: Erforderlicher Massenstrom an Heizungswasser in Abhängigkeit von wasserseitiger Ofenleistung und Temperaturspreizung bei einer mittleren Wassertemperatur von 70 °C

Zu kleine Rohre verursachen Strömungsgeräusche!

2. Bestimmung des erforderlichen Rohrdurchmessers

Zur Vermeidung von Strömungsgeräuschen ist es sinnvoll, die Leitungsrohre nur mit begrenzter Geschwindigkeit zu durchströmen. Die untenstehende Tabelle zeigt die empfohlenen maximalen Massenströme.

Beispiel: $\dot{m}$ = 430 kg/h = Rohr 22 x 1 gewählt

Rohr	Grenzmassenstrom [kg/h]	Druckverlust [Pa/m]	Druckverlust [mbar/m]	max. zulässige Geschwindigkeit [m/sec]
12x1	80	140	1,40	0,28
15x1	165	145	1,45	0,35
18x1	290	145	1,45	0,40
22x1	560	150	1,50	0,50
28x1,5	1100	151	1,51	0,59
35x1,5	2000	149	1,49	0,69

Tabelle 16: Grenzmassenströme und Druckgefälle für Kupfer- und Weichstahlrohre nach VDI 2073

Orientierungshilfe für den Druckverlust in geraden Rohrstrecken: **Tabelle 17, Seite 139!**

3. Druckverlust durch Reibung in geraden Rohrstücken

Druckverluste in geraden Rohrstrecken entstehen durch Reibung des strömenden Mediums an der Rohrwandung und innerhalb des strömenden Mediums. Der Druckverlust R je Meter Rohrstrecke kann Tabelle 17, Seite 139, entnommen werden.

Druckverluste für Kupferrohr:

d1 [mm]	18	22	28	18	22	28
s [mm]	1	1	1,5	1	1	1,5
R [mbar/m]	Massenstrom ṁ [kg/h]			Wassergeschwindigkeit v [m/sec]		
0,22	100	184	338	0,14	0,17	0,20
0,24	1,5	194	355	0,15	0,18	0,21
0,26	110	203	371	0,16	0,18	0,22
0,28	115	212	390	0,16	0,19	0,23
0,30	120	220	404	0,17	0,20	0,24
0,33	127	233	427	0,18	0,21	0,25
0,36	133	244	450	0,18	0,22	0,26
0,40	141	259	476	0,20	0,24	0,27
0,45	151	277	508	0,21	0,25	0,30
0,50	161	294	540	0,23	0,27	0,31
0,60	179	328	600	0,25	0,30	0,35
0,70	195	357	652	0,28	0,33	0,38
0,80	211	385	703	0,30	0,35	0,41
0,90	225	412	753	0,32	0,38	0,44
1	239	437	800	0,34	0,40	0,47
1,2	266	485	885	0,38	0,44	0,52
1,4	290	529	966	0,41	0,48	0,56
1,6	312	571	1040	0,44	0,52	0,61
1,8	334	610	1110	0,48	0,56	0,65
2	355	647	1180	0,50	0,59	0,69
2,2	374	683	1250	0,53	0,62	0,72
2,4	393	717	1310	0,56	0,65	0,76
2,6	411	750	1370	0,58	0,68	0,80
2,8	428	782	1420	0,61	0,71	0,83
3	445	813	1480	0,63	0,74	0,86
3,3	470	859	1560	0,67	0,78	0,91
3,6	493	901	1640	0,70	0,82	0,95
4	523	956	1740	0,74	0,87	1,01
4,5	561	1015	1850	0,80	0,93	1,08
5	595	1080	1970	0,85	0,99	1,15

Tabelle 17: Druckverlust R, Warmwasser, Kupferrohre nach DIN EN 1057 (1mbar/m = 100 Pa/m)

BEISPIELRECHNUNG:

Welcher Druckverlust ergibt sich in der geraden Rohrstrecke von 5 Metern im Vorlauf und 5 Metern im Rücklauf bei einem Massenstrom von 537 Kilogramm pro Stunde und einem Kupferrohr 22 x 1?

Rohrlänge =	5 m + 5 m = 10 m
Aus Tabelle 17, Seite 139:	bei 529 kg/h R = 1,4 mbar/m;
	bei 571 kg/h R = 1,6 mbar/m
Interpoliert:	bei 537 kg/h R = 1,44 mbar/m = 144 Pa/m

Gesamter Druckverlust der geraden Rohrstrecke:
144 Pa/m x 10 m = 1.440 Pa

Einzelwiderstände typischer Bauteile sind in Tabelle 18, Seite 141, aufgeführt.

4. Druckverluste durch Ventile, Bögen und sonstige Einzelwiderstände

Durch Formstücke (zum Beispiel Winkel, Bögen, Abzweige und Reduzierungen) und Umlenkungen in Armaturen (zum Beispiel Absperrventile, Entlüfter, Rücklaufanhebung und Zirkulationsbremse) sowie durch den ofenseitigen Wärmetauscher und den Pufferspeicher selbst entstehen weitere Druckverluste.

Zur **Ermittlung des Druckverlustes** Z dieser Einzelwiderstände werden zunächst die Widerstandswerte ζ aller im Kreislauf befindlichen Einzelwiderstände addiert.

Auswahl typischer Bauteile:

Bauelement	Widerstandsbeiwert ζ
Heizkessel	2,5
Pufferspeicher	2,5
Heizkörper/Radiator	2,5
Durchgangshahn	0,2
Rohrbogen 90°	0,5
Rohrwinkel	1,3
Überbogen	1,0
Etagenbogen	0,5
T-Stück Durchgang	0,5
T-Stück Abzweig	1,5
T-Stück Gegenlauf stumpf	3,0
Rückschlagklappe 10-15 mm	2,0
Rückschlagklappe 20-25 mm	1,5
Geradsitzventil 10-15 mm	10
Geradsitzventil 20-25 mm	7
Schrägsitzventil 10-15 mm	3,5
Schrägsitzventil 20-25 mm	3
Rückschlagklappe 12-15 mm	3
Rückschlagklappe 18 mm	2,5
Rückschlagklappe 20-32 mm	2
Schwebekörper Durchflussmesser	6,5
Magnetventil	6

Tabelle 18: Widerstandsbeiwerte

HINWEIS:
Bei Stellventilen wird häufig der **kvs-Wert** angegeben: Er beschreibt den Druckverlust einer Regelarmatur bei voller Öffnung und besitzt die Einheit m^3/h.

Die Umrechnung des kvs-Wertes auf den ζ-Wert erfolgt mit genügender Genauigkeit nach der Gleichung:

$$\zeta = \frac{D^4}{635 * kvs^2}$$

D = Nominalnennweite des Ventilgehäuses in mm
kvs = Ventilkennwert in m^3/h
ζ = Widerstandsbeiwert, dimensionslos

Bauelement	kvs – Wert [m³/h]	errechneter ζ-Wert
Drei-Wege-Ventil Termovar ¾-20-6,3	6,3	6,3
Drei-Wege-Ventil Termovar ¾-20-4,0	4,0	15,7
Drei-Wege-Ventil Termovar 1"-25-8	8,0	9,6
Rücklaufanhebung Termovar 15-1/2"	4	5
Rücklaufanhebung Termovar 20-3/4"	6	7
Rücklaufanhebung Termovar 25/1	9	7,6
Rücklaufanhebung Termovar 32/ 1 ¼"	12	11,5
Schwerkraftbremse DN25 / 1"	9,1	7,4
Schwerkraftbremse DN32 / 1 ¼"	12,6	10,4
Multihahn mit Schwerkraftbremse DN25	10,3	5,8
ORANIER AQUAload komplett; Verrohrung DN 20	4,3	13,6

Tabelle 19: Aus dem kvs-Wert errechnete Widerstandsbeiwerte ζ

HINWEIS:
In einigen Fällen wird der amerikanischer Durchflusswert (Cv-Wert) angegeben: Der Cv-Wert ist der Durchfluss in US-Gallons/min.

Umrechnung:

1 Cv = 1.17 x kvs

1 kvs = 0.86 x Cv

Die Berechnung des gesamten Druckverlusts durch Formstücke erfolgt aus:

$$Z = \Sigma\zeta * \frac{\rho * v}{2}$$

Z = Druckverluste durch Einzelwiderstände in Pa oder mbar

$\Sigma\zeta$ = Summe der Widerstandsbeiwerte

ρ = Dichte in kg/m³

v = Strömungsgeschwindigkeit in m/sec

5. Druckverluste durch Schwerkraftdruck (meist zu vernachlässigen)

In den meisten Fällen spielt der Schwerkraftdruck keine Rolle.

In der alten Bauform der Schwerkraftheizung wird der Effekt, dass warmes Wasser nach oben steigt, ausgenutzt. Maßgeblich für die Zirkulation ist dabei der Dichteunterschied zwischen warmem Wasser im Vorlauf und kaltem Wasser im Rücklauf. Wasserführende Kamin- oder Pelletöfen stehen oft in einem oberen Stockwerk – das erwärmte Wasser muss nach unten gepumpt werden. In den allermeisten Fällen wird dieser Schwerkraftdruck zu vernachlässigen sein.

BEISPIELRECHNUNG:
Bei einer Anlagenhöhe von 10 Metern, einem Vorlauf von 80°C und einem Rücklauf von 40°C liegt der zu überwindende Schwerkraftdruck bei 20,3 mbar. Dies entspricht einer Förderhöhe der Pumpe von 0,2 Metern.

Die Berechnung:

$$\Delta p = h * g * (\rho_2 - \rho_1)$$

Δp = Schwerkraftdruck in Pa
h = Auftriebshöhe in m
g = Fallbeschleunigung 9,81 N/kg
ρ_1 = Dichte der warmen Flüssigkeit in kg/m³
ρ_2 = Dichte der kalten Flüssigkeit in kg/m³

6. Berechnung des Gesamtdruckverlustes

Der Gesamtdruckverlust ist die Summe aus den Druckverlusten der Einzelwiderstände, durch Rohrreibung, an Armaturen und durch Schwerkraftdruck:

$$\Delta p = \Delta p_R + Z + \sum \Delta p_V = R * l + \sum \zeta * \frac{\rho * v}{2} + h * g * (\rho_2 - \rho_1)$$

Δp = Gesamtdruckverlust in Pa
Δp_R = Druckverlust durch Reibung in geraden Rohrstrecken in Pa
Z = Druckverlust durch Einzelwiderstände in Pa
R = Druckgefälle in Pa/m
l = Rohrlänge in m
$\Sigma\zeta$ = Summe der Widerstandsbeiwerte
ρ = mittlere Dichte in kg/m³
v = Strömungsgeschwindigkeit in m/sec
Vh = Volumenstrom in m³/h
Kvs = Kennwert der Regelarmatur bei voller Öffnung in [m³/h]
h = Auftriebshöhe beziehungsweise Anlagenhöhe in m
g = Fallbeschleunigung 9,81 N/kg
ρ_1 = Dichte der warmen Flüssigkeit in kg/m³
ρ_2 = Dichte der kalten Flüssigkeit in kg/m³

7. Einfache Ermittlung des Gesamtdruckverlustes aus Diagrammen

Der Druckverlust der Anlage kann aus den Diagrammen auf den Seiten 146 und 147 ermittelt werden.

Für die bei wasserführenden Kamin- oder Pelletöfen typischerweise vorkommenden Anlagenkonfigurationen können anhand der folgenden Diagramme auf den Seiten 146 und 147 die Druckverluste beziehungsweise die erforderliche Förderhöhe der Pumpe ermittelt werden.

BITTE BEACHTEN:
Behalten Sie den eingesetzten Rohrquerschnitt über die gesamte Rohrstrecke bei, da bereits kurze Querschnittverringerungen einen massiven Einfluss auf den Druckverlust haben.

Gehen Sie wie folgt vor:

1. gestreckte Rohrlängen Vorlauf und Rücklauf ermitteln

2. Einzelwiderstände wie Bögen, Abzweige, Wärmetauscher, Puffer, Schwerkraftbremse et cetera auflisten

3. ζ-Werte der Einzelwiderstände aus Tabellen 18 (Seite 141) und 19 (Seite 142) entnehmen und aufaddieren

4. aus den Diagrammen 15 bis 20 (Seiten 146 und 147) das mit den passenden Anlagenparametern auswählen

5. von der ermittelten Rohrleitungslänge nach oben auf die Kurve mit den ermittelten (Zeta-) ζ-Werten hochloten und Druckverlust ablesen

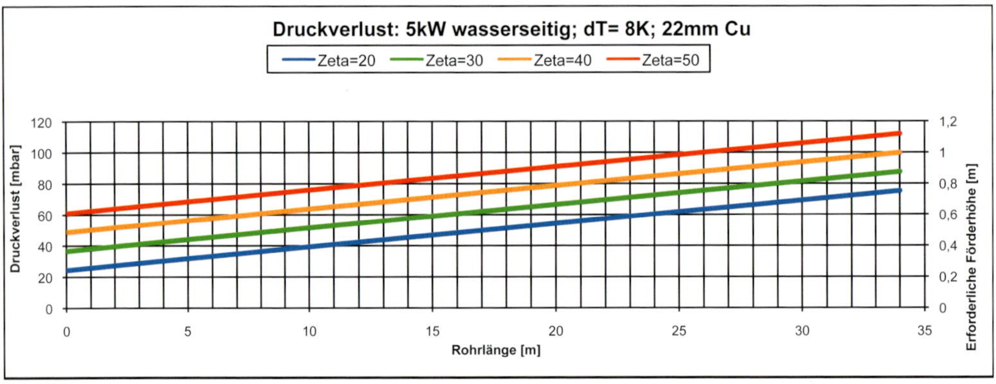

Diagramm 15: Druckverlust der Anlage: 5 Kilowatt wasserseitig bei 8 Kelvin Spreizung, 22 Millimeter Kupferrohr, 70°C

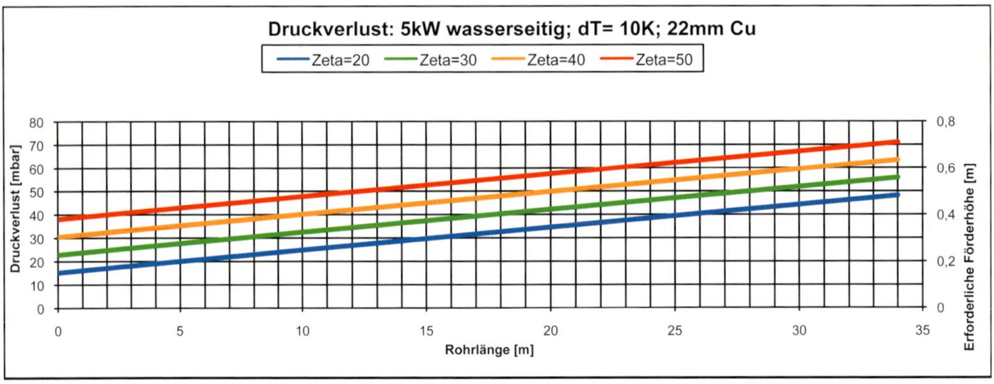

Diagramm 16: Druckverlust der Anlage: 5 Kilowatt wasserseitig bei 10 Kelvin Spreizung, 22 Millimeter Kupferrohr, 70°C

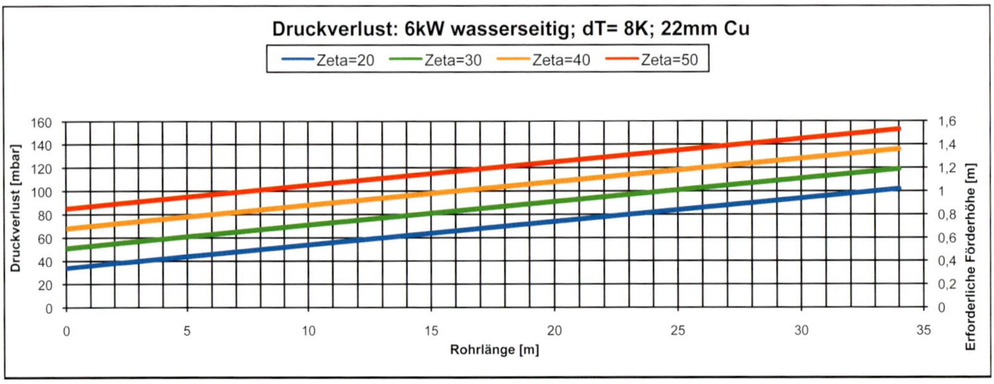

Diagramm 17: Druckverlust der Anlage: 6 Kilowatt wasserseitig bei 8 Kelvin Spreizung, 22 Millimeter Kupferrohr, 70°C

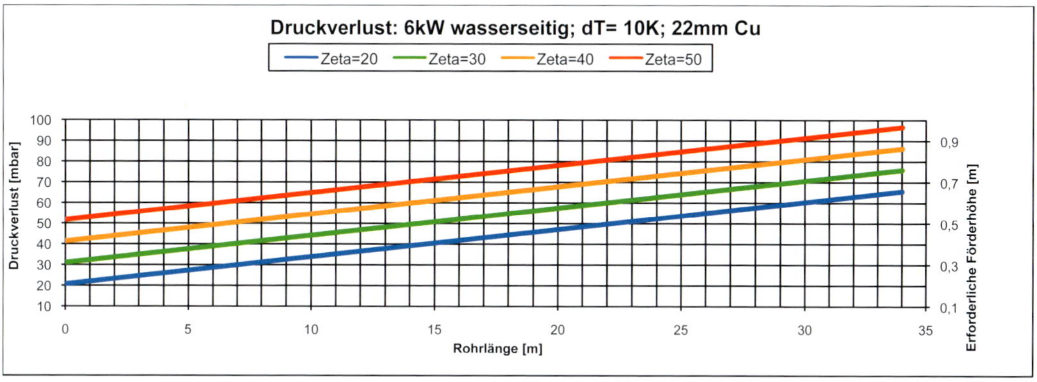

Diagramm 18: Druckverlust der Anlage: 6 Kilowatt wasserseitig bei 10 Kelvin Spreizung, 22 Millimeter Kupferrohr, 70°C

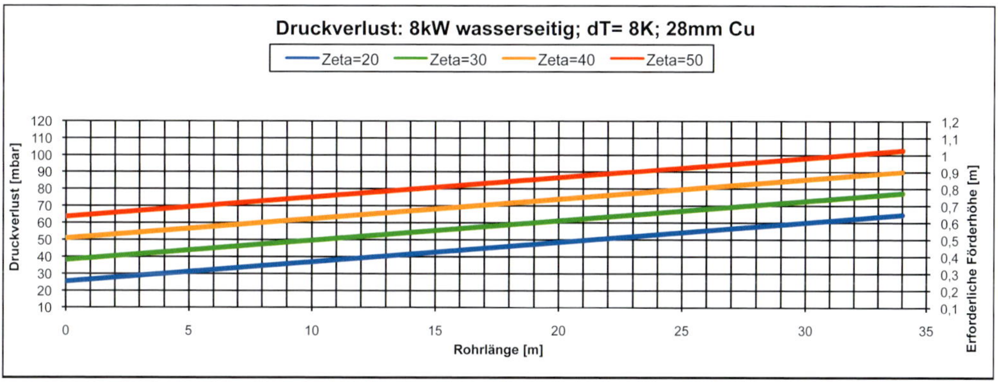

Diagramm 19: Druckverlust der Anlage: 8 Kilowatt wasserseitig bei 8 Kelvin Spreizung, 28 Millimeter Kupferrohr, 70°C

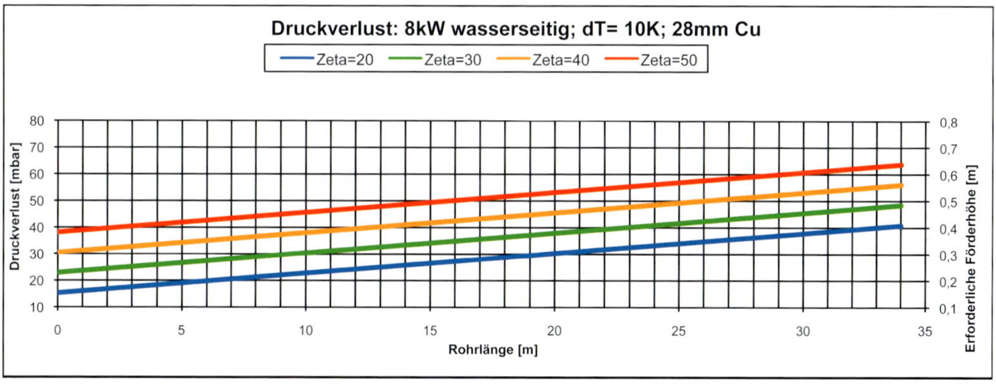

Diagramm 20: Druckverlust der Anlage: 8 Kilowatt wasserseitig bei 10 Kelvin Spreizung, 28 Millimeter Kupferrohr, 70°C

3.4.2 Die Puffer-Ladepumpe

Puffer-Ladepumpe korrekt auslegen, um unnötiges Takten zu vermeiden!

Aus der Berechnung des Rohrnetzes sind bereits die Größen für Massenstrom und Druckverlust für den Betriebspunkt bekannt. Für die **Auslegung der Pumpe** ist der **Volumenstrom** maßgeblich und muss deshalb zunächst errechnet werden:

$$\dot{V} = \frac{\dot{m}}{\rho_{Wasser}}$$

$\dot{V}$ = Volumenstrom in m^3/h
$\dot{m}$ = Massenstrom in kg/h
ρ = Dichte des warmen Wassers
(977,7 kg/m^3 bei 70°C, siehe auch Tabelle 13, Seite 135)

Spreizung	5K	8K	10K	20K
wasserseitige Leistung Kaminofen				
kW	m^3/h			
3	0,5273	0,3295	0,2636	0,1318
4	0,7030	0,4394	0,3515	0,1758
5	0,8788	0,5492	0,4394	0,2197
6	1,0545	0,6591	0,5273	0,2636
7	1,2303	0,7689	0,6151	0,3076
8	1,4061	0,8788	0,7030	0,3515
9	1,5818	0,9886	0,7909	0,3955
10	1,7576	1,0985	0,8788	0,4394
11	1,9333	1,2083	0,9667	0,4833
12	2,1091	1,3182	1,0545	0,5273

Tabelle 20: Erforderlicher Volumenstrom des Heizungswassers in Abhängigkeit von wasserseitiger Ofenleistung und Temperaturspreizung, mittlere Wassertemperatur 70°C, (Umrechnung der Werte aus Tabelle 15, Seite 137)

HINWEIS:
Für den Förderdruck geben die Pumpenhersteller die maximale Förderhöhe (bei 0 m^3/h Volumenstrom) in Metern an.
100 mbar entsprechen etwa 1 Meter Wassersäule = 1 Meter Förderhöhe

Die ermittelte Förderhöhe und der Volumenstrom werden schließlich in die **Pumpenkennlinie** übertragen. Die Puffer-Ladepumpe sollte grundsätzlich so ausgewählt werden, dass der vorgegebene Betriebspunkt auf der Kennlinie der maximalen Motordrehzahl im Punkt des besten Wirkungsgrads liegt. Liegt der Betriebspunkt zwischen zwei Pumpenkennlinien, so sollte – anders als bei Pumpen von Zentralheizungen – die stärkere Pumpe ausgewählt werden, da für den Heizkreislauf des Kaminofens keine Leistungsreserven bestehen.

ERKLÄRUNG:
Das Diagramm 21 auf Seite 150 verdeutlicht die Pumpenkennlinien für drei einstellbare Motordrehzahlen einer kleinen Standard-Nassläuferpumpe:

Wurde beispielsweise ein Betriebspunkt von 1 Meter Förderhöhe und 0,55 Kubikmeter pro Stunde ermittelt (in Diagramm 21), so erkennt man, dass bei Betrieb in mittlerer Stufe noch einige Leistungsreserven vorhanden sind: Es würde sich eine tatsächliche Fördermenge von etwa 1,1 m^3/h einstellen, also etwa der doppelte Volumenstrom (blaue Pfeile).

Dies bedeutet, dass die Pumpe zum Erzielen der gewünschten Temperaturdifferenz von 8 Kelvin durch Takten der Regelung nur die halbe Zeit laufen muss. Wird die Pumpe dagegen in der kleinsten Stufe betrieben (roter Pfeil), so beträgt die Fördermenge 0,45 m^3/h. Setzt man diesen Wert wiederum in Tabelle 20, Seite 148, ein, so ergibt sich zum Beispiel bei 5 Kilowatt Geräteleistung eine Spreizung von knapp 10 Kelvin bei 70°C im Pufferspeicher.

An dieser Stelle sei jedoch darauf hingewiesen, dass die vom Hersteller des Ofens angegebene Nennleistung auch nur bei der genauen Aufgabemenge an Scheitholz und dem vorgegebenen Kaminzug erreicht wird. Außerdem ist die Nennleistung letztlich ein Mittelwert aus dem Abbrandzyklus.

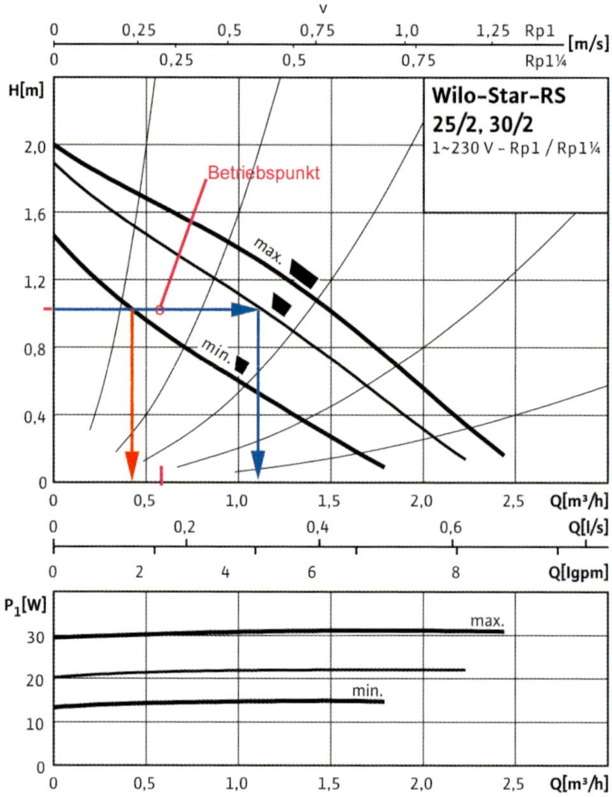

Diagramm 21: Pumpenkennlinien einer Standardpumpe (WILO SE)

3.4.3 Das Membranausdehnungsgefäß

In der Praxis werden Anlagen mit wasserführendem Kaminofen manchmal versehentlich bis zum Ansprechen der thermischen Ablaufsicherung aufgeheizt (Heizwassertemperatur 95°C). Oft sind dann die mit den üblichen Faustformeln dimensionierten Ausdehnungsgefäße zu klein, und der Anlagendruck ist zu hoch eingestellt. Dies führt dazu, dass der Überdruck der Anlage zeitweise überschritten wird und nach Wasserverlust am Sicherheitsventil Luft in die Anlage gelangen kann.

Die Tabellen 23 bis 27 vereinfachen die Auslegung des Membranausdehnungsgefäßes.

Die korrekte **Auslegung von Membranausdehnungsgefäßen** (MAG) erfolgt nach EN 12828. Da die exakte Berechnung recht aufwändig ist, gibt es entsprechende Berechnungssoftware im Handel beziehungsweise im Internet. Die Genauigkeit der Berechnung ist dabei jedoch immer abhängig von der korrekten Ermittlung des Wasservolumens der Anlage.

Am Ende des Kapitels finden Sie Tabellen für eine einfache Auslegung anhand von Wasservolumen und Vordruck.

Bestimmung des Wasservolumens der Anlage

Das Wasservolumen setzt sich aus allen am Heizkreislauf angeschlossenen Einzelvolumina zusammen.

Wenn eine bestehende Anlage durch einen wasserführenden Kaminofen und einen Pufferspeicher erweitert wird, so kann der Inhalt der bestehenden Anlage überschlägig aus Kesselleistung und Heizflächenart ermittelt werden:

Vorlauf-/Rücklauf-temperatur [°C]	Röhren-/Stahl-radiatoren	Plattenheizkörper	Konvektoren	Fußbodenheizung
80/60	20,5	9,6	6,5	20
70/50	26,1	11,4	7,4	
60/40	36,2	14,6	9,1	

Tabelle 21: Spezifischer Anlagenwasserinhalt (Liter/Kilowatt), Gesamtinhalt inklusive Kessel

Die Volumina von Pufferspeicher, Kaminofen und Rohrleitung zum Kaminofen müssen dann noch hinzu addiert werden.

BITTE BEACHTEN:
Für die genaue Volumenbestimmung müssen Sie den Wasserinhalt jeder Komponente berücksichtigen. Die Angaben über den Wasserinhalt befinden sich auf den jeweiligen Typenschildern.

Kupferrohr / Nenn-Innendurchmesser	12x1/DN10	15x1/DN13	18x /DN16	22x1 / DN20	28x1,5/DN25	42x1,5/DN40
Inhalt l/m	0,079	0,133	0,201	0,314	0,491	1,195

Tabelle 22: Inhalt von Rohrleitungen

Der Druck des Stickstoffvolumens muss 0,3 bar über dem statischen Anlagendruck liegen!

Vordruck-Bestimmung des Membranausdehnungsgefäßes

Der Vordruck, mit dem das Stickstoffvolumen des MAG beaufschlagt wird, sollte 0,3 bar über dem Druck der Wassersäule liegen und mindestens 0,7 bar betragen.

$$p_0 = p_{st} + 0,3 bar \qquad p_0 \geq 0,7 bar$$

p_0 = Vordruck des MAG [bar]
p_{st} = statischer Druck [bar] (1 Meter Wassersäule entspricht näherungsweise 0,1 bar)

BEISPIELRECHNUNG:
Anlage mit einer Höhe von 5 Meter: 5m = 0,5 bar
$p_0 = p_{st}$ + 0,3 bar = 0,5 bar + 0,3 bar = 0,8 bar

Der Druck am Membranausdehnungsgefäß muss bei druckloser Anlage auf 0,8 bar eingestellt werden.

Nennvolumen-Bestimmung des Membranausdehnungsgefäßes

Mit Hilfe der folgenden Auslegungstabellen kann der erforderliche Inhalt des Membranausdehnungsgefäßes ermittelt werden. Die Tabellen basieren auf einer maximalen Überschwingtemperatur von 95°C: Das heißt, die thermische Ablaufsicherung (TAS) spricht bei maximal 95°C an.

Wasserinhalt Vsystem [Liter]	Nennvolumen von Membranausdehungsgefäßen in Liter (Sicherheitsventil: 2,5 bar)								
	statische Höhe der Anlage [m]								
	bis 4	5	6	7	8	9	10	11	12
	Vordruck P_0 in [bar]								
	0,7	0,8	0,9	1	1,1	1,2	1,3	1,4	1,5
100	16	17	19	21	23	26	29	34	41
200	25	27	29	32	36	40	46	53	64
300	34	36	40	44	48	54	62	73	87
400	42	46	50	55	61	69	79	92	110
500	51	56	61	67	74	83	95	111	133
600	60	65	71	78	87	98	112	130	156
700	70	76	83	91	101	114	130	152	182
800	80	87	95	104	116	130	149	174	208
900	90	98	107	117	130	146	167	195	234
1000	100	109	118	130	145	163	186	217	260
1100	110	119	130	143	159	179	205	239	286
1200	120	130	142	156	174	195	223	260	312

Tabelle 23: Mindestvolumen von Membranausdehnungsgefäßen, bei Einstelldruck Sicherheitsventil Psv= 2,5 bar und maximale Überschwingtemperatur 95°C

Wasserinhalt Vsystem [Liter]	Nennvolumen von Membranausdehungsgefäßen in Liter (Sicherheitsventil: 3,0 bar)								
	statische Höhe der Anlage [m]								
	bis 4	5	6	7	8	9	10	11	12
	Vordruck P_0 in [bar]								
	0,7	0,8	0,9	1	1,1	1,2	1,3	1,4	1,5
100	13	14	15	16	17	18	20	22	24
200	21	22	23	25	27	29	31	34	37
300	28	30	32	34	36	39	42	46	51
400	36	38	40	43	46	49	54	58	64
500	43	46	49	52	56	60	65	71	78
600	51	54	57	61	65	70	76	83	91
700	59	63	66	71	76	82	89	97	106
800	68	71	76	81	87	93	101	110	122
900	76	80	85	91	98	105	114	124	137
1000	84	89	95	101	109	117	127	138	152
1100	93	98	104	111	119	129	139	152	167
1200	101	107	114	122	130	140	152	166	182

Tabelle 24: Mindestvolumen von Membranausdehnungsgefäßen, bei Einstelldruck Sicherheitsventil Psv = 3,0 bar und maximale Überschwingtemperatur 95°C

Befülldruck der Anlage

Es müssen Mindest- und Maximalfülldrucke berechnet werden, in deren Grenzen die Anlage sich in **kaltem Zustand** befinden soll. Die Tabellen 25 bis 27 helfen bei der Ermittlung der relevanten Fülldrucke. Für den Maximalfülldruck gibt es je eine Tabelle für 2,5 bar und für 3,0 bar Ansprechdruck des Sicherheitsventils.

gewähltes Nennvolumen Membranausdehnungsgefäß [Liter]	Wasserinhalt Vsystem [Liter]	Mindestfülldruck im kalten Zustand [bar]								
		statische Höhe der Anlage [m]								
		bis 4	5	6	7	8	9	10	11	12
		Vordruck P_0 in [bar]								
		0,7	0,8	0,9	1	1,1	1,2	1,3	1,4	1,5
25	100	0,93	1,05	1,16	1,27	1,39	-	-	-	-
35	100	0,86	0,97	1,08	1,19	1,30	1,41	1,52	1,63	-
50	100	0,81	0,91	1,02	1,13	1,23	1,34	1,45	1,55	1,66
35	200	0,86	0,97	1,08	1,19	-	-	-	-	-
50	200	0,81	0,91	1,02	1,13	1,23	1,34	1,45	-	-
80	200	0,77	0,87	0,97	1,08	1,18	1,29	1,39	1,49	1,60
35	300	0,86	-	-	-	-	-	-	-	-
50	300	0,81	0,91	1,02	1,13	1,23	-	-	-	-
80	300	-	-	-	1,08	1,18	1,29	1,39	1,49	-
100	300	-	-	-	-	-	-	-	1,47	1,58
50	400	0,81	0,91	-	-	-	-	-	-	-
80	400	0,77	0,87	0,97	1,08	1,18	1,29	1,39	-	-
100	400	0,75	0,86	0,96	1,06	1,16	1,27	1,37	1,47	-
140	400	-	-	-	-	1,15	1,25	1,35	1,45	1,55
200	400	-	-	-	-	-	-	-	1,44	1,54
50	500	0,81	-	-	-	-	-	-	-	-
80	500	0,77	0,87	0,97	1,08	1,18	-	-	-	-
100	500	0,75	0,86	0,96	1,06	1,16	1,27	1,37	-	-
140	500	-	-	-	-	1,15	1,25	1,35	1,45	1,55
200	500	-	-	-	-	-	-	-	1,44	1,54
80	600	0,77	0,87	0,97	1,08	-	-	-	-	-
100	600	0,75	0,86	0,96	1,06	1,16	1,27	-	-	-
140	600	-	-	-	-	1,15	1,25	1,35	1,45	-
200	600	-	-	-	-	-	-	1,34	1,44	1,54
100	700	0,76	0,87	0,97	1,07	-	-	-	-	-
140	700	-	-	-	-	1,15	1,26	1,36	-	-
200	700	-	-	-	-	-	1,24	1,34	1,44	1,54
250	700	-	-	-	-	-	-	-	1,43	1,54
140	800	0,75	0,85	0,96	1,06	1,16	1,26	-	-	-
200	800	-	-	-	-	-	1,24	1,35	1,45	-
250	800	-	-	-	-	-	-	-	1,44	1,54
300	800	-	-	-	-	-	-	-	-	1,53
140	1000	0,76	0,87	0,97	1,07	-	-	-	-	-
200	1000	-	-	0,95	1,05	1,15	1,26	1,36	-	-
300	1000	-	-	-	-	-	1,24	1,34	1,44	1,54
400	1000	-	-	-	-	-	-	-	1,43	1,53
200	1200	-	-	-	-	1,16	1,27	-	-	-
300	1200	-	-	-	-	-	-	1,35	1,45	-
400	1200	-	-	-	-	-	-	-	1,44	1,54

Tabelle 25: Mindestfülldruck im kalten Zustand der Anlage

gewähltes Nennvolumen Membranausdehnungsgefäß Vexp [Liter]	Wasserinhalt Vsystem [Liter]	**Maximalfülldruck im kalten Zustand [bar] (Sicherheitsventil: 2,5 bar)**								
		statische Höhe der Anlage [m]								
		bis 4	5	6	7	8	9	10	11	12
		Vordruck P_0 in [bar]								
		0,7	0,8	0,9	1	1,1	1,2	1,3	1,4	1,5
25	100	1,36	1,39	1,41	1,44	1,46	-	-	-	-
35	100	1,51	1,54	1,56	1,58	1,59	1,61	1,62	1,64	-
50	100	1,64	1,66	1,68	1,69	1,70	1,72	1,73	1,74	1,75
35	200	1,16	1,20	1,23	1,26	-	-	-	-	-
50	200	1,36	1,39	1,41	1,44	1,46	1,48	1,50	-	-
80	200	1,57	1,59	1,61	1,62	1,64	1,65	1,67	1,68	1,69
50	300	1,13	1,17	1,20	1,23	1,26	-	-	-	-
80	300	-	-	-	1,47	1,49	1,51	1,53	1,54	-
100	300	-	-	-	-	-	-	-	1,62	1,64
50	400	0,95	0,98	1,02	-	-	-	-	-	-
80	400	1,24	1,27	1,30	1,33	1,35	1,38	1,40	-	-
100	400	-	-	1,41	1,44	1,46	1,48	1,50	1,52	-
140	400	-	-	-	-	-	1,61	1,62	1,64	1,65
180	400	-	-	-	-	-	-	-	1,71	1,72
80	500	1,11	1,14	1,18	1,21	1,23	-	-	-	-
100	500	1,24	1,27	1,30	1,33	1,35	1,38	1,40	-	-
140	500	-	-	-	-	1,51	1,53	1,54	1,56	1,58
200	500	-	-	-	-	-	-	-	1,68	1,69
80	600	0,99	1,03	1,06	1,09	-	-	-	-	-
100	600	1,13	1,17	1,20	1,23	1,26	1,28	-	-	-
140	600	-	-	-	-	1,43	1,45	1,47	1,49	-
200	600	-	-	-	-	-	-	1,61	1,62	1,64
100	700	1,03	1,07	1,11	1,14	-	-	-	-	-
140	700	-	-	-	-	1,35	1,38	1,40	-	-
200	700	-	-	-	-	-	1,54	1,55	1,57	1,58
250	700	-	-	-	-	-	-	-	1,64	1,66
140	800	1,16	1,20	1,23	1,26	1,28	1,31	-	-	-
200	800	-	-	-	-	-	1,48	1,50	1,52	-
250	800	-	-	-	-	-	-	-	1,60	1,61
300	800	-	-	-	-	-	-	-	-	1,67
140	1000	1,02	1,06	1,09	1,13	-	-	-	-	-
200	1000	-	-	1,30	1,33	1,35	1,38	1,40	-	-
300	1000	-	-	-	-	-	1,55	1,57	1,59	1,60
400	1000	-	-	-	-	-	-	-	1,68	1,69
200	1200	-	-	-	-	1,26	1,28	-	-	-
300	1200	-	-	-	-	-	-	1,50	1,52	-
400	1200	-	-	-	-	-	-	-	1,62	1,64

Tabelle 26: Maximalfülldruck im kalten Zustand der Anlage, bei Einstelldruck Sicherheitsventil Psv = 2,5 bar und maximale Überschwingtemperatur 95°C

gewähltes Nennvolumen Membranausdehnungsgefäß Vexp [Liter]	Wasserinhalt Vsystem [Liter]	Maximalfülldruck im kalten Zustand [bar] (Sicherheitsventil: 3,0 bar)								
		statische Höhe der Anlage [m]								
		bis 4	5	6	7	8	9	10	11	12
		Vordruck P_0 in [bar]								
		0,7	0,8	0,9	1	1,1	1,2	1,3	1,4	1,5
25	100	1,66	1,70	1,73	1,76	1,79	1,81	1,84	1,86	1,88
35	100	1,86	1,88	1,91	1,94	1,96	1,98	2,00	2,02	2,03
35	200	1,41	1,45	1,49	1,53	1,56	1,59	1,62	1,65	-
50	200	1,66	1,70	1,73	1,76	1,79	1,81	1,84	1,86	1,88
35	300	1,09	1,13	1,18	1,22	1,26	-	-	-	-
50	300	1,37	1,42	1,46	1,49	1,53	1,56	1,59	1,62	-
80	300	1,70	1,73	1,77	1,80	1,82	1,85	1,87	1,89	1,91
50	400	1,14	1,19	1,24	1,28	1,31	1,35	-	-	-
80	400	1,51	1,55	1,59	1,62	1,65	1,68	1,71	1,73	1,76
80	500	1,34	1,39	1,43	1,46	1,50	1,53	1,56	1,59	1,62
100	500	1,51	1,55	1,59	1,62	1,65	1,68	1,71	1,73	1,76
80	600	1,20	1,24	1,29	1,33	1,36	1,40	1,43	1,46	1,49
100	600	1,37	1,42	1,46	1,49	1,53	1,56	1,59	1,62	1,65
80	700	1,07	1,12	1,16	1,20	1,24	-	-	-	-
100	700	1,25	1,30	1,34	1,38	1,42	1,45	1,48	1,51	-
140	700	-	-	-	-	-	-	1,71	1,73	1,76
100	800	1,14	1,19	1,24	1,28	1,31	1,35	-	-	-
140	800	-	-	-	-	1,56	1,59	1,62	1,65	1,68
200	800	-	-	-	-	-	-	1,84	1,86	1,88
120	1000	1,11	1,16	1,20	1,24	1,28	1,32	-	-	-
140	1000	-	-	1,33	1,36	1,40	1,44	1,47	1,50	-
200	1000	-	-	-	-	-	-	-	1,73	1,76
140	1200	1,09	1,13	1,18	1,22	1,26	1,30	1,33	1,36	1,40
200	1200	-	-	1,46	1,49	1,53	1,56	1,59	1,62	1,65
300	1200	-	-	-	-	-	-	-	1,86	1,88

Tabelle 27: Maximalfülldruck im kalten Zustand der Anlage, bei Einstelldruck Sicherheitsventil Psv = 3,0 bar und maximale Überschwing-temperatur 95°C

Maximale Länge der Abblasleitung beachten!

3.4.4 Das Sicherheitsventil und die thermische Ablaufsicherung

Sicherheitsventil

Jeder Wärmeerzeuger muss nach DIN EN 12828 durch mindestens ein Sicherheitsventil abgesichert werden. Die so genannten **Membransicherheitsventile** sind in den Ansprechdrucken mit 2,5 bar oder 3,0 bar fest eingestellt. Für Anlagen bis 50 Kilowatt sind Sicherheitsventile in DN15 beziehungsweise 1/2 Zoll vorgeschrieben.

An die **Abblaseleitung** des Sicherheitsventils werden besondere Anforderungen gestellt, da sie austretendes Heizungswasser und Wasserdampf gefahrlos ableiten muss. Deshalb sind unter anderem Länge und Anzahl der eingefügten Rohrbögen begrenzt. Außerdem muss die Abblaseleitung mit Gefälle verlegt werden, um Wasseransammlungen zu vermeiden. Werden längere Abblaseleitungen nötig, so kann nach 5 Metern ein so genannter **Entspannungstopf** zwischengeschaltet werden.

	max. Länge [m]	max. Anzahl der Bögen	Mindestdurchmesser bzw. Nennweite DN	Kupferrohr
Zuleitung	1	1	15	18 x 1
Abblasleitung ohne Entspannungstopf	2	2	20	22 x 1
Abblasleitung ohne Entspannungstopf	4	3	25	28 x 1,5

Tabelle 28: Anforderungen an die Leitungsführungen von Sicherheitsventilen bis 50 Kilowatt Nennwärmeleistung

Thermische Ablaufsicherung (TAS)

Die thermische Ablaufsicherung wird bei Sicherheitswärmetauschern (Kühlschlange) in die Kaltwasserzuleitung vor dem Sicherheitswärmetauscher eingebaut. Bei Anlagen zur Verbrennung von Scheitholz und Pelletkesseln ist ihr Einbau vorgeschrieben. Durch den Einbau vor der Kühlschlange wird die TAS vor Verschmutzung durch Kalkausfällung in der Kühlschlange geschützt. Die Kühlschlange bleibt drucklos.

Der Druck der Kaltwasserleitung muss mindestens 2,0 bar betragen. Die Angaben der Hersteller zur Dimensionierung sind zu beachten. Bei Kamin- und Pelletöfen sind Ablaufsicherungen der Größe DN 16 (18x1 Cu-Rohr beziehungsweise 3/4-Zoll-Anschlussgewinde) mit einer Ansprechtemperatur von 90 bis 95°C üblich.

WICHTIG:
Der Einbau von Abstellventilen in Zu- und Ablaufleitungen ist nicht erlaubt! Die thermische Ablaufsicherung wird als Rohrleitungsabschnitt nicht ständig durchströmt - hohes Verkeimungsrisiko (Trinkwasserverordnung). Reduzieren Sie deshalb so weit wie möglich den Abstand zu einer Ringleitung.

3.5 Die externe Verbrennungsluft

Wenn möglich, Feuerstätten mit externer Verbrennungsluftleitung ausstatten.

Ist für den Kamin-/Pelletofen eine raumluft**un**abhängige Betriebsweise vorgesehen, so wird dem Gerät die Verbrennungsluft über einen **Luftkanal**, der außerhalb der Gebäudehülle endet, zugeführt.

Der Anschluss an das Gerät erfolgt üblicherweise über einen Rohrstutzen. Bei Scheitholzöfen beträgt der Anschlussdurchmesser dabei meist 100 Millimeter. Dort kann ein Aluminium-Flexrohr (Temperaturbeständigkeit > 80°C) die Verbindung zu einem in der Wand verlaufenden Kanal oder einem Frischluftzug im Schornstein herstellen.

Bild 85: Anschluss des Ofens mittels Aluminium-Flexrohr (Zuluft)

Durch Leitungslänge und Bögen in der Verbrennungsluftleitung kommt es zu einem Druckverlust, der die Luftzufuhr zum Verbrennungsort und damit die Verbrennung direkt negativ beeinflusst (mangelnde Verbrennungsluftzufuhr kann verrußende Sichtscheiben und erhöhten Schadstoffausstoß zur Folge haben). Die **Verbrennungsluftzuführung** sollte deshalb möglichst kurz und **ohne scharfe Umlenkungen** gestaltet sein.

HINWEIS:
Die folgenden Ausführungen gelten für Scheitholzöfen. Pelletöfen besitzen wegen der Gebläsefeuerung teilweise kleinere Anschlussleitungen. Hier beachten Sie bitte die Unterlagen der Hersteller.

Um Kondensatbildung und Kältebrücken zu vermeiden, sind **Zuluftkanäle** bauseits mit einer Wärmedämmung zu versehen.

BITTE BEACHTEN:
Im Neubau müssen Sie die installierten Feuerstätten grundsätzlich mit externer Verbrennungsluftleitung planen, da die Gebäude eine erhöhte Dichtheit gegenüber den Bestandsgebäuden aufweisen.

3.5.1 Die Dimensionierung

Durch Leitungslänge, Bögen und Außenwandabschluss entstehen Druckverluste, die vom Schornstein zusätzlich überwunden werden müssen. Die nachstehende Tabelle gibt Richtwerte an, um den Druckverlust auf maximal 5 Pascal zu begrenzen.

Die maximale Leitungslänge bei externer Verbrennungsluft ist zu beachten!

	Rohrdurchmesser bzw. Querschnittfläche	maximale Länge
Horizontale Verlegung	100 mm Durchmesser	5 m
Horizontale Verlegung	125 mm Durchmesser	7,5 m
Horizontale Verlegung	150 mm Durchmesser	10 m
Vertikaler Luftschacht	>7.800 mm² (z.B. 100 x 80 mm)	max. 6 m hoch

Tabelle 29: Dimensionierung des externen Verbrennungsluftanschlusses (bezogen auf maximal drei 90°-Bögen und Kunststoffrohre)

3.5.2 Der Außenwandabschluss

Der freie Querschnitt des Außenwandanschlusses muss mindestens dem Querschnitt des Leitungsrohres entsprechen. Durch Lamellen, Umlenkungen und eventuelle Fliegengitter kommt es meist zu einem zusätzlichen Druckverlust. Deshalb wird empfohlen, den Außenwandabschluss großzügig zu dimensionieren.

Liegt die Lufteintrittsöffnung auf der dem Wind zugewandten Seite, so sollte gegebenenfalls ein Abweisblech installiert werden. Außerdem ist ein **Laubschutzgitter** vorzusehen. Verwendet man eine Eintrittsöffnung mit feinmaschigem Insektennetz, so muss zu Beginn der Heizsaison überprüft werden, ob das Netz sauber und frei von Insekten und Pollen ist, um Überraschungen beim ersten Anheizen zu vermeiden. Bewährt hat sich hier ein Anschluss an einen Frischluftzug von mehrzügigen Schornsteinen.

Bild 86: Zuluftgitter der externen Verbrennungsluft: ausreichend dimensionieren und regelmäßig reinigen

3.6 Die Wirtschaftlichkeit

Wer sich für einen wasserführenden Kamin- oder Pelletofen entscheidet, möchte Energie und langfristig Kosten sparen. Eine genaue Betrachtung der Wirtschaftlichkeit ist deshalb besonders wichtig.

Die Investition in einen wasserführenden Ofen amortisiert sich schneller als die Kosten für Wärmedämmung.

3.6.1 Die Investitionskosten

Kaminofen kontra Wärmedämmung

Was ist sinnvoller: in die Wärmedämmung investieren oder einen wasserführenden Kaminofen nebst Hydraulik und Pufferspeicher installieren?

Natürlich steht der langfristige und ökologische Nutzen einer verbesserten Wärmedämmung ganz außer Frage. Vom rein finanziellen Blickpunkt aus gesehen ist ein wasserführender Kaminofen jedoch weitaus günstiger. Und durch die Verfeuerung nachwachsender Rohstoffe ist er auch ökologisch sinnvoll.

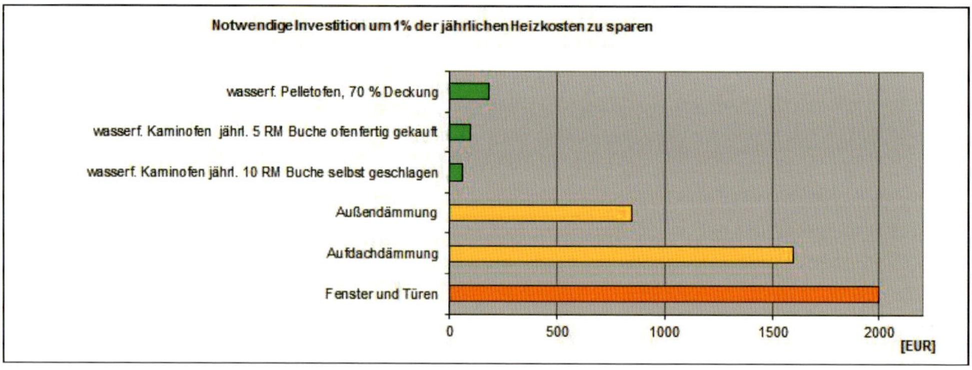

Diagramm 22: Investition für Sanierungsmaßnahmen im Vergleich zur Installation eines wasserführenden Kamin-/Pelletofens

ERKLÄRUNG:
Ein Einfamilienhaus von 1980 soll saniert werden, um die jährlichen Heizkosten zu senken.
Um einen Kosten-Nutzen-Vergleich der verschiedenen Sanierungsmöglichkeiten zu ziehen, wurden die jeweiligen Kosten so zurückgerechnet, als seien nur 1 Prozent der Heizkosten gespart worden.

Beispiel: Die Außendämmung bringt eine Energieeinsparung von 20 Prozent bei einer Investition von 16.000 Euro: Um 1 Prozent zu sparen, wären demnach 16.000 / 20 = 800 Euro nötig.

Kostenbasis:
Die vorhandene Niedertemperatur-Ölheizungsanlage soll als Rücklaufanhebung um einen wasserführenden Ofen und einen Pufferspeicher ergänzt werden. Der wasserführende Pelletofen soll 70 Prozent der Jahresleistung abdecken (Energiepreise gemäß Tabelle 31, Seite 165).

Kostenfaktoren

Die Installationskosten eines wasserführenden Kaminofens werden im Wesentlichen durch drei Komponenten bestimmt:

- dem Kaminofen selbst
- dem verwendeten Pufferspeicher
- der Regelung und deren hydraulischen Komponenten

Bei Modernisierung den Pufferspeicher so auslegen, dass ein wasserführender Ofen mit angeschlossen werden kann!

Beim **Kaminofen** bestimmt neben der Optik auch die Art des Wärmetauschers den Preis. Die optimalen Abgaswärmetauscher sind dabei in der Regel teurer.

Der **Pufferspeicher** ist ein weiterer Kostenfaktor. Wenn ohnehin eine Sanierung oder Modernisierung der Heizung geplant ist, sollte der Pufferspeicher bereits so ausgelegt werden, dass ein wasserführender Ofen mit angeschlossen werden kann. Wenn bereits eine Solaranlage zur Heizungsunterstützung vorhanden ist, kann der Ofen dort zumeist direkt angeschlossen werden.

HINWEIS:
Am günstigsten sind Anlagen ohne Pufferspeicher, die aber große Nachteile im Heizkomfort aufweisen.

Ist eine umfassende **Regelung** gewünscht, die die gesamte Heizungsanlage (inklusive einer vorhandenen Zentralheizung und einer eventuellen Solaranlage) steuert, entstehen ebenfalls zusätzliche Kosten. Bei einer komplizierten hydraulischen Verschaltung müssen gegebenenfalls zusätzliche Mischventile und Pumpen angeschafft werden.

Im Einzelfall können schließlich weitere Kosten, zum Beispiel für den Neubau eines Schornsteins, durch aufwändige Verrohrungen oder für die Holzlagerung entstehen.

Die Ergänzung einer bestehenden Heizungsanlage mit einem wasserführenden Kaminofen kostet zwischen 3.000 und 10.000 Euro.

	Gesamtkosten
Wasserführender Kaminofen mit Direkteinspeisung in vorhandenen Kesselkreislauf, ohne Puffer	3.000 bis 5.000 Euro
Wasserführender Kaminofen zur Erweiterung einer vorhandenen heizungsunterstützenden Solaranlage	3.500 bis 6.000 Euro
Wasserführender Kaminofen mit einfachem Pufferspeicher zur Rücklaufanhebung	4.500 bis 7.500 Euro
Wasserführender Kaminofen mit Kombispeicher (für Solar), umfassende Regelung und Hydraulik zum Parallelbetrieb mit vorhandenem Öl-/Gaskessel	6.000 bis 10.000 Euro

Tabelle 30: Kosten der Ergänzung einer bestehenden Heizungsanlage mit einem wasserführenden Kaminofen (Komponenten und Montage)

3.6.2 Die Heizkosten und jährliche Ersparnis

Heizkosten im Vergleich

Preisangaben sind bekanntlich meist schnell veraltet. Erfahrungsgemäß passen sich die Preise für die unterschiedlichen Energieträger jedoch rasch den Trends am Heizölmarkt an: Die Relationen bleiben also meist unverändert. Die nachstehenden Abbildungen vergleichen die direkten Heizkosten unterschiedlicher Brennstoffe:

Tabelle 31: Heizwerte und Preise verschiedener Brennstoffe

	Heizwert [kWh]	Bezugsmenge	Bezugspreis*	Preis* ct/kWh
Heizöl Standard EL	10,1	Liter	97 ct/l	9,6
Erdgas E	10,4	Kubikmeter	7,9 ct/m³	7,6
Flüssiggas	7,2	Liter	72 ct/l	10,0
	12,9	Kilogramm		
Fernwärme	1	Kilowattstunde	10,6 ct/kwh	10,6
Nachtstrom NT	1	Kilowattstunde	17,8 ct/kwh	17,8
Tagstrom HT	1	Kilowattstunde	23,5 ct/kwh	23,5
lufttrockenes Buchenholz (ofenfertig gespalten)	4,0	Kilogramm	65 €/RM	3,1
	2100	Raummeter		
Buche Leseholz	4,0	Kilogramm	25 €/RM	1,2
	2100	Raummeter		
lufttrockenes Kiefernholz (ofenfertig gespalten)	4,4	Kilogramm	55 €/RM	3,4
	1600	Raummeter		
Kiefer Leseholz	4,4	Kilogramm	20 €/RM	1,25
	1600	Raummeter		
Holzpellets	4,9	Kilogramm	240 €/t	4,90
	3185	Kubikmeter		

*Stand Februar 2012: regional unterschiedliche Richtwerte, inklusive Mehrwertsteuer, in Euro/Cent

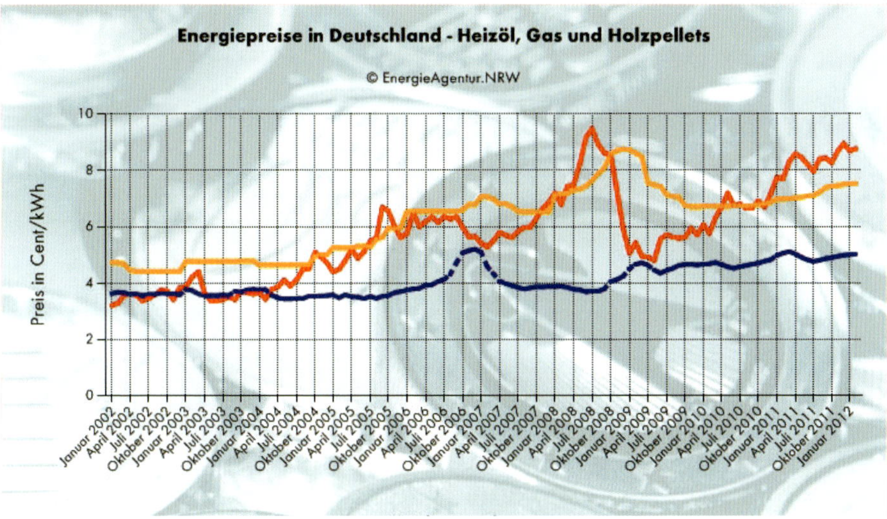

Diagramm 23: Energiepreisentwicklung in Deutschland (Energie-Agentur NRW)

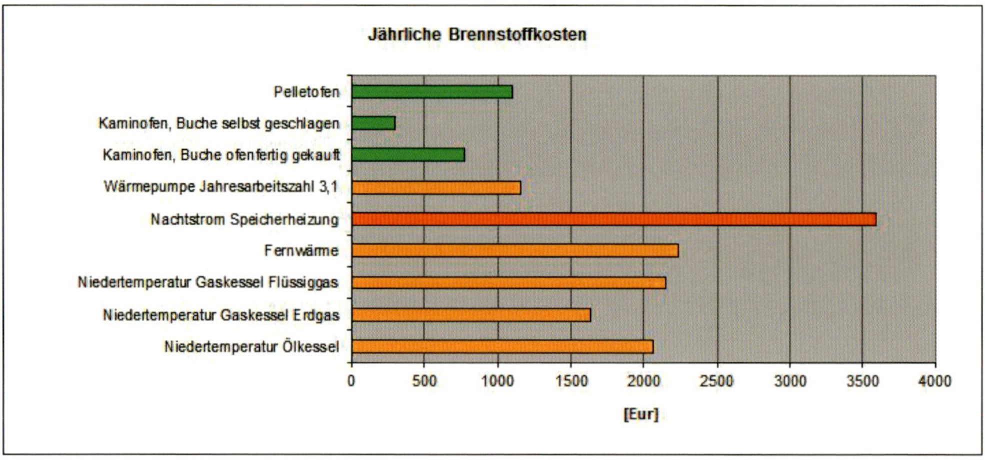

Diagramm 24: jährliche Brennstoffkosten im Vergleich, unter Berücksichtigung der jeweiligen Wirkungsgrade der Anlagen (Preise: Stand 2012)

ERKLÄRUNG:
Ein Einfamilienhaus, Baujahr 1980, mit einer Wohnfläche von 150 Quadratmetern hat einen Wärmebedarf von 20.000 Kilowattstunden. Das entspricht einem Verbrauch von circa 2.000 Litern Heizöl beziehungsweise 2.000 Kubikmetern Erdgas pro Jahr.

Wie viel kann ich sparen?

Je mehr Holz im Kaminofen verbrannt wird, desto weniger Öl beziehungsweise Gas wird verbraucht, um die restliche Wärmemenge aufzubringen. Grundsätzlich ist man mit dem wasserführenden Kaminofen in der Lage, fast die gesamte benötigte Wärmemenge für ein Einfamilienhaus aufzubringen. Lediglich die Spitzenleistung im Winter und – sofern keine Solaranlage vorhanden ist – das warme Wasser im Sommer müssen dann noch durch fossile Brennstoffe nachgeheizt werden.

Ein wasserführender Kaminofen kann grundsätzlich ein Einfamilienhaus komplett beheizen!

Wer sein Brennholz selbst im Wald schlägt, spart zusätzlich eine Menge Kosten.

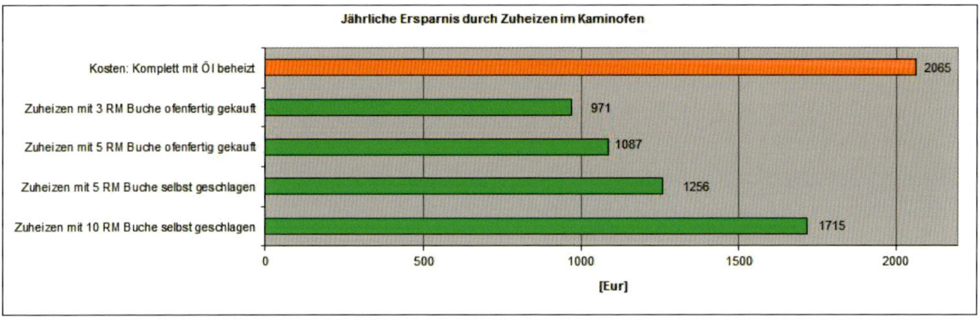

Diagramm 25: jährliche Heizkosten-Ersparnis durch Zuheizen im Kaminofen

ERKLÄRUNG:
In einem Einfamilienhaus, Baujahr 1977, mit einer Wohnfläche von 150 Quadratmetern und einem Heizölverbrauch von circa 2.000 Litern im Jahr wird ein vorhandener Niedertemperatur-Ölheizkessel bei der Bereitstellung der Gebäudewärme durch Aufgabe unterschiedlicher Mengen Scheitholz unterstützt.

4.

Die Installation einer Anlage mit wasserführendem Kamin-/Pelletofen

4.1 Die Vorbereitung des Schornsteinanschlusses

Beim Kaminanschluss die Wärmedehnung des Schornsteins berücksichtigen!

Der Anschluss an den Schornstein hat neben dem Erstellen einer dichten Verbindung zwischen Gerät, Rauchrohr und Schornstein vor allem die Aufgabe, Längendehnungen von Schornstein und Anschlussstück beziehungsweise Rauchrohr aufzunehmen.

Vor allem die Längenänderung des Schornsteins muss bei Mehrfachbelegung und vorgemauerter Wand ausreichend berücksichtigt werden. Bewährt haben sich hierbei die so genannten Doppelfutter, die eine federnde Lagerung des Anschlussstückes ermöglichen. Bei Edelstahlschornsteinen und mehrschaligen Schornsteinen müssen beim Neubau grundsätzlich die entsprechenden Formelemente vorgesehen werden.

4.1.1 Der gemauerte Schornstein (Altbau)

Bild 87: Herstellen des Ofenanschlusses mit Kernlochbohrer

1. **Position anzeichnen,** gegebenenfalls Bodenplatte unter dem Kaminofen berücksichtigen. Bei direktem Anschluss ohne Rauchrohr lieber etwas höher anzeichnen. Ofen kann durch Unterlagen unter Umständen angehoben werden; nach unten schieben geht nicht.

2. **Kreis** dünner Löcher bohren (8 Millimeter), eng nebeneinander (besser: Kernlochbohrer).

3. **Zwischenräume ausmeiseln.** Vorsichtig arbeiten, um keine Steine zu lockern.

4. Eine eventuell vorhandene vorgemauerte Wand muss im Durchmesser etwa 4 Zentimeter größer **ausgestemmt** werden, um Spannungen durch Längenänderung des Schornsteins zu vermeiden. Das größere Loch wird später mit Mineralwolle oder Keramikband aufgefüllt und durch eine Rosette abgedeckt.

5. Fertiges Loch gut anfeuchten und **Doppelwandfutter einmauern.** Futter muß bündig mit der Wand sitzen, große Öffnung des inneren Rohres nach außen.

6. **Achtung:** Das Futter darf nicht in den lichten Querschnitt des Schornsteins hineinragen: Beschädigungsgefahr beim Kaminkehren!

4.1.2 Der vorhandene Schornstein aus Formelementen (nachträglicher Feuerstättenanschluss)

Die Firmen „plewa" und „Schiedel" beispielsweise bieten spezielle Rundrohre an, die mit Säure-Kit an den vorhandenen Schornstein angesetzt werden können.

WICHTIG:
Da bei unsachgemäßem Bohren der Löcher und Ausführen der Dehnstrecken die Gefahr besteht, dass das gesamte Schornsteininnenrohr zerstört wird, lassen Sie den Anschluss **nur von entsprechenden Fachfirmen** vornehmen.

Bild 88: Doppelwandfutter

Nachträgliche Herstellung von Rauchrohranschlüssen

Inhalt Rauchrohrzargenset:

- Rauchrohrzarge
- Schiedel-Fugenkitt
- Frontplatte
- 4 Haltewinkel
- Putzring
- Schnittschablone
- Sägeblatt
- Dichtschnur
- Versetzanleitung

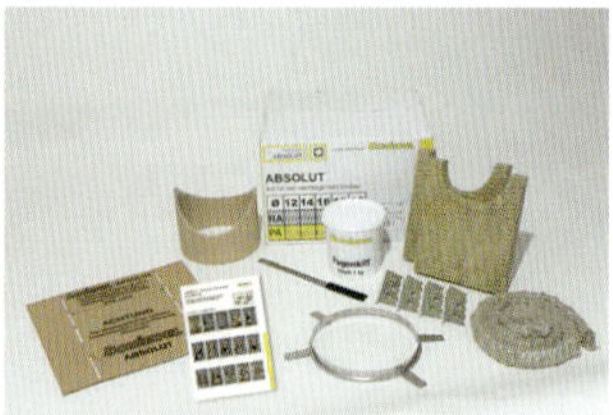

Variante A - mit Winkelschleifer

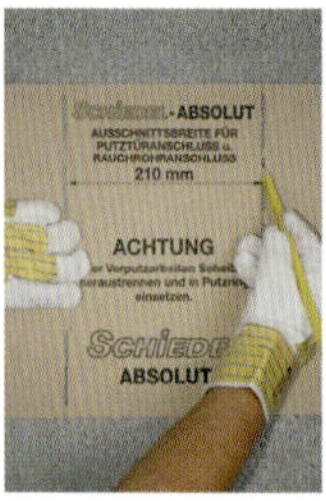

1
Unter Verwendung der Schnittschablone Mantelsteinöffnung anreisen

2
Mantelstein mit Winkelschleifer an den Markierungslinien aufschneiden

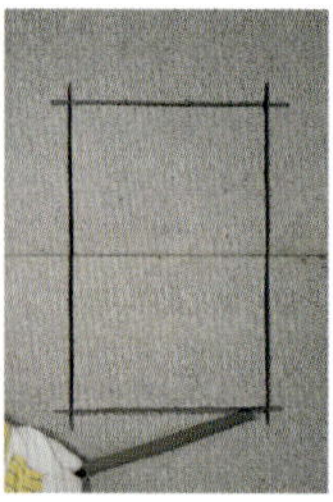

3
Dämmung mit Sägeblatt entlang der Schnittkanten aufschneiden und entfernen

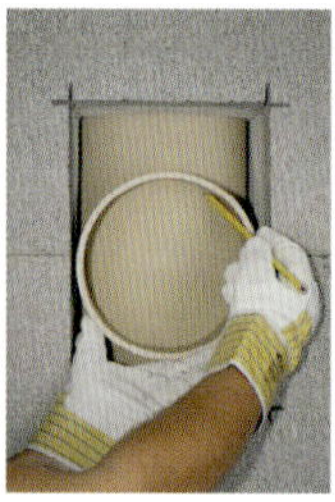

4
Rauchrohrzarge als Schablone verwenden und entlang des **inneren** Durchmessers anreißen

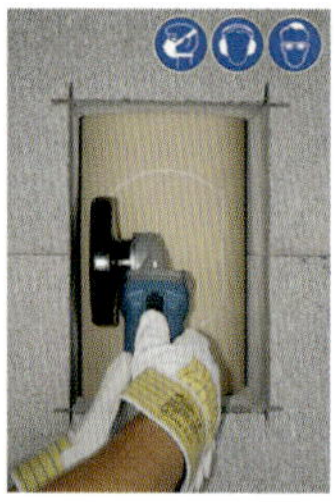

5
Entlang der Markierung Sollbruchstelle mit Winkelschleifer anschneiden. Seitlich nicht erreichbarer Bereich später bearbeiten (Bild 8 und 9)

6
Das Profilrohr sternförmig mit Winkelschleifer einschneiden

7
Profilrohrteile vorsichtig mit Hammer entfernen

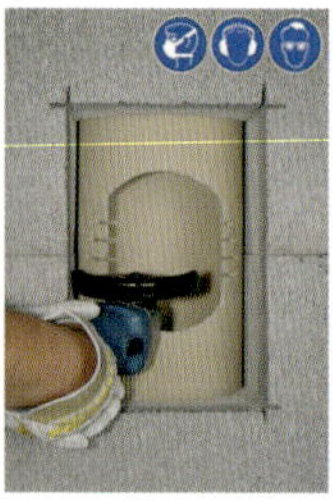

8
Verbliebene seitliche Profilrohrsegmente streifenförmig einschneiden. Streifenbreite ca. 10-15 mm

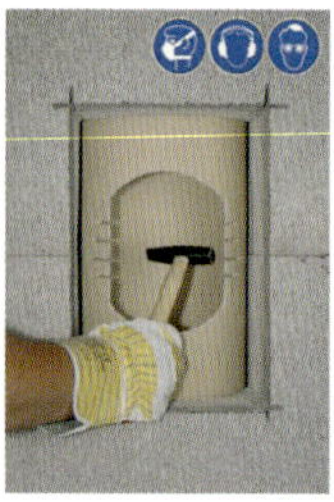

9
Restliche Profilrohrteile vorsichtig mit Hammer entfernen

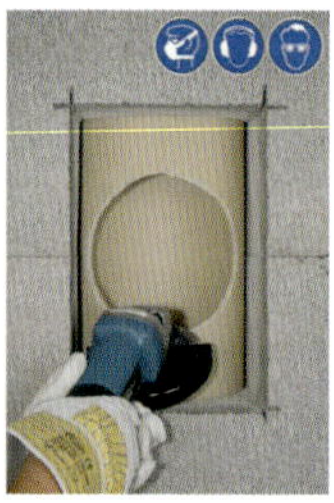

10
Unebenheiten an der Sollbruchstelle mit Winkelschleifer nacharbeiten

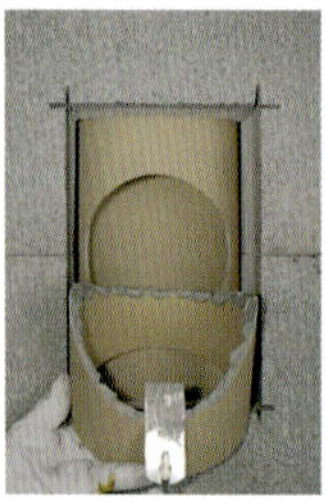

11
Nach Reinigen beider Kittflächen Fugenkitt auf die Rauchrohrzarge auftragen

12
Rauchrohrzarge am Profilrohr feströdeln

13
Frontplatte zuschneiden, Haltewinkel aufstecken und Frontplatte einsetzen

14
Kittreste vorsichtig mit Schwamm entfernen

15
Putzring zentrisch annageln

Bild 89: Nachträgliche Herstellung von Rauchrohranschlüssen (Schiedel GmbH & Co. KG)

4.2 Das Aufstellen und Anschließen des Kaminofens

Kaminofenbesitzer möchten lange Freude am Anblick ihres Ofens haben. Deshalb ist es wichtig, ausreichend Zeit für das Aufstellen des Gerätes und das Anschließen des Rauchrohres einzuplanen.

4.2.1 Das Aufstellen im Wohnraum

Beim Aufstellen sollte Folgendes beachtet werden:

Am besten das Gerät zunächst nur provisorisch passend rücken!

- Der Ofen sollte zum Transport mit einem **Spanngurt** auf eine **Sackkarre** gespannt werden.
- Soll der Ofen auf eine Glasunterlegplatte gestellt werden, so sollte an deren Unterseite umlaufend eine **Schaumstoffdichtung** aufgeklebt werden. In der Praxis saugen sich Staub und Schmutzpartikel unter die durchsichtige Platte.
- Grundsätzlich empfiehlt es sich, **kleine Filzgleiter**, wie sie bei Stuhlbeinen oder Möbelstücken eingesetzt werden, unter den Ofen zu kleben. Dies verhindert Wackeln und schont die Oberfläche.
- Bei Verwendung einer Glasunterlegplatte, den Ofen mithilfe einer Decke auf die Glasplatte schieben.
- Eventuelle **Steinverkleidungen** werden möglichst erst nach Inbetriebnahme installiert. Befinden sich Entlüftungseinrichtungen unter Steinverkleidungen, so sollte beachtet werden, dass noch einige Wochen nach Inbetriebnahme entlüftet werden muss.
- Da der Ofen meist einen wesentlichen Faktor für die **Optik des Aufstellungsraums** darstellt und nach der Installation nicht mehr verrückt werden kann, empfiehlt es sich, das Gerät zunächst nur provisorisch passend zu rücken und eventuell das Rauchrohr provisorisch zu positionieren.

TIPP:
Für den Ofenbesitzer: „Schlafen Sie eine Nacht darüber" bevor sie den endgültigen Aufstellungsort und die Installation beginnen. Schließlich möchten Sie viele Jahre Freude am Gerät haben.

4.2.2 Der Anschluss an den Schornstein

Das Rauchrohr erst dann abmessen und ablängen, wenn der Ofen an der endgültigen Stelle positioniert ist!

Direkter Anschluss an die Geräterückwand

- Verbindungsrohr passend ablängen
- Verbindungsrohr in Wandfutter stecken und Ofen vorsichtig nach hinten rücken

Anschluss nach oben mittels Rauchrohr

- Das Rauchrohr ist für die optische Wirkung des Geräts im Aufstellraum genauso entscheidend wie der Ofen selbst. Die richtige Lösung für die Wohnung zu finden, braucht manchmal etwas länger Zeit
- Aus optischen Gründen empfiehlt es sich meist, keine schrägen Rohre zu verbauen oder mehrere Winkel hintereinander zu setzen. Manchmal ergeben sich jedoch auch mit schrägen Rohren interessante Effekte
- Der Ofen muss immer erst an die passende Stelle gerückt werden. Erst dann ist das Rauchrohr auszumessen und abzulängen. Für die Montage des Rauchrohrs wird der Ofen gegebenenfalls wieder etwas abgerückt
- Sollten Kratzer am Rauchrohr entstehen, so kann man die Rohrstücke nach erfolgter Montage leicht mit entsprechendem hitzebeständigem Lack aus der Sprühdose überlackieren (Ofen und Wand abkleben!)

4.2.3 Die Verrohrung anschließen

Nie unlösbare Verbindungen zum hydraulischen Anschluss des Ofens verwenden!

- Vor dem Anschluss sollte nochmals anhand des **Anschlussschemas** des Herstellers überprüft werden, ob die richtigen Rohre den richtigen Anschluss treffen (Vorlauf – Rücklauf, TAS-Eingang, TAS-Ausgang).
- Der Ofen darf nur mit trennbaren Verbindungsstücken angeschlossen werden. **Niemals eine unlösbare Verbindung durch Löten oder Pressen verwenden!**
- Beim Verschrauben der Verbindungsstücke sollte ofenseitig immer mit **geeignetem Werkzeug** gegengehalten werden.

4.3 Die Hydraulik und elektronische Regelung

Die Installation der hydraulischen Komponenten und der Regelung erfolgt nach den üblichen Regeln der Technik. Die Beachtung der folgenden Hinweise wird empfohlen.

4.3.1 Der Pufferspeicher

In der Regel wird ein Pufferspeicher im Keller installiert. Hier sollte neben der Türbreite für den Transport unbedingt die Deckenhöhe mit einkalkuliert werden. Einerseits ist dabei das Kippmaß des Speichers beim Aufstellen zu beachten und andererseits sind eventuelle Anschlüsse an der Speicheroberseite zu berücksichtigen. Manche Speicher besitzen eine Opferanode, deren Austausch gewährleistet sein muss. Um das Eindringen von Bodenfeuchtigkeit oder Putzwasser zu verhindern, sollte der Speicher gegebenenfalls auf einen kleinen Sockel gestellt werden.

Bild 90: Sorgfältige Wärmedämmung der Anschlussleitungen verhindert Wärmebrücken am Pufferspeicher

Der Pufferspeicher sollte von zwei bis drei Personen liegend transportiert werden. Falls er hochkant um Ecken transportiert werden muss, erleichtern um die Füße geschlungene Gurte das Anheben. Besondere Vorsicht ist bei emaillierten Speichern geboten, da die Emaille bei Stößen abplatzen kann.

TIPP:
Dämmen Sie alle am Puffer angeschlossenen Leitungen sorgfältig, um Wärmebrücken zu vermeiden.

Bild 91: Bei niedriger Kellerdecke kann der Pufferspeicher auch vertieft in die Bodenplatte versenkt werden. Aber: Vorsicht vor eindringendem Putzwasser

4.3.2 Die Speicherladestation

Die Verwendung einer vorinstallierten Puffer-Ladestation verringert den Montageaufwand.

In der Speicherladestation werden die typischerweise zum Laden des Pufferspeichers durch einen wasserführenden Kamin- oder Pelletofen benötigten Komponenten in einer **kompakten Baugruppe** zusammengefasst. Dies verringert den Installationsaufwand und sorgt für den sachgemäßen Betrieb der Anlage.

Speicherladestationen für Feststoffanlagen bestehen in der Regel aus:

- Pumpe mit Absperrventilen
- thermischer Rücklaufanhebung
- Schwerkraftbremse
- Thermometer für Vor- und Rücklauftemperatur

Die Speicherladestation wird üblicherweise im Heizungskeller in der Nähe des Pufferspeichers installiert. Nur bei sehr langen Verbindungsleitungen zwischen Ofen und Pufferspeicher kann es Sinn machen, die Station näher am Ofen zu installieren, um den Wasserinhalt im „kleinen Kreislauf" (also bis zur thermischen Rücklaufanhebung) gering zu halten. **Die thermische Rücklaufanhebung** sollte im Normalfall auf 55°C eingestellt sein.

Zur Betätigung der Schwerkraftbremse („Betrieb" – „Befüllen" – „Geschlossen") müssen die Stellungen des Betätigungselements beachtet werden.

Bild 92: Hebelstellung an der Schwerkraftbremse: „Betrieb" - „befüllen" - „geschlossen"

ERKLÄRUNG:

0° funktionsbereit: für normalen Anlagenbetrieb
45° offen: zum Befüllen und Entlüften
90° geschlossen: zum Beispiel beim Pumpentausch

4.3.3 Die thermische Ablaufsicherung

Das Ventil der thermischen Ablaufsicherung wird in der Nähe des Kaminofens **vor dem Wärmetauscher** installiert. Die Messbirne des **Kapillarrohrfühlers** ist in die entsprechend vorgesehene Fühlerhülse des Wärmetauschers einzuführen. Das Kapillarrohr ist sauber zu verlegen und darf keinesfalls scharf abgeknickt werden. Da die thermische Ablaufsicherung bei häufigem Ansprechen undicht werden kann, sollte auf eine leichte Zugänglichkeit und Austauschbarkeit geachtet werden. Vor der Installation sollte die Zuleitung nach Möglichkeit gespült werden, um eventuelle Lötrückstände zu beseitigen. In die Zuleitung darf kein Absperrventil gesetzt werden.

Bild 93: Thermische Ablaufsicherung: Die Fühlerleitung darf nicht scharf abgeknickt werden

4.3.4 Die elektronische Regelung

Die elektronische Regelung wird je nach Komplexität entweder in der Nähe des Kaminofens oder neben dem Pufferspeicher installiert. Für einfache Regelungen empfiehlt sich eine Montage in der Nähe des Ofens, damit der Ladezustand des Pufferspeichers beim Holznachlegen über die Temperaturanzeige immer sichtbar ist. Beachten Sie zur Positionierung der Temperaturfühler die Angaben unter 2.6.6, Seite 76.

TIPPS:

Beim Anschluss der Temperaturfühler müssen Sie unbedingt auf den sicheren Temperaturübergang auf den Fühler achten. Verwenden Sie in jedem Fall nur **bestimmungsgemäßes Montagematerial**!

Beschriften Sie außerdem bei komplexen Steuerungen unbedingt die Leitungen und fertigen Sie entsprechende **Stromlaufpläne** an. Der Aufwand bei einer eventuellen späteren Fehlersuche verringert sich dadurch enorm.

Verwenden Sie, wenn möglich, einen **separat abgesicherten Stromkreis** für Ihre Feststoffanlage, damit die Umwälzpumpe nicht durch anderweitig verursachte Stromausfälle beeinflusst wird.

Bild 94: Elektrischer Anschluss: Das Beschriften der Steuerleitungen vereinfacht die Fehlersuche

4.4 Die Inbetriebnahme

Bei der Inbetriebnahme ist immer darauf zu achten, dass sich im Falle von hydraulischen Fehlern das einmal entfachte Feuer bei wasserführenden Kaminöfen nicht mehr löschen lässt. Deshalb sollte man beim ersten Mal ganz langsam anheizen.

4.4.1 Das Füllen und Entlüften der Anlage

Zunächst muss der Ofen mit Wasser gefüllt und entlüftet werden.

Beim Befüllen darauf achten, dass sämtliche Luftblasen entweichen können!

Dabei geht man so vor:

- alle im Kreislauf befindlichen Absperrventile öffnen
- Entlüftungsventile öffnen
- manuell zu öffnende Konvektionsbremsen (Schwerkraftbremse mit Luftschleuse) öffnen
- Anlage langsam mit Wasser füllen
- falls manuelles Entlüftungsventil am Ofen vorhanden, dieses jetzt öffnen
- Anschluss des Membranausdehnungsgefäßes vor Wassereintritt entlüften
- ermittelten Maximalfülldruck (siehe auch 3.4.3, Seite 154) einstellen
- erst jetzt Umwälzpumpe manuell einschalten (sinnvoll: Pumpe zunächst auf höchster Stufe laufen lassen)
- manuell geöffnete Schwerkraftbremse wieder in Betriebsstellung bringen
- thermische Ablaufsicherung an Wasserleitung anschließen
- in den ersten zwei bis drei Wochen des Heizbetriebes: **nachentlüften!** Bei manuellem Entlüftungsventil am Ofen gegebenenfalls Verkleidungsteile zunächst nur provisorisch montieren

4.4.2 Das Einstellen und Prüfen der Regelung

Als Grundeinstellung für die Regelung der Umwälzpumpe sollten zunächst folgende Parameter gewählt werden:

Funktion	Schaltung	einzustellender Wert
Mindesttemperatur Kaminofen	Pumpe ein	45–55°C
Maximaltemperatur Kaminofen	Pumpe ein	80°C
Temperaturdifferenz Ofen-Speicher	Pumpe ein	10 K
	Pumpe aus	5 K

Tabelle 32: Regelungsparameter, Grundeinstellung

Für die Ansteuerung eines Drei-Wege-Ventils (Rücklaufanhebung des Gas-/Ölkessels) und für weitere Parameter muss die jeweilige Anlage berücksichtigt werden.

Da beim ersten Anheizen des Gerätes die **Umwälzpumpe in Betrieb gehen muss**, damit die thermische Ablaufsicherung nicht anspricht, empfiehlt sich folgende **Funktionsprüfung**:

BITTE PRÜFEN:
Wenn die elektronische Regelung entsprechend ausgelegt ist, sollte die Umwälzpumpe zunächst manuell in Betrieb gesetzt werden. Prüfen Sie, ob die Pumpe sich einschalten lässt.

Zur Prüfung der Regelungs-Ansteuerung können Sie deren Fühler in entsprechend warmes Wasser beziehungsweise kaltes Wasser halten.

4.4.3 Das erste Aufheizen und die Funktionskontrolle

Zunächst langsam anheizen und dabei Wärmetransport zum Puffer prüfen!

WICHTIG:
Beim erstmaligen Aufheizen des Gerätes immer nur mit einer **geringen Brennholzmenge** beginnen! Das Feuer kann im Problemfall nicht gestoppt werden!

Sollte sich ein Fehler in der Hydraulik befinden oder die Umwälzpumpe nicht anlaufen, kann die Wärmemenge aus dem Wärmetauscher nicht abgeführt werden: Die thermische Ablaufsicherung spricht an.

Beim ersten Aufheizen geht man so vor:

- langsam mit wenig, kleinem Holz zu heizen beginnen
- prüfen, ob bei 55°C die Umwälzpumpe anläuft
- prüfen, ob dabei über die Rücklaufanhebung zunächst nur der „kleine Kreislauf" Pumpe-Wärmetauscher bedient wird (Temperaturzunahme an den entsprechenden Rohren)
- prüfen, ob die Rücklaufanhebung ab circa 55°C den „großen Kreislauf" zum Pufferspeicher beziehungsweise den Wärmeabnehmern langsam freigibt und sich die entsprechenden Leitungsrohre langsam erwärmen
- entlüften und gegebenenfalls Wasser nachfüllen
- Umwälzpumpe auf die ermittelte Leistungsstufe einstellen

BITTE BEACHTEN:
Beim ersten Anheizen kommt es durch **Lackausgasungen** an Ofen und Rauchrohr zu Rauchentwicklung und Geruchsbelästigung.

- Öffnen sie daher Fenster und Türen und sorgen Sie für **gute Raumbelüftung!**
- Um Gesundheitsbeeinträchtigungen zu vermeiden, sollte sich während dieses Vorganges niemand unnötig in den betroffenen Räumen aufhalten.
- Bei maximaler Belastungstemperatur (gemäß Betriebsanleitung) mindestens eine Stunde heizen. Sollte beim ersten Heizvorgang die maximale Temperatur nicht erreicht werden, so können diese Erscheinungen auch später noch auftreten.

TIPP:
Der Einbrennlack auf dem Gerät wird erst nach mindestens 1 Stunde Aufheizen auf Betriebstemperatur und anschließendem Abkühlen fest. In der Aufheizphase wird der Lack zunächst weich und ist deshalb besonders empfindlich für Beschädigungen – zum Beispiel unter dem Türgriff beim Öffnen der Türe mit dem Bedienhandschuh.

4.4.4 Das richtige Heizen

Luftschieber beschriften und maximale Puffertemperatur benennen!

Das richtige Heizen jedes Kaminofens erfordert einige Übung. An die optimalen Einstellungen muss man sich zunächst durch Probieren herantasten. Insbesondere **die Art, die Größe und der Trocknungsgrad des Brennstoffs sowie der tatsächliche momentane Schornsteinzug** sind Parameter, die nicht durch eine einheitliche Werkseinstellung des Ofens abgedeckt werden können.

TIPP:
Für Ofenbesitzer: Haben Sie die richtige Einstellung und den richtigen Bedienungsablauf für sich herausgefunden, dann „schulen" Sie auch Ihre Familienmitglieder. Beschriften Sie gegebenenfalls die Luftschieber und benennen Sie eine maximale Puffertemperatur, ab der kein Holz mehr nachgelegt werden darf.

Durch das Verstellen von **Primär- und Sekundärluft** und der **Drosselklappe im Abgasrohr** (Verwendung unbedingt empfohlen!) sowie durch die **Brennstoffaufgabe** muss für eine ausreichend hohe Verbrennungstemperatur gesorgt werden, um einen sauberen Verbrennungsprozess zu gewährleisten. Die chemischen Reaktionen bei der Verbrennung laufen um so besser und vollständiger ab, je höher die Verbrennungstemperatur ist. Die Temperatur im Brennraum darf jedoch nicht zu hoch werden, da sonst zuviel Wärme durch den Kamin verloren geht und es im Extremfall zu dauerhaften Schäden, wie zum Beispiel der Verzunderung am Gerät, kommen kann.

Anzünden

Hier haben sich zwei Methoden bewährt:

1. klassisch:

- zwei bis drei Anzünder auf den Rost legen, darüber Reisig oder kleine Holzstücke verteilen, dann
- zwei bis vier armdicke Holzscheite darüber legen oder als „Lagerfeuer" aufbauen

2. oberer Abbrand:

- zwei bis vier Scheite dickes Holz auf den Rost legen, dann
- auf die Holzscheite zwei bis drei Anzünder legen und darüber Reisig oder kleine Holzstücke aufstapeln

Heizen

Nach dem Anzünden geht man folgendermaßen vor:

- Alle Schieber und die Drosselklappe voll öffnen, eventuell zusätzlich die Feuertüre anfangs nur anlehnen (ausprobieren!)
- Circa 15 bis 30 Minuten voll brennen lassen, bis die Flammen fast den kompletten Brennraum ausfüllen und die obere Vermiculite-Umlenkplatte des Ofens wieder weiß wird
- Zunächst die Drosselklappe im Abgasrohr schließen, wobei das Feuer dabei aber noch nicht wesentlich kleiner werden darf
- Nach weiteren 5 Minuten Primärluft wenigstens teilweise schließen, wobei auch hier das Feuer nicht wesentlich kleiner werden darf
- Schließlich Sekundärluft so weit schließen, dass das Feuer noch langsam wallend abbrennt (an den Enden der Flammenspitzen dürfen ganz leichte schwarze Rauchfahnen zu erkennen sein. Die Flammen füllen fast den kompletten Brennraum aus, die Flammenspitzen enden kurz unter dem Wärmetauscher), Primärluft dabei eventuell noch viertel bis halb öffnen
- Rechtzeitig nachlegen, solange noch Flammen vorhanden sind – dabei zunächst wieder alle Schieber und die Drosselklappe öffnen, die Tür erst einen Spalt und dann ganz langsam öffnen und nachlegen. Durch die im Betrieb notwendige Scheibenspülluft werden bevorzugt Aschepartikel und Qualm in den Aufstellungsraum gedrückt
- Nach Verlöschen der Flammen alle Schieber schließen, um die Glut zu halten und einem Auskühlen des Aufstellraums vorzubeugen

Bild 95: Anzünden mit oberem Abbrand

Bild 96: Die Drosselklappe kann geschlossen werden

BITTE BEACHTEN:
Vermeiden Sie zu häufiges Nachlegen von Holz in geringen Zeitabständen. Wenige „große" Abbrände sind günstiger als langsames Abbrennen mit gelegentlicher Brennstoffzugabe. Außerdem gelangen bei jedem Öffnen der Tür Qualm und Aschepartikel in den Aufstellungsraum!

Parameter	Effekt	Verbrennungs-temperatur
Weichholz (Fichte, Tanne, Kiefer, Weide, etc.)	geringere Dichte -> größere Oberfläche	höher
Hartholz (Eiche, Buche)	höhere Dichte	niedriger
Holzfeuchte hoch	Wasser muss verdampft werden	niedriger
Holz, klein gehackt	größere Oberfläche	höher
Große Holzmenge	mehr Heizenergie	höher
Primärluft auf	Luftüberschuss in der Glut	höher
Sekundärluft auf	Luftüberschuss in der Flamme	höher
Drosselklappe auf	keine Zugbegrenzung	höher
Hoher Schornstein	höherer Zug	höher
Edelstahlschornstein	glatte Oberfläche -> großer Zug	höher
gemauerter Schornstein	innen rauh -> geringerer Zug	niedriger

Tabelle 33: Parameter zur Beeinflussung der Verbrennungstemperatur

Merkmal	Verbrennungs-temperatur
Sichtscheibe verrußt komplett	zu niedrig
Vermiculite-Auskleidung verrußt	zu niedrig
Starker Rußaufbau am Wärmetauscher	zu niedrig
Glanzruß am Wärmetauscher	zu niedrig
Qualmbildung über Flammenende	zu niedrig
Verzunderungen an Metallteilen	zu hoch
Ofen „tickt" stark	zu hoch

Tabelle 34: Merkmale zur Beurteilung der Verbrennung

DIE BESTEN BRENNSTOFFTIPPS:

- Scheitholz mindestens zwei Jahre an einem trockenen Ort lagern
- genug Kleinholz beim Anzünden benutzen, dabei „kreuz und quer" auflegen, damit genug Luft an die Flammen kommt
- immer mindestens zwei Scheite Holz aufgeben (die Scheite strahlen sich gegenseitig an und sorgen so für eine höhere Verbrennungstemperatur und bessere Verbrennung)
- wenn vorhanden, verschiedene Holzsorten bei der Brennstoffaufgabe miteinander mischen. Schnell brennende Hölzer, wie beispielsweise Nadelholz sorgen für ein rasches Anbrennen, während langsam brennende Hölzer, wie Eiche oder Buche die Wärme lange halten
- verrußte Sichtscheiben werden durch gelegentlich erhöhte Brennstoffaufgabe meist selbst gereinigt
- beim Verfeuern von Braunkohlenbriketts (zum Beispiel zum Halten der Temperatur über Nacht) genug Kleinholz zum „Rundherum-Anglühen" beilegen. Drosselklappe und Sekundärluft erst nach dem vollständigen Anglühen schließen, Primärluft drosseln
- Briketts nicht in Zeitungspapier – schon gar nicht in nasses! – wickeln (es glimmt dann zwar etwas länger, wärmt aber wesentlich schlechter und riecht strenger)

Wenige „große" Abbrände sind günstiger als Abbrennen mit gelegentlicher Brennstoffzugabe!

4.5 Die Brennholztrocknung und -lagerung

Bei schlecht brennendem Kaminofen: probeweise trockenes Holz aus dem Baumarkt verwenden. Restfeuchte im Holz ist die Fehlerursache Nummer Eins!

Durch das Verbrennen von nicht ausreichend getrocknetem Holz kommt es in der Praxis immer wieder zu Störungen im Kaminofenbetrieb, und auch „alte Hasen" wundern sich, warum in der neuen Heizsaison die Kaminofenscheibe plötzlich stärker verrußt oder der Wärmetauscher und der Schornstein sich frühzeitig mit einer dicken Rußschicht überziehen.

Diese Symptome sind typisch für das **Verheizen von schlecht getrocknetem Holz**. Auch wenn dieses sich äußerlich trocken anfühlt und Trocknungsrisse aufweist, kann die Restfeuchte im Innern noch recht hoch sein.

Neben der **Rußentwicklung** hat die **Restfeuchte im Brennholz** auch einen sehr negativen Einfluss auf dessen Heizwert. Schließlich muss das beinhaltete Wasser mit aufgeheizt und verdampft werden, wofür ein großer Energieanteil bereits verloren geht – ganz abgesehen von der Herabsetzung der Brennraumtemperatur und den damit verbundenen Nachteilen beim chemischen Reaktionsablauf (siehe 2.2.1, Seite 20).

TIPP:
Zur Ermittlung der Holzfeuchte einen Scheit Holz klein hacken, dabei aus der Mitte einen maximal 3 Zentimeter dicken Span herausarbeiten und mit einer digitalen Küchenwaage wiegen. Anschließend einige Stunden bei 80°C Heißluft im Backofen oder im Warmhaltefach des Kaminofens trocknen, solange bis das Gewicht nicht weiter abnimmt. Das feuchte Holz darf maximal 20 Prozent mehr gewogen haben!

Bei **optimaler** Lagerung kann frisch geschlagenes Holz bereits nach einer Sommerperiode verbrannt werden.

Voraussetzungen hierfür sind:

- Holzstapel ist regengeschützt abgedeckt
- Stammholz ist gespalten und ofenfertig gesägt
- Lagerplatz liegt an windexponierter Stelle und ist möglichst der Sonne zugewandt

- ausreichende Abstände zu Boden und eventuell Hauswand sind eingehalten
- Tagesverbrauch ist in beheizten Räumen bevorratet (Brennstoffvorwärmung)

Sind die Lagerbedingungen weniger günstig, so sollte auf jeden Fall 2 bis 3 Jahre gelagert werden. Ziel ist eine „Holzfeuchte" unter 20 Prozent (das entspricht einem Wassergehalt bezogen auf das Gewicht des trockenen Holzes von 20 Prozent).

BITTE BEACHTEN:
Brennholz darf erst nach vollständiger Trocknung in abgeschlossene Lagerräume eingebracht werden! Durch die fehlende Luftzirkulation findet keine weitere Trocknung statt und es besteht die Gefahr der Schimmelbildung.

Bild 97: Brennholzlager: Auf gute Durchlüftung und ausreichenden Regenschutz achten (Landesbetrieb Wald und Holz, NRW)

Es muss auch immer bedacht werden, dass die **Verfeuerung von Abfällen, lackiertem oder beschichtetem Holz, Spanplatten et cetera nicht zulässig** ist: Denn so wird nicht nur die Umwelt geschädigt, auch der Kaminofen – vor allem an der Sichtscheibe und am Wärmetauscher (Korrosion!) – kann Schaden entstehen.

4.6 Die Störung, die Ursache, die Behebung

Der Ursachen-Check hilft beim Auffinden des tatsächlichen Störungsgrundes. Zur dauerhaften Behebung sind teilweise weitergehende Maßnahmen erforderlich.

4.6.1 Die Fehlersuche bei der Verbrennung im Feuerraum

Fehlerbeschreibung	Mögliche Ursache	Ursachen-Check	Lösung
Beim Anzünden des kalten Ofens stauen sich die Rauchgase und gelangen teilweise in den Aufstellungsraum Späterer Abbrand ist in Ordnung	Schornsteinzug bei kaltem Gerät zu gering (je höher die Abgastemperatur, um so größer der Förderdruck)	Anzünden bei warmen Gerät in Ordnung (2. Abbrand), nach Anzünden eines Lockfeuers in der Reinigungstür im Keller brennt der Ofen	Anlaufstrecke (vertikales Ofenrohr) installieren, Schornstein optimieren (Höhe mittels Aufsatz vergrößern, Lichte Weite ändern, Edelstahlrohr einziehen), bei ungünstigen Wetterlagen: Lockfeuer anzünden
Feuer brennt nicht richtig, Scheibe verrußt langsam	zu wenig Holz aufgelegt	Brennstoffmenge probehalber verdoppeln und mehr Späne beim Anzünden auflegen	wenige „große" Abbrände sind günstiger als langsames Abbrennen mit gelegentlicher Brennstoffzugabe
	Holzscheite zu dick oder zu kurz	unterarmdicke 33-Zentimeter-Scheite und mehr Späne beim Anzünden auflegen	Holzscheite kleiner hacken
	Holzfeuchte zu hoch	Probebetrieb mit Kaminholz aus dem Baumarkt	Holz 2 Jahre an luftigem, trockenem Ort lagern
	Schieber und Drosselklappe nicht richtig geöffnet	Schieberstellungen ändern	in Bedienungsanleitung lesen, welcher Schieber wie öffnet Familienmitglieder „schulen" eventuell Schieber beschriften
	Kaminzug zu gering	Ofenrohr beziehungsweise Ofenrohr-Reinigungsklappe abnehmen, Kerzenflamme ins Loch halten: Während der Heizperiode muss Flamme lang gezogen sein oder ausgepustet werden	Schornstein optimieren (Höhe mittels Aufsatz vergrößern, Lichte Weite ändern, Edelstahlrohr einziehen, Rauchrohrventilator einbauen)
	Rußablagerungen im Ofenrohr	Hat sich in den letzten Wochen der Zug immer mehr verschlechtert?	regelmäßig reinigen, möglichst keine waagerechten Rauchrohre verlegen keine stark aschenden Brennstoffe (Sägespäne, Spanplatten) verbrennen Vorsicht bei starken Ablagerungen: Bei Schornsteinbrand vergrößert sich das Rußvolumen um das Dreifache -> völliges Verstopfen des Rohres!

Fehlerbeschreibung	Mögliche Ursache	Ursachen-Check	Lösung
	nicht genügend Verbrennungsluft zugeführt (Zuluftleitung verstopft, Fenster zu dicht, Dunstabzug/Lüftung in Betrieb)	Fenster kippen (gegebenenfalls vorher externe Verbrennungsluftzuführung am Gerät abmontieren)	je nach Ursache: externe Verbrennungsluftzufuhr reinigen Kaminofenschaltung an Dunstabzug/Lüftung installieren Fensterdichtung etwas öffnen
Feuer brennt zwar, Scheibe wird aber immer schwarz	Scheibenspülung nicht wirksam	Feuer beobachten: Etwaige Rußfahnen müssen im Scheibenbereich nach unten „gezogen" werden	Schieberstellungen ändern eventuell Scheibendichtung am oberen Rand etwas nach oben schieben, um zusätzliche Spülluft zu erzeugen
	Temperatur im Brennraum zu gering	Brennstoffmenge probehalber verdoppeln und mehr Späne beim Anzünden auflegen	von Zeit zu Zeit größeres Feuer machen, um Scheibe frei zu brennen
Wärmetauscher verrußt, Scheibe bleibt aber frei	Rücklaufanhebung defekt	Temperatur der Rücklaufleitung prüfen (> 55°C) Zirkulation zunächst im kleinen Kreislauf, erst ab 55°C wird vom Pufferspeicher langsam zugemischt	Rücklaufanhebung gangbar machen oder tauschen
	Pumpenleistung zu groß ständige Zumischung vom Pufferspeicher	Temperatur der Rücklaufleitung prüfen (soll > 55°C)	Pumpe in kleinste Leistungsstufe stellen gegebenenfalls Drosselventil in Pufferkreislauf einbauen
	Rücklauftemperatur vom Pufferspeicher dauerhaft < 10°C, dadurch wird Wärmetauscher nie über 55°C warm (zum Beispiel bei Kombispeicher mit Durchlaufwärmetauscher zur Trinkwassererwärmung)	Rücklauftemperatur vom Pufferspeicher messen	Rücklauf an höherem Puffertemperaturniveau anschließen (höher gelegener Anschluss)

Fehlerbeschreibung	Mögliche Ursache	Ursachen-Check	Lösung
Ofen pfeift	Kaminzug zu hoch	Schornstein- Revisionsklappe im Keller öffnen, um Zug zu verringern	Drosselklappe einbauen eventuell Nebenluftvorrichtung vorsehen
	Verwirbelungen an Sekundär- bzw. Tertiärluftbohrungen im Brennraum durch hohen Kaminzug	Bohrungen verstopfen (zum Beispiel Schrauben einstecken)	Zug verringern Anfasen der Bohrungen oft problemlösend Bei ausreichend guter Verbrennung: Bohrungen dauerhaft verschließen
Feuer brennt zu schnell ab	Kaminzug zu hoch	Schornstein - Revisionsklappe im Keller öffnen, um Zug zu verringern	alle Schieber und eventuell Drosselklappe schließen Schieberstellungen in Anleitung nachlesen Drosselklappe einbauen, eventuell Nebenluftvorrichtung vorsehen
	Türdichtung defekt	bei kaltem Ofen: Blatt Papier zwischen Korpus und Tür klemmen, welches nicht durchrutschen darf	Dichtung erneuern
Feuerraumauskleidung gerissen	Stoß beim Auflegen von Feuerholz	normaler Verschleiß	Risse sind zunächst unbedenklich. Erst wenn Ofenkorpus frei zu liegen droht, muss entsprechende Platte getauscht werden
Feuerraumauskleidung versandet	Reibung durch Holz oder Abgasmassenstrom	normaler Verschleiß	eine anfängliche Versandung ist unbedenklich. Erst wenn Ofenkorpus frei zu liegen droht, muss entsprechende Platte getauscht werden
Verzunderungen am Blechkorpus im Feuerraum	Brennraumtemperatur zu hoch	üblicherweise aufgegebene Brennstoffmenge wiegen und prüfen, ob entsprechend der Bedienungsanleitung zulässig gegebenenfalls Berechnung des Heizwertes und Vergleich mit Nennleistung	bei deutlicher Materialschwächung oder Rissen muss der Ofenkorpus getauscht werden

Fehlerbeschreibung	Mögliche Ursache	Ursachen-Check	Lösung
Ofen „knackt"	Brennraumtemperatur zu hoch	mit kleinerer Brennstoff-menge heizen	Brennstoffmenge gemäß Bedienungsanleitung aufgeben
Ofen „tickt"	Materialausdehnung in Abhängigkeit der Brennraum-temperatur	normales Ausdehnungs-geräusch	Brennraumtemperatur möglichst konstant halten
Ofen „knallt"	Verspannungen in Strahlungsschutzblechen	Auftreten nur beim Aufheizen oder Abkühlen	wenn möglich, Strahlungs-schutzbleche verklemmen oder nachbiegen
Kondenswasserbildung am Korpus bei angeschlossener externer Verbrennungsluft; Rostbildung	Kaminzug saugt Kaltluft von außen an und kühlt Gerät ab; Raumluft kondensiert am Korpus	Temperatur an den betroffenen Stellen bei nichtbeheiztem Gerät prüfen	Schieber und Drosselklappe bei Nichtbetrieb schließen

4.6.2 Die Fehlersuche in der Hydraulik

Fehlerbeschreibung	Mögliche Ursache	Ursachen-Check	Lösung
Wärme gelangt nicht in Speicher, thermische Ablaufsicherung spricht an	Rücklaufanhebung öffnet den Pufferkreislauf nicht	Temperaturen an der Rücklaufanhebung prüfen Zirkulation zunächst im „kleinen Kreislauf", ab 55°C muss auch zum Puffer bzw. zum Wärmeabnehmer gefördert werden	Rücklaufanhebung gangbar machen oder tauschen
	Rücklaufanhebung öffnet den Pufferkreislauf zwar, jedoch sind die Strömungswiderstände im kleinen Kreislauf viel geringer, so dass kein Pufferwasser zugemischt wird	Temperaturen an der Rücklaufanhebung prüfen Zirkulation zunächst im „kleinen Kreislauf", ab 55°C muss auch im großen Kreislauf gefördert werden „kleinen Kreislauf" provisorisch drosseln (zum Beispiel Dichtscheibe mit kleiner Bohrung einsetzen)	Drosselventil vor Rücklaufanhebung einbauen
Mangelnde Leistungsabgabe in Pufferspeicher beziehungsweise Heizkreislauf	Wärmetauscher verrußt	Wärmetauscher reinigen	regelmäßige Reinigung Verrußung durch größeres Feuer mit trockenem klein gespaltenen Holz vorbeugen
	Luft im System	blubbernde Geräusche Rohrabgang an der Rücklaufanhebung zum Puffer wird kaum warm Rohrabgang wärmer, wenn Pumpenleistung erhöht wird	regelmäßig entlüften und Anlagendruck prüfen
	Rücklaufanhebung öffnet nicht vollständig	Rohrabgang an der Rücklaufanhebung zum Puffer wird kaum warm Rohrabgang wird wärmer, wenn Pumpenleistung erhöht wird	Rücklaufanhebung gangbar machen oder tauschen
	Heizkreis zieht mehr Wärme als Ofen zur Verfügung stellt	Heizkreis und Brauchwasserentnahme probeweise abschiebern	gegebenenfalls stärker heizen (maximale Aufgabemenge beachten)

Fehlerbeschreibung	Mögliche Ursache	Ursachen-Check	Lösung
Blubbernde Geräusche aus Wärmetauscher	Luft im Wärmetauscher	entlüften wenn möglich: Ofen etwas kippen	regelmäßig entlüften und Anlagendruck prüfen
	Heizkreis zieht mehr Wärme als Ofen zur Verfügung stellt	Heizkreis und Brauchwasserentnahme probeweise abschiebern	gegebenenfalls stärker heizen (maximale Aufgabemenge beachten)
	örtliches Kochen des Heizwassers	tritt nur bei starker Beheizung beziehungsweise hoher Wassertemperatur auf	Brennstoffmenge verringern eventuell Thermometer zur ständigen Beobachtung der Wärmetauscher beziehungsweise Rücklauftemperatur installieren
	örtliches Kochen des Heizwassers durch zu geringe Pumpenleistung	alle Drosselventile im Heizkreislauf öffnen Pumpe in höchste Leistungsstufe stellen	unter Umständen stärkere Pumpe einbauen Brennstoffmenge verringern
	örtliches Kochen des Heizwassers durch zu häufiges Takten der Pumpe	Pumpe manuell betreiben (Dauerbetrieb)	Regelungsparameter verändern (Temperaturdifferenz) optimale Verbindung zwischen Temperaturfühler und Meßstelle durch Klemmblech in Tauchhülse und Anlegeschuh an Rohr, eventuell Wärmeleitpaste herstellen
Strömungsgeräusche	Pumpe zu stark Strömungsgeschwindigkeit zu hoch	Leistungsstufe der Pumpe verringern*	schwächere Pumpe einbauen unter Umständen Rohrstrecken mit scharfen Umlenkungen oder kleinen Querschnitten erneuern

* Zu Testzwecken einen Glühlampendimmer elektrisch in Reihe zur Pumpe schalten.

Fehlerbeschreibung	Mögliche Ursache	Ursachen-Check	Lösung
Laufgeräusche der Pumpe	Luft im Pumpengehäuse	Entlüftungsschraube an Pumpe entfernen und Pumpe entlüften	regelmäßiges Entlüften der Anlage
	Kavitation durch hohe Heizwassertemperatur	Brennstoffmenge verringern	Brennstoffmenge gemäß Bedienungsanleitung aufgeben. Funktion der Rücklaufanhebung überprüfen.
	Kavitation durch geringen Anlagendruck oder hohe „Saugleistung" der Pumpe	alle Drosselventile im Heizkreislauf öffnen Pumpe in geringe Leistungsstufe stellen Anlagendruck erhöhen	Anlage in den Planungszustand versetzen
Rücklauf von thermischer Ablaufsicherung tropft	nach erstem Ansprechen haben sich Lötrückstände oder Schmutz unter die Dichtung gesetzt	probeweise Zuleitung absperren (eventuell auch den Hauptanschluss sperren), dann sollte das Tropfen aufhören	thermische Ablaufsicherung demontieren und reinigen, ggf. ersetzen Leitungen spülen
	durch häufiges Ansprechen Ventildichtung defekt	Zuleitung absperren (gegebenenfalls auch den Hauptanschluss), dann sollte das Tropfen aufhören	thermische Ablaufsicherung ersetzen, Ursache für häufiges Ansprechen suchen! Pufferspeicherrichtig dimensioniert?
	Leck zum Kessel	Anlagendruck fällt ab	wenn möglich: Kühlschlange ersetzen; überprüfen: Pufferspeicher richtig dimensioniert?
Nach Stillstand im Sommer: keine Wärmeabgabe an Pufferspeicher	Umwälzpumpe hängt durch Stillstand fest	keine Strömungsgeräusche	Entlüftungsschraube an Pumpe entfernen und Pumpenwelle mit Schraubenzieher „andrehen", künftig im Sommer Pumpe regelmäßig kurzzeitig laufen lassen
	Luft in der Anlage	gurgelnde Geräusche	Anlage entlüften

4.6.3 Die Fehlersuche in der elektronischen Regelung

Fehlerbeschreibung	Mögliche Ursache	Ursachen-Check	Lösung
Pumpe springt nicht an und/ oder Messtemperaturen sind zu ungenau	schlechter Temperaturübergang Messstelle - Fühler	Temperaturfühler provisorisch fester andrücken, zum Beispiel mit Klebeband	bei Tauchhülsen Klemmbleche verwenden für Anlegefühler spezielle Anlegeschuhe einsetzen eventuell Wärmeleitpaste benutzen
	Temperaturfühler defekt oder Anschluss vertauscht	Fühler in kochendes Wasser stecken und Temperatur an Regelung ablesen (100°C)	Fühler wechseln

4.6.4 Die Fehlersuche am Pelletofen

Bei Problemen immer erst einen Testbetrieb mit „teuren", qualitativ hochwertigen Pellets fahren.

Während die Störungen in der Hydraulik zumeist entsprechend 4.6.2, Seite 192, untersucht werden können, ist die Fehlersuche bei der Verbrennung natürlich in erster Linie von dem verwendeten Pelletofen abhängig.

Grundsätzlich können folgende Fehler auftreten:

Fehlerbeschreibung	Mögliche Ursache	Ursachencheck	Lösung
Scheibe verrußt	Luftmangel durch Verschmutzungen		Brennschale, Wärmetauscher und Abluftkanäle reinigen, Zuluftkanäle reinigen
	Luftmangel durch manuell verstellte Lüfterdrehzahl	probeweise höhere Drehzahl einstellen (falls möglich)	Grundeinstellung herstellen
	Luftmangel durch dichte Gebäudehülle	Fenster bei Betrieb kippen	für entsprechende Belüftung des Raumes sorgen
	Verbrennungstemperatur durch schlechte Pelletqualität oder feuchte Pellets zu gering	probeweise Pellets bekannter Qualität einsetzen Fachhandel	nur hochwertige Pellets verwenden und trocken lagern
	Verbrennungstemperatur durch verschmutzten Brennraum zu gering	Brennraum reinigen, Schlacke entfernen	nur hochwertige Pellets verwenden, Brennraum regelmäßig reinigen
Keine Pelletförderung	Förderschnecke verstopft	Förderschnecke auf Leichtgängigkeit prüfen	Förderschnecke demontieren und reinigen
Mangelnde Leistung	zu geringe Pelletzufuhr durch Fehler an der Förderschnecke	Förderschnecke auf Leichtgängigkeit prüfen	Förderschnecke demontieren und reinigen
	mangelnde Leistung des Saugzuggebläses		Kanäle reinigen
Gerät zündet nicht	Glühzünder defekt	Glühzünder demontieren und Durchgang elektrisch prüfen	Glühzünder tauschen (Verschleißteil)

4.7 Die Wartung der Anlage

Anlagen mit wasserführendem Kaminofen werden im Sommer meist nicht betrieben: Armaturen oder Pumpen können festhängen. Oft schleicht sich auch Luft ins System ein. Die folgenden Ratschläge helfen, unangenehme Überraschungen zu vermeiden.

4.7.1 Die Wartung vor Beginn der Heizsaison

Dies sollte rechtzeitig vor Beginn der Heizsaison getan werden:

Vor Beginn der Heizsaison: Pumpenfunktion prüfen und Wärmetauscher entlüften!

- Rauchrohr zwischen Ofen und Schornstein kehren
- Wärmetauscher mit geeigneter Drahtbürste reinigen
- beschädigte Vermiculiteplatten beziehungsweise Schamottesteine ersetzen
- Gasdruck des Membranausdehnungsgefäßes (MAG) prüfen und gegebenenfalls auffüllen (dazu MAG von Anlage trennen)
- Anlage entlüften und eventuell durch Auffüllen den Anlagendruck wieder einstellen
- Funktion der Umwälzpumpe prüfen (die Pumpe kann festhängen, wenn sie längere Zeit nicht in Betrieb war): Pumpe manuell einschalten und anhand der Rohrtemperatur prüfen, ob Anlagenwasser umgepumpt wird
- externe Verbrennungsluftzufuhr danach prüfen, ob eventuelles Lüftungsgitter frei und sauber ist
- Türdichtungen auf Verschleiß kontrollieren

Bild 98: Kehren des Rauchrohrs

4.7.2 Die regelmäßigen Wartungsarbeiten

Regelmäßiges Entlüften und Reinigen des Wärmetauschers erhöhen Leistungsfähigkeit und Lebensdauer des Geräts!

- in den ersten Wochen nach Inbetriebnahme regelmäßig entlüften
- Wärmetauscher regelmäßig auf Rußansatz überprüfen und gegebenenfalls reinigen

4.7.3 Die Wartung des Pelletofens

Dies sollte regelmäßig den Herstellerangaben entsprechend durchgeführt werden:

- Feuerraum und Aschelade reinigen
- Brennschale von Schlacke reinigen
- Wärmetauscher reinigen
- Türdichtungen auf Verschleiß kontrollieren
- eventuell jährliche Wartung durch Vertragswerkstatt

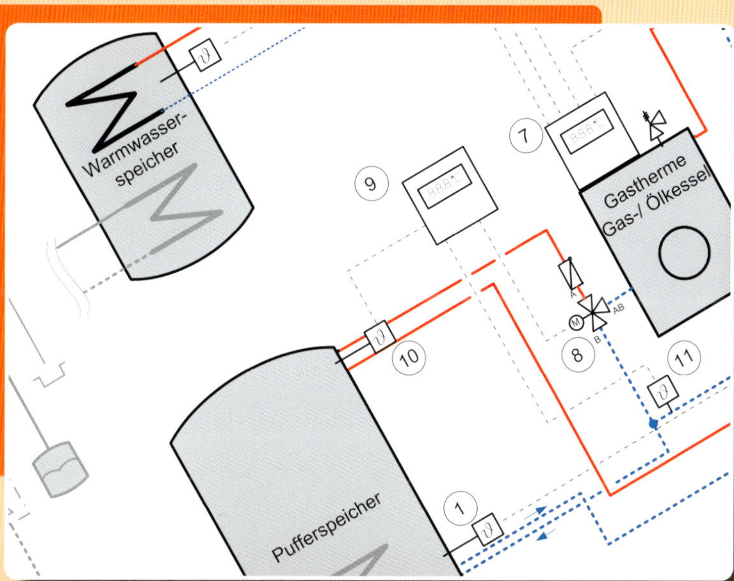

5.

Die Schaltungsbeispiele für die Anlagenplanung

1. Monovalente Anlage mit wasserführendem Kamin-/Pelletofen plus Solarunterstützung und Kombispeicher

Einsatzgebiet

Die Anlage eignet sich besonders für Gebäude mit **geringem Wärmebedarf**. Die **Trinkwassererwärmung** und Heizungsunterstützung in der Übergangszeit erfolgt durch eine Solaranlage.
Die **Warmwasserverfügbarkeit** sowie die Wärmebereitstellung bei Abwesenheit (Urlaub) wird durch einen elektrischen Heizstab sicher gestellt. Der Kombispeicher kann als **Tank-in-Tank- [B] oder als Durchlaufvariante [A]** bei prinzipiell gleichem Anschluss des Wärmeerzeugerstranges ausgeführt werden.
Aufgrund der teilweise hohen Systemtemperaturen sollten für die Heizkreise **Mischer** vorgesehen werden.
Bei Verwendung eines Schichtenspeichers ist der Heizkreisrücklauf einzuschichten.

Funktionsbeschreibung

Rücklaufanhebung/Pufferladestation (2)

Der wasserführende Kamin-/Pelletofen benötigt eine **Mindestrücklauftemperatur von 55°C**.
Bei eingeschalteter Kesselkreispumpe öffnet das Mischventil mit steigender Temperatur stetig den Weg vom Heizungsrücklauf zum Kamin-/Pelletofen und verringert dadurch die Bypassmenge.

Heizbetrieb und Anschluss des Pufferspeichers

Das im Kamin-/Pelletofen erwärmte Wasser wird direkt im **Kombispeicher** eingeschichtet und steht den Heizkreisen hydraulisch entkoppelt zur Verfügung.
Der Anschluss der Heizkreise an den Pufferspeicher sollte so gewählt werden, dass die gewünschte Menge an Trinkwasser nicht durch den Heizkreisbetrieb ausgekühlt werden kann.
Um unnötige Wärmeverluste durch die Menge der angeschlossenen Rohrleitungen zu vermeiden und um die erzeugte Wärme bei kaltem Pufferspeicher direkt den Heizkreisen zur Verfügung zu stellen, kann der Vorlauf zum Heizkreisverteiler außerhalb des Wärmedämmmantels direkt an den Vorlauf vom Kamin-/Pelletofen angeschlossen werden.
Der obere Speicherbereich wird dann durch interne Umschichtungen des Speicherwassers erwärmt. (vgl. Schema 6 Seite 212,Parallelschaltung mit bestehender Anlage).
Die **Rücklaufleitung zum Kamin-/Pelletofen** wurde im Beispiel [A] in der tiefstmöglichen Position vorgenommen, um eine vollständige Beladung während der Heizperiode zu ermöglichen.
Bei Anlagen mit starker Sonneneinstrahlung während der Heizperiode (zum Beispiel im Alpenraum) kann der Anschluss der Rücklaufleitungen auf höherem Niveau, oberhalb des solaren Wärmetauschers, erfolgen, um die solare Deckung zu erhöhen.
Beim Einsatz eines **Pelletofens** sollte ebenfalls oberhalb des solaren Wärmetauschers angeschlossen werden (geringerer Pufferspeicherbedarf bei Pelletheizung).
Besitzt der Speicher ein Schichtenladesystem, wie in [A] dargestellt, so sollte der Rücklauf von den Heizkreisen mit Hilfe des Ladesystems eingeschichtet werden, während der Kamin-/Pelletofen aus einer tieferen oder alternativen Position entnimmt.

Regelung

Kamin-/Pelletofen

Es ist eine **Temperaturdifferenzregelung** (4) erforderlich. Der ofenseitige Fühler (3) befindet sich in einer Tauchhülse in der oberen Hälfte des Wärmetauschers. Der pufferseitige Fühler (1) wird 2 bis 3 Zentimeter oberhalb der Rücklaufleitung im oder am Pufferspeicher (innerhalb Wärmedämmungsmantels) angebracht.

Heizkreise

Zur Regelung der Heizkreise (5) und (6) ist ein **Heizkreisregler** (7) erforderlich, der die Vorlauftemperatur abhängig von den aktuellen Bedürfnissen regelt. Idealerweise sollten **Regelungen mit Außentemperatursensor** zum Einsatz kommen.

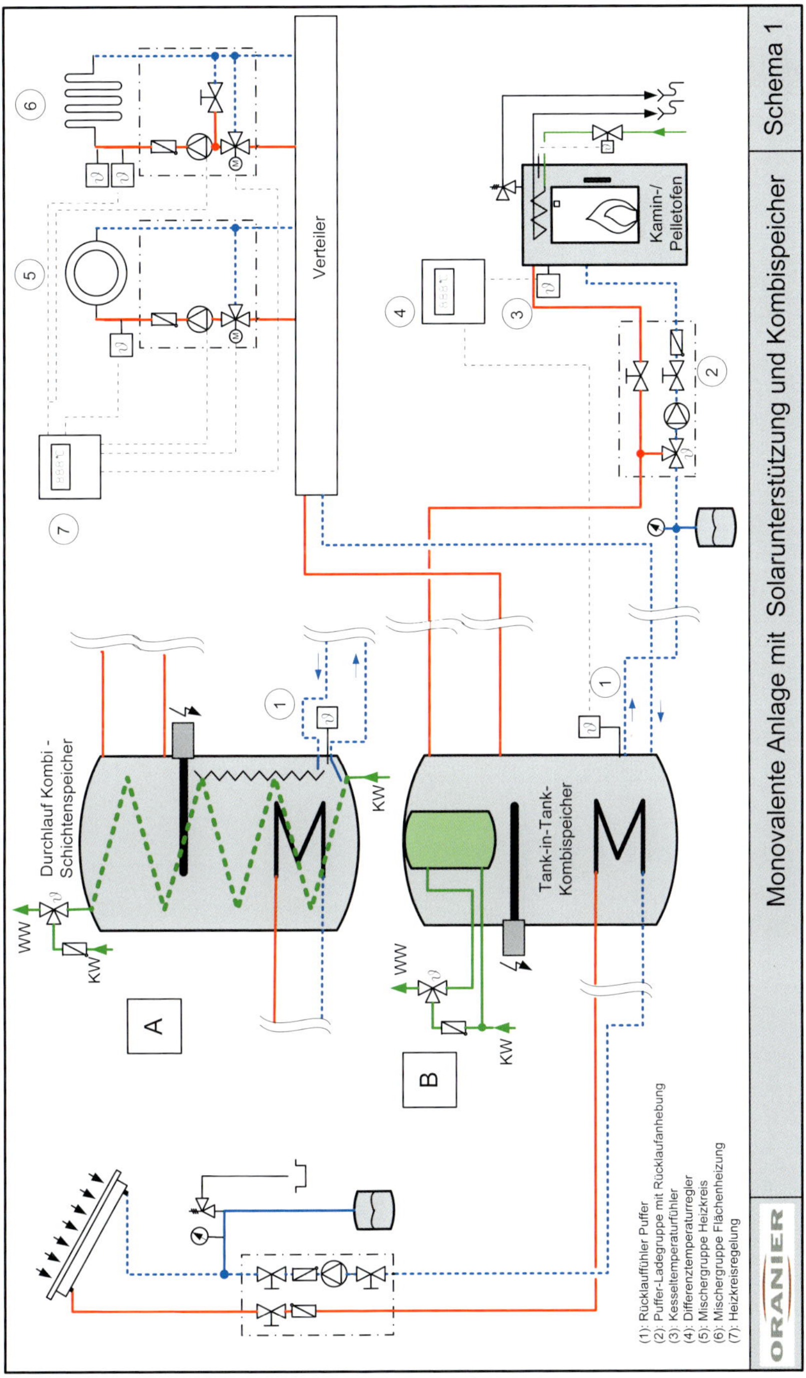

Die monovalente Anlage mit wasserführendem Kamin-/Pelletofen plus Solarunterstützung und Kombispeicher

2. Monovalente Anlage mit wasserführendem Kamin-/Pelletofen und separatem Warmwasserspeicher

Einsatzgebiet

Die Anlage eignet sich besonders für Gebäude mit **geringem Wärmebedarf**, bei denen nur eingeschränkte Möglichkeiten der Nutzung von Solarwärme bestehen oder für Nebengebäude beziehungsweise separate Wohneinheiten, welche autark durch einen Kamin-/Pelletofen beheizt werden sollen.
Die **Trinkwassererwärmung** erfolgt über einen separaten Warmwasserspeicher oder optional über eine Frischwasserstation (nicht dargestellt).
Die **Warmwasserverfügbarkeit** sowie die Wärmebereitstellung bei Abwesenheit (Urlaub) wird durch einen elektrischen Heizstab sicher gestellt. Aufgrund der teilweise hohen Systemtemperaturen sollten für die Heizkreise **Mischer** vorgesehen werden.

Funktionsbeschreibung

Rücklaufanhebung/Pufferladestation (2)

Der wasserführende Kamin-/Pelletofen benötigt eine **Mindestrücklauftemperatur von 55°C**.
Bei eingeschalteter Kesselkreispumpe öffnet das Mischventil mit steigender Temperatur stetig den Weg vom Heizungsrücklauf zum Kamin-/Pelletofen und verringert dadurch die Bypassmenge.

Heizbetrieb und Anschluss des Pufferspeichers

Das im Kamin-/Pelletofen erwärmte Wasser wird direkt im **Pufferspeicher** eingeschichtet und steht den Heizkreisen sowie zur Warmwasserbereitung hydraulisch entkoppelt zur Verfügung.
Der Anschluss der Heizkreise an den Pufferspeicher sollte möglichst weit oben beziehungsweise möglichst weit unten gewählt werden, um das maximale Speichervolumen zu nutzen. Um Auskühlverluste zu verringern und um die erzeugte Wärme bei kaltem Pufferspeicher direkt den Heizkreisen zur Verfügung zu stellen, können Vor- und Rücklaufleitungen auch jeweils mit einer **gemeinsamen Anschlussleitung** in den Pufferspeicher geführt werden (nicht dargestellt).
Besitzt der Speicher ein Schichtenladesystem, so sollte der Rücklauf von den Heizkreisen mit Hilfe des Ladesystems eingeschichtet werden, während der Kamin-/Pelletofen aus einer tieferen oder alternativen Position entnimmt.
Erfolgt eine zusätzliche Beladung des Pufferspeichers mittels einer **Solaranlage** (nicht dargestellt), so kann bei Anlagen mit starker Sonneneinstrahlung während der Heizperiode (zum Beispiel im Alpenraum) der Anschluss der Rücklaufleitungen auf höherem Niveau, oberhalb des solaren Wärmetauschers, erfolgen, um die solare Deckung zu erhöhen.
Beim Einsatz eines **Pelletofens** sollte dann ebenfalls oberhalb des solaren Wärmetauschers angeschlossen werden (geringerer Pufferspeicherbedarf bei Pelletheizung).
Bei Anlagen mit kleiner Solarkollektorfläche empfiehlt sich die Verwendung eines **bivalenten Warmwasserspeichers**.

Regelung

Kamin-/Pelletofen

Es ist eine **Temperaturdifferenzregelung** (4) erforderlich. Der ofenseitige Fühler (3) befindet sich in einer Tauchhülse in der oberen Hälfte des Wärmetauschers. Der pufferseitige Fühler (1) wird 2 bis 3 Zentimeter oberhalb der Rücklaufleitung im oder am Pufferspeicher (innerhalb des Wärmedämmungsmantels) angebracht.

Heizkreise

Zur Regelung der Heizkreise (5) und (6) sowie zur Beladung des Trinkwasserspeichers ist ein **Heizkreisregler** (9) erforderlich, der die Vorlauftemperatur abhängig von den aktuellen Bedürfnissen regelt. Idealerweise sollten **Regelungen mit Außentemperatursensor** zum Einsatz kommen.

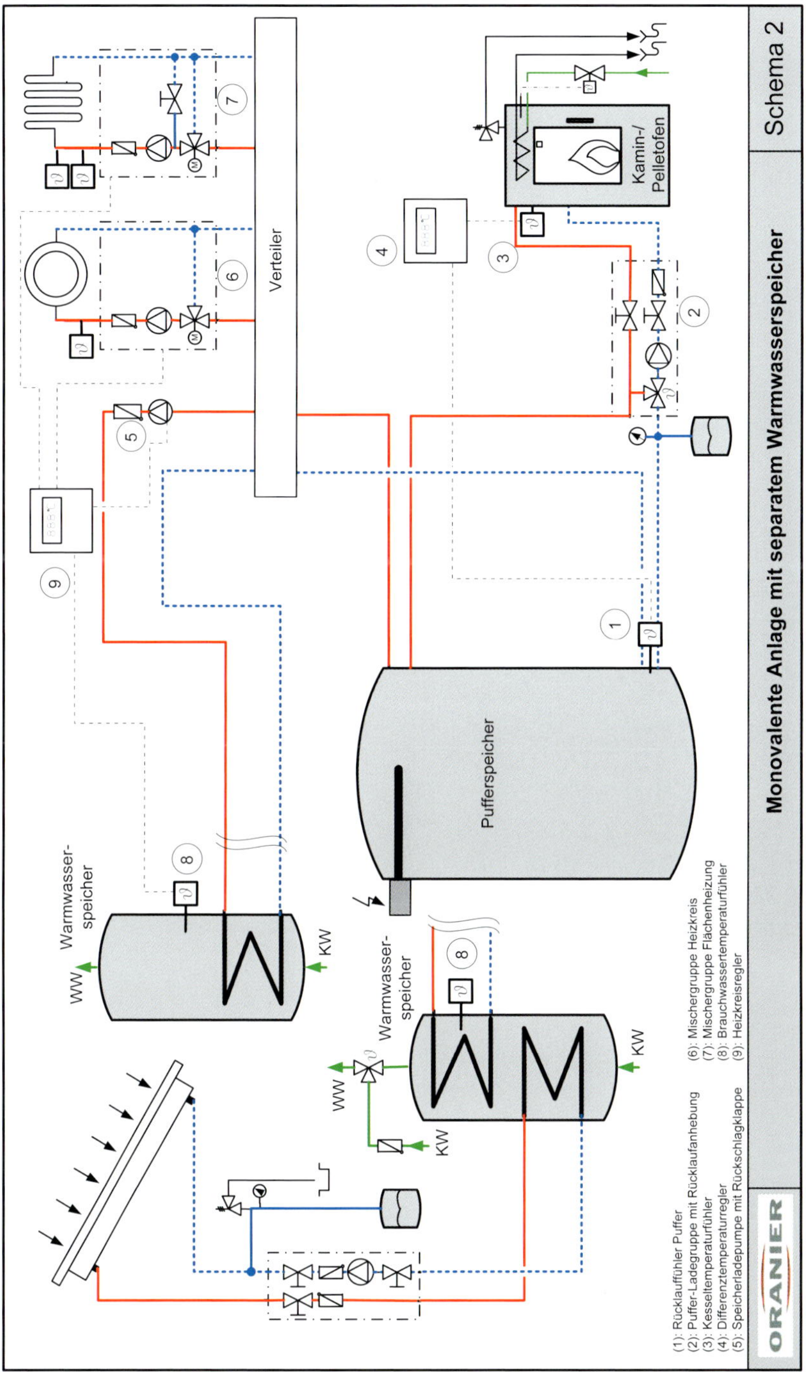

Die monovalente Anlage mit wasserführendem Kamin-/Pelletofen und separatem Warmwasserspeicher

3. Konventionelle Anlage mit wasserführendem Kamin-/Pelletofen als Rücklaufanhebung (Reihenschaltung) und Kombispeicher

Einsatzgebiet

Diese Kombination dient zur Erweiterung einer **bestehenden konventionellen Anlage** durch einen wasserführenden Kamin-/Pelletofen und eine **Solaranlage zur Heizungsunterstützung**, insbesondere wenn der **Kamin-/Pelletofen den Wärmebedarf nur teilweise abdeckt** (Nutzungsgradnachteile durch Reihenschaltung des konventionellen Kessels), und wenn die **vorhandene Kesselsteuerung** die Gesamtanlage weiterhin regeln soll.

Der Kombispeicher kann als **Tank-in-Tank- [B] oder als Durchlaufvariante [A]** bei prinzipiell gleichem Anschluss des Wärmeerzeugerstranges ausgeführt werden. Der Rücklauf von den Heizkreisen sollte bei Verwendung eines Schichtenspeichers, wie in [A] dargestellt, eingeschichtet werden. Aufgrund der teilweise hohen Systemtemperaturen sollten für die Heizkreise **Mischer** vorgesehen werden.

Funktionsbeschreibung

Rücklaufanhebung/Pufferladestation (2)

Der wasserführende Kamin-/Pelletofen benötigt eine **Mindestrücklauftemperatur von 55°C**.

Bei eingeschalteter Kesselkreispumpe öffnet das Mischventil mit steigender Temperatur stetig den Weg vom Heizungsrücklauf zum Kamin-/Pelletofen und verringert dadurch die Bypassmenge.

Heizbetrieb und Anschluss des Pufferspeichers

Sowohl die Einschichtung des im Kamin-/Pelletofen erwärmten Heizwassers als auch die Beheizung des Warmwasserteils durch die konventionelle Heizung erfolgt am **obersten Anschluss des Kombispeichers**. Der Rücklauf zum Gas-/Ölkessel erfolgt dabei im oberen Drittel des Pufferspeichers, je nach erforderlicher Warmwassermenge.

Um unnötige Wärmeverluste durch die Menge der angeschlossenen Rohrleitungen zu vermeiden, kann der Vorlauf vom Heizkreisverteiler alternativ auch außerhalb des Wärmedämmmantels direkt mit dem Vorlauf vom Kamin-/Pelletofen zusammengeführt werden.

Ist die **Temperatur des Rücklaufs von den Heizkreisen** (Fühler (11)) kleiner als die Temperatur unterhalb des Warmwasservorrats (Fühler (10)), so schaltet das **Drei-Wege-Umschaltventil** (8) von AB-A auf AB-B. Das Rücklaufwasser wird unten im Pufferspeicher eingeschichtet, während vorgewärmtes Wasser zum Gas-/Ölkessel gelangt und im Bedarfsfall nachgeheizt wird. Das Drei-Wege-Umschaltventil (8) steht stromlos in Stellung AB-A.

Der **Rücklauf zum Kamin-/Pelletofen** wurde im Beispiel sehr weit unten am Pufferspeicher vorgenommen, um eine vollständige Beladung während der Heizperiode zu ermöglichen.

Bei Anlagen mit starker Sonneneinstrahlung während der Heizperiode (zum Beispiel im Alpenraum) kann der Anschluss der Rücklaufleitungen auf höherem Niveau, oberhalb des solaren Wärmetauschers, erfolgen, um die solare Deckung zu erhöhen.

Beim Einsatz eines **Pelletofens** sollte ebenfalls oberhalb des solaren Wärmetauschers angeschlossen werden (geringerer Pufferspeicherbedarf bei Pelletheizung).

Besitzt der Speicher ein **Schichtenladesystem**, wie in [A] dargestellt, so sollte der Rücklauf von den Heizkreisen mit Hilfe des Ladesystems eingeschichtet werden, während der Kamin-/Pelletofen aus einer tieferen beziehungsweise alternativen Position entnimmt.

Ist als konventionelles Heizgerät ein **Brennwertgerät mit innenliegendem Drei-Wege-Ventil** für die Brauchwasserumschaltung vorgesehen, entfällt die Brauchwasserladepumpe, der konventionelle Kessel zieht sein Rücklaufwasser entweder aus der Leitung (X) im Heizbetrieb oder (Y) zur Brauchwasserladung. Ist bei Gas-Wand-Geräten der Volumenstrom der Heizkreise abzüglich der Bypassmenge größer als die maximale Pumpenleistung des Wandgerätes, so ist ggf. eine hydraulische Weiche einzusetzen.

Regelung

Kamin-/Pelletofen

Es ist eine **Temperaturdifferenzregelung** (4) erforderlich. Der ofenseitige Fühler (3) befindet sich in einer Tauchhülse in der oberen Hälfte des Wärmetauschers. Der pufferseitige Fühler (1) wird 2 bis 3 Zentimeter oberhalb der Rücklaufleitung im oder am Pufferspeicher (innerhalb des Wärmedämmungsmantels) angebracht.

Ansteuerung des Drei-Wege-Umschaltventils zur Rücklaufanhebung

Es ist eine Temperaturdifferenzregelung (9) erforderlich. Der heizkreisseitige Fühler (11) wird als **Anlegefühler** etwa 20 bis 50 Zentimeter vor dem Ventil innerhalb des Wärmedämmungsmantels angebracht. Der **Vorlauftemperaturfühler** (10) befindet sich am Pufferspeicher, 2 bis 3 Zentimeter unterhalb der Vorlaufleitung zum Gas-/Ölkessel.

Heizkreise

Die Regelung der Heizkreise (5) und (6) sowie die Steuerung der Beladung des Trinkwasseranteils erfolgt durch die **Regelung der konventionellen Anlage**.

In Ausnahmefällen kann es zu Fehlermeldungen kommen, wenn einströmendes Rücklaufwasser wärmer als das Vorlaufwasser ist.

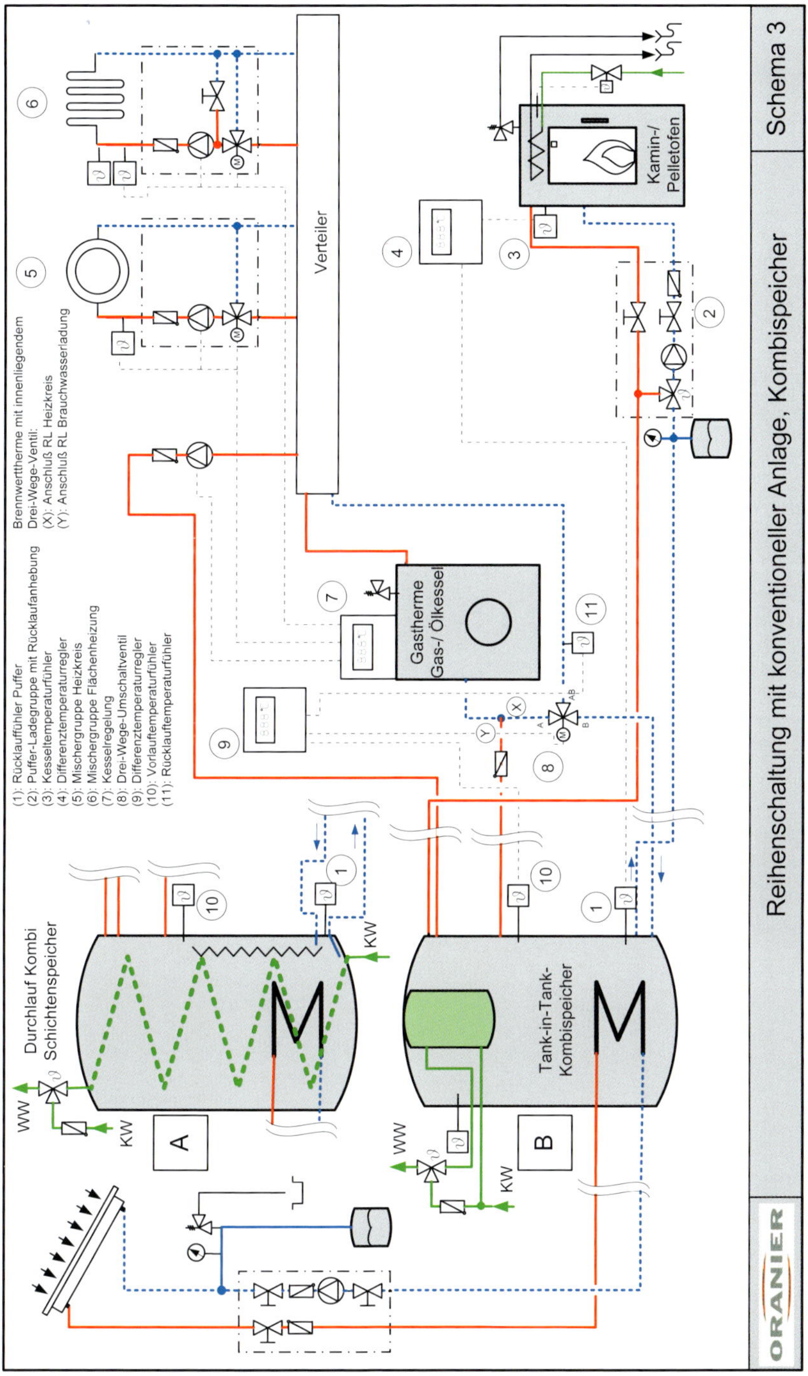

Die konventionelle Anlage mit wasserführendem Kamin-/Pelletofen als Rücklaufanhebung (Reihenschaltung) und Kombispeicher

4. Konventionelle Anlage mit wasserführendem Kamin-/Pelletofen als Rücklaufanhebung (Reihenschaltung) und separatem Trinkwasserspeicher

Einsatzgebiet

Diese Kombination dient der Erweiterung einer **bestehenden konventionellen Anlage** durch einen wasserführenden Kamin-/Pelletofen, wenn der **Kamin-/Pelletofen den Wärmebedarf nur teilweise abdeckt** (Nutzungsgradnachteile durch Reihenschaltung des konventionellen Kessels), insbesondere wenn **keine oder nur eine kleine Solaranlage** zur Brauchwasserbereitung geplant ist oder wenn ein **vorhandener Warmwasserspeicher** weiter genutzt werden soll
Die **elektronische Regelung** der Heizkreise erfolgt über die bestehende Anlage.
Aufgrund der teilweise hohen Systemtemperaturen sollten für die Heizkreise Mischer vorgesehen werden.

Funktionsbeschreibung

Rücklaufanhebung/Pufferladestation (2)

Der wasserführende Kamin-/Pelletofen benötigt eine **Mindestrücklauftemperatur von 55°C**.
Bei eingeschalteter Kesselkreispumpe öffnet das Mischventil mit steigender Temperatur stetig den Weg vom Heizungsrücklauf zum Kamin-/Pelletofen und verringert dadurch die Bypassmenge.

Heizbetrieb und Anschluss des Pufferspeichers

Das im Kamin-/Pelletofen erwärmte Wasser wird direkt im Pufferspeicher eingeschichtet und steht der konventionellen Anlage hydraulisch entkoppelt als Rücklaufanhebung zur Verfügung.
Ist die **Temperatur des Rücklaufs von den Heizkreisen** (Fühler (11)) kleiner als die Temperatur im oberen Speicherbereich (Fühler (10)), so schaltet das **Drei-Wege-Umschaltventil** (8) von B-AB auf A-AB. Warmes Pufferwasser gelangt in den Gas-/Ölkessel und wird im Bedarfsfall nachgeheizt. Das Drei-Wege-Umschaltventil (8) steht stromlos in Stellung AB-B.
Der **Anschluss des Heizkreises an den Pufferspeicher** sollte möglichst weit oben beziehungsweise möglichst weit unten gewählt werden, um das maximale Speichervolumen zu nutzen, wobei der Vorlauf zum konventionellen Kessel die höchste und der Rücklauf von den Heizkreisen die niedrigste Position einnimmt.
Vor- und Rücklaufleitungen können alternativ jeweils auch außerhalb des Wärmedämmmantels zusammengeführt und gemeinsam an den Pufferspeicher angeschlossen werden, um die erzeugte Wärme bei kaltem Pufferspeicher direkt zur Verfügung zu stellen.
Bei Verwendung eines **Schichtenspeichers** wird der Rücklauf von den Heizkreisen eingeschichtet, während der Rücklauf zum Kamin-/Pelletofen weiter unten oder in alternativer Position entnimmt (nicht dargestellt).
Erfolgt eine zusätzliche Beladung des Pufferspeichers mittels einer **Solaranlage**, so kann bei Anlagen mit starker Sonneneinstrahlung während der Heizperiode (zum Beispiel im Alpenraum) der Anschluss der Rücklaufleitung zum Kamin-/Pelletofen auf höherem Niveau, oberhalb des solaren Wärmetauschers, erfolgen, um die solare Deckung zu erhöhen.
Beim Einsatz eines **Pelletofens** sollte ebenfalls oberhalb des solaren Wärmetauschers angeschlossen werden (geringerer Pufferspeicherbedarf bei Pelletheizung).
Bei Anlagen mit kleiner Solarkollektorfläche empfiehlt sich die Verwendung eines **bivalenten Warmwasserspeichers**.

Regelung

Kamin-/Pelletofen

Es ist eine **Temperaturdifferenzregelung** (4) erforderlich. Der ofenseitige Fühler (3) befindet sich in einer Tauchhülse in der oberen Hälfte des Wärmetauschers. Der pufferseitige Fühler (1) wird 2 bis 3 Zentimeter oberhalb der Rücklaufleitung im oder am Pufferspeicher (innerhalb des Wärmedämmungsmantels) angebracht.

Ansteuerung des Drei-Wege-Umschaltventils zur Rücklaufanhebung

Es ist eine Temperaturdifferenzregelung (9) erforderlich. Der heizkreisseitige Fühler (11) wird als **Anlegefühler** etwa 20 bis 50 Zentimeter vor dem Ventil innerhalb des Wärmedämmungsmantels an die Rücklaufleitung angebracht. Der **Vorlauftemperaturfühler** (10) befindet sich am Pufferspeicher, 2 bis 3 Zentimeter unterhalb der Rücklaufleitung zum Gas-/Ölkessel.

Heizkreise

Die Regelung der Heizkreise (5) und (6) sowie die Steuerung der Beladung des Trinkwasseranteils erfolgt durch die **Regelung der konventionellen Anlage**.
In Ausnahmefällen kann es zu Fehlermeldungen kommen, wenn einströmendes Rücklaufwasser wärmer als das Vorlaufwasser ist.

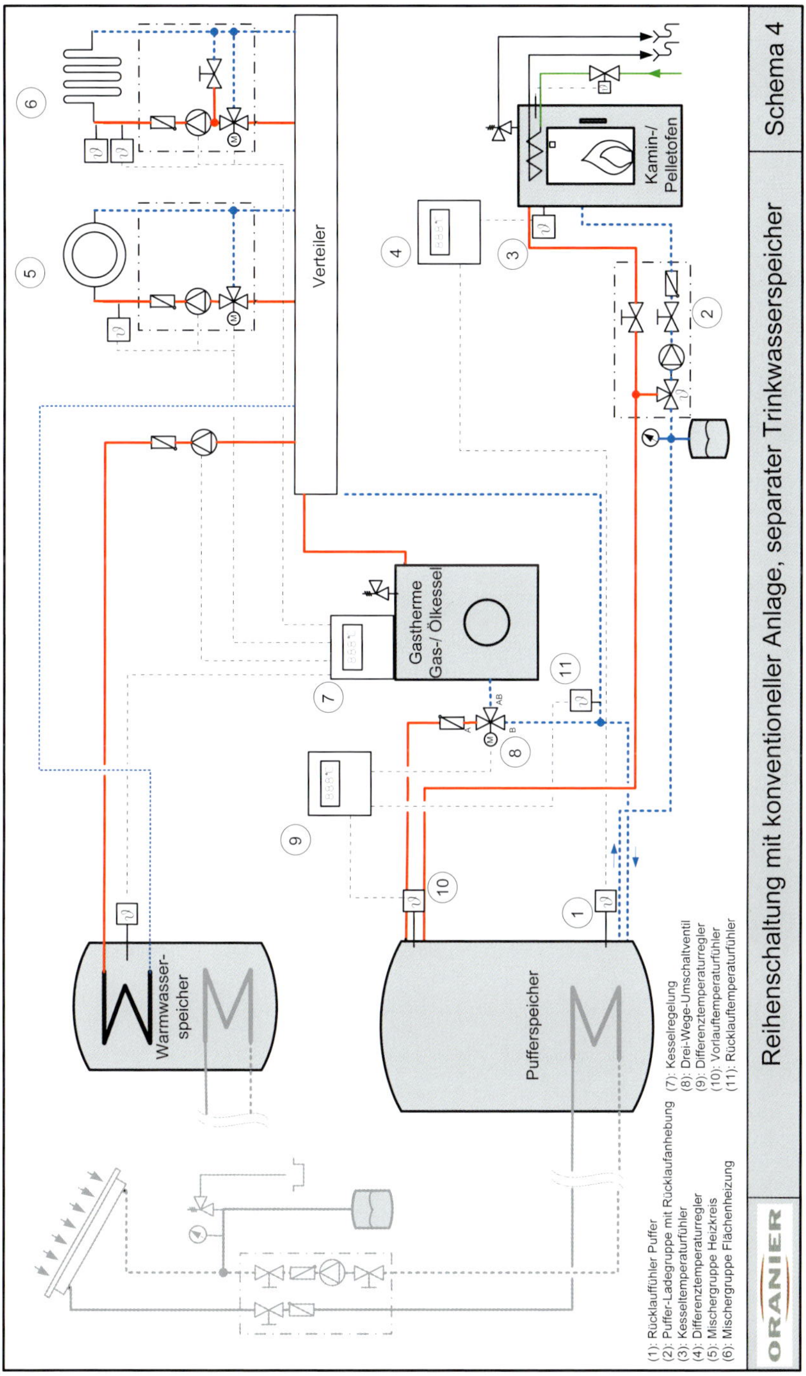

Die konventionelle Anlage mit wasserführendem Kamin-/Pelletofen als Rücklaufanhebung (Reihenschaltung) und separatem Trinkwasserspeicher

5. Konventionelle Anlage mit wasserführendem Kamin-/Pelletofen als Rücklaufanhebung (Reihenschaltung) und drucklosem Kunststoffspeicher

Einsatzgebiet

Diese Kombination dient zur Erweiterung einer **bestehenden konventionellen Anlage** durch einen wasserführenden Kamin-/Pelletofen und einer **Solaranlage zur Heizungsunterstützung**.
Werden die durch die Reihenschaltung des konventionellen Kessels entstehenden Nutzungsgradnachteile – insbesondere bei Brennwertgeräten - akzeptiert, so kann dieses Schema auch gut für Neuplanungen Verwendung finden.
Die **elektronische Regelung der Heizkreise erfolgt über die bestehende Anlage**. Als Speicher kommt ein **druckloser Kunststoffspeicher** zum Einsatz.
Aufgrund der teilweise hohen Systemtemperaturen sollten für die Heizkreise **Mischer** vorgesehen werden.
Das **Membranausdehnungsgefäß** braucht nicht die Volumenänderungen des Pufferwassers auszugleichen und kann deshalb wesentlich kleiner dimensioniert werden.

Funktionsbeschreibung

Rücklaufanhebung/Pufferladestation (2)

Der wasserführende Kamin-/Pelletofen benötigt eine **Mindestrücklauftemperatur von 55°C**. Bei eingeschalteter Kesselkreispumpe öffnet das Mischventil mit steigender Temperatur stetig den Weg vom Heizungsrücklauf zum Kamin-/Pelletofen und verringert dadurch die Bypassmenge.

Heizbetrieb und Anschluss des Pufferspeichers

Das im Pufferspeicher befindliche Wasservolumen dient nur zur Speicherung der Wärme. Es wird einmalig befüllt und wird nicht durch die Wärmeerzeuger beziehungsweise Wärmeverbraucher ausgetauscht. Die Ein- und Aufbringung der erzeugten Wärme erfolgt über Wärmetauscher.
Im dargestellten Beispiel findet die Beheizung durch einen Kamin-/Pelletofen und durch einen konventionellen Kessel (Brauchwassererwärmung!) über einen gemeinsamen Wärmetauscher in den oberen zwei Dritteln des Speichers statt. Ein zusätzlicher Wärmetauscher für Solareintrag befindet sich im unteren Speicherbereich. Warmes Brauchwasser wird über einen weiteren Wärmetauscher im Durchlaufprinzip erzeugt.
Wird keine Solaranlage angeschlossen, so kann der untere Wärmetauscher ebenfalls durch den Kamin-/Pelletofen beheizt werden, um das gesamte Speichervolumen zu nutzen. Hierzu ist gegebenenfalls ein weiteres Drei-Wege-Umschaltventil zwischenzuschalten, um eine Beheizung des unteren Bereichs durch den konventionellen Kessel auszuschließen.
Die Einspeisung aller Rohrleitungen erfolgt üblicherweise von oben in den Puffer. Zur erleichterten Darstellung wurde im Schema davon abgewichen.
Ist die **Temperatur des Rücklaufs von den Heizkreisen** (Fühler (11)) kleiner als die Temperatur unterhalb des benötigten Warmwasservorrats (Fühler (10)), so schaltet das **Drei-Wege-Umschaltentil** (8) von AB-A auf AB-B. Das Rücklaufwasser wird in den Wärmetauscher geleitet, an dessen anderem Ende vom Puffervolumen vorgewärmtes Wasser zum Gas-/Ölkessel gelangt und im Bedarfsfall nachgeheizt wird. Das Drei-Wege-Umschaltventil (8) steht stromlos in Stellung AB-A.
Ist als konventionelles Heizgerät ein Brennwertgerät mit innen liegendem Drei-Wege-Umschaltventil für die Brauchwasserumschaltung vorgesehen, entfällt die Brauchwasserladepumpe: Der konventionelle Kessel zieht sein Rücklaufwasser entweder aus der Leitung (X) im Heizbetrieb oder (Y) zur Brauchwasserladung. Ist bei Gas-Wand-Geräten der Volumenstrom der Heizkreise abzüglich der Bypassmenge größer als die maximale Pumpenleistung des Wandgerätes, so ist ggf. eine hydraulische Weiche einzusetzen.

Regelung

Kamin-/Pelletofen

Es ist eine **Temperaturdifferenzregelung** (4) erforderlich. Der ofenseitige Fühler (3) befindet sich in einer Tauchhülse in der oberen Hälfte des Wärmetauschers. Der pufferseitige Fühler (1) wird 2 bis 3 Zentimeter oberhalb des unteren Wärmetauscherendes im Pufferspeicher (innerhalb des Wärmedämmungsmantels) positioniert (Tauchhülse).

Ansteuerung des Drei-Wege-Umschaltventils zur Rücklaufanhebung

Es ist eine Temperaturdifferenzregelung (9) erforderlich. Der heizkreisseitige Fühler (11) wird als **Anlegefühler** etwa 20 bis 50 Zentimeter vor dem Ventil (8) innerhalb des Wärmedämmungsmantels angebracht.
Der **Vorlauftemperaturfühler** (10) befindet sich im Pufferspeicher in einer Position, in der das Volumen zur Erzeugung des gewünschten Brauchwasservorrat (oberer Behälterbereich) nicht „verbraucht" wird.

Heizkreise

Die Regelung der Heizkreise (5) und (6) sowie die Steuerung der Beladung des Trinkwasseranteils erfolgt durch die **Regelung der konventionellen Anlage**.
In Ausnahmefällen kann es zu Fehlermeldungen kommen, wenn einströmendes Rücklaufwasser wärmer als das Vorlaufwasser ist.

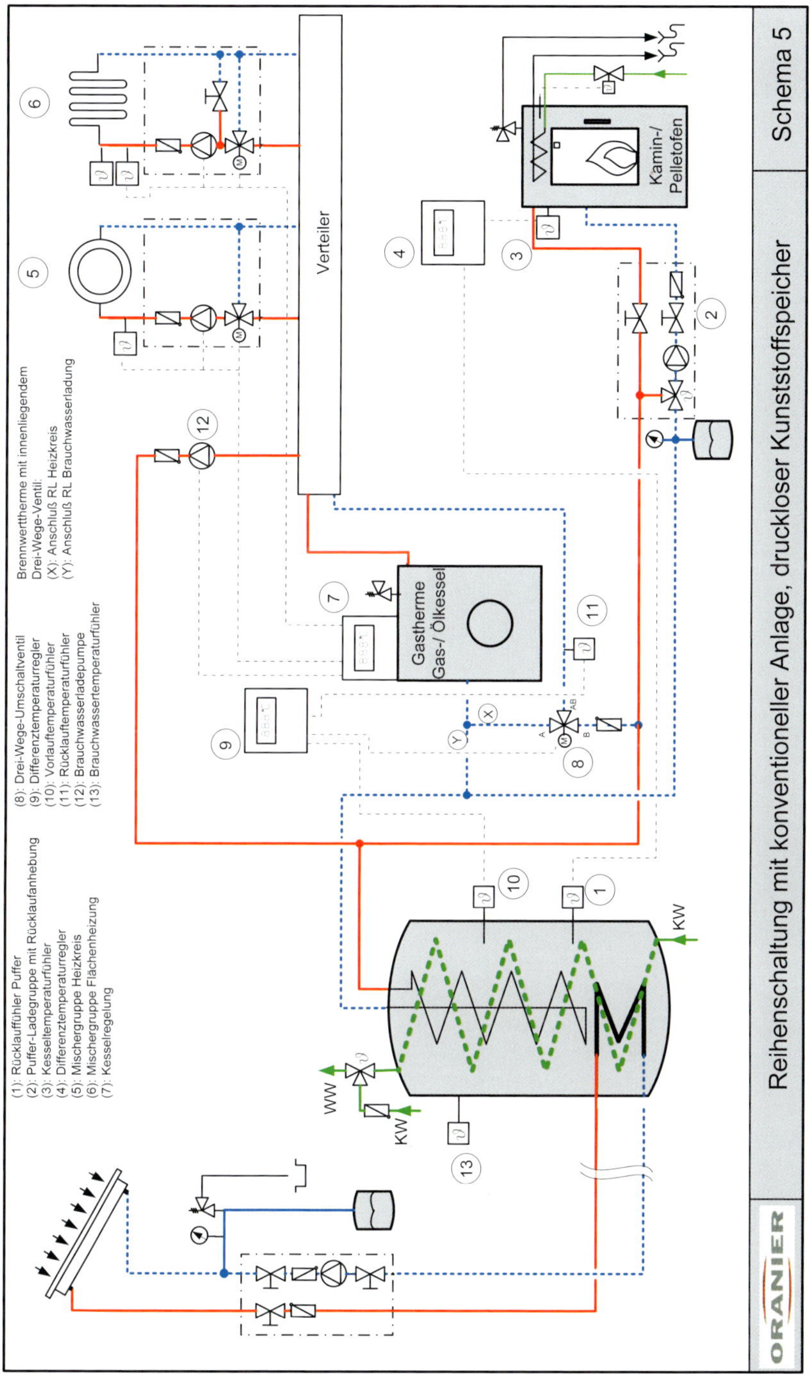

Die konventionelle Anlage mit wasserführendem Kamin-/Pelletofen als Rücklaufanhebung (Reihenschaltung) und drucklosem Kunststoffspeicher

6. Konventionelle Anlage mit wasserführendem Kamin-/Pelletofen als Parallelschaltung und Kombispeicher

Einsatzgebiet

Diese Kombination dient der **einfachen** Erweiterung einer **bestehenden konventionellen Anlage** durch einen wasserführenden Kamin-/Pelletofen und eine **Solaranlage zur Heizungsunterstützung**, insbesondere wenn der Kamin-/Pelletofen **den Wärmebedarf zu einem großen Teil abdeckt**.
Die elektronische Regelung der Heizkreise erfolgt über eine separate Regelung. Manche Kesselsteuerungen sind jedoch auch für eine entsprechende Erweiterung ausgelegt.
Der Kombispeicher kann als **Tank-in-Tank- [B] oder als Durchlaufvariante [A]** bei prinzipiell gleichem Anschluss des Wärmeerzeugerstranges ausgeführt werden. Aufgrund der teilweise hohen Systemtemperaturen sollten für die Heizkreise **Mischer** vorgesehen werden.
Die abgebildete Anlage benötigt kein zusätzliches Drei-Wege-Umschaltventil mit zugehöriger Temperaturdifferenzregelung, muss dafür aber Nachteile im Nutzungsgrad durch Mischvorgänge im Speicher und den Betrieb der Pufferladepumpe hinnehmen, wenn die Wärme vom Kamin-/Pelletofen nicht zur Beheizung ausreicht. Der Pufferspeicher fungiert in diesem Beispiel als hydraulische Weiche.

Funktionsbeschreibung

Rücklaufanhebung/Pufferladestation (2)

Der wasserführende Kamin-/Pelletofen benötigt eine **Mindestrücklauftemperatur von 55°C**.
Bei eingeschalteter Kesselkreispumpe öffnet das Mischventil mit steigender Temperatur stetig den Weg vom Heizungsrücklauf zum Kamin-/Pelletofen und verringert dadurch die Bypassmenge.

Heizbetrieb und Anschluss des Pufferspeichers

Der Anschluss der Heizkreise an den Pufferspeicher sollte so gewählt werden, dass die gewünschte Menge an Trinkwasser nicht durch den Heizkreisbetrieb ausgekühlt werden kann. Um unnötige Wärmeverluste durch die Menge der angeschlossenen Rohrleitungen zu vermeiden, können Vorlauf vom Kamin-/Pelletofen und Vorlauf zum Heizkreisverteiler über einen im **oberen Speicherviertel positionierten Anschluss** vorgenommen werden (wie abgebildet).
Der obere Speicherbereich wird dann durch interne Umschichtungen des Speicherwassers erwärmt. Grundsätzlich kann aber auch der Kamin-/Pelletofen in oberster Position einspeisen, während der Heizkreis etwas tiefer entnimmt (hydraulische Entkopplung, jedoch steht bei kaltem Speicher die Wärme des Feststoffgerätes aufgrund der Vermischungsvorgänge nicht sofort zur Verfügung).
Der **untere Pufferanschluss (Rücklauf)** wurde im Beispiel in der tiefstmöglichen Position vorgenommen, um eine vollständige Beladung während der Heizperiode zu ermöglichen.
Bei Anlagen mit starker Sonneneinstrahlung während der Heizperiode (zum Beispiel im Alpenraum) kann der Anschluss der Rücklaufleitungen auf höherem Niveau, oberhalb des solaren Wärmetauschers, erfolgen, um die solare Deckung zu erhöhen.
Beim Einsatz eines **Pelletofens** sollte ebenfalls oberhalb des solaren Wärmetauschers angeschlossen werden (geringerer Pufferspeicherbedarf bei Pelletheizung).
Soll ein Schichtenspeicher mit Einrichtungen zur Einschichtung von Rücklaufwasser zum Einsatz kommen, so ist die Rücklaufleitung von den Heizkreisen an das Schichtensystem anzuschließen, während der Rücklauf zum konventionellen Kessel an einem separaten Speicheranschluss entnimmt (vgl. Schema 1 Seite 202, Beispiel [A]).

Regelung

Kamin-/Pelletofen

Es ist eine **Temperaturdifferenzregelung** (4) erforderlich. Der ofenseitige Fühler (3) befindet sich in einer Tauchhülse in der oberen Hälfte des Wärmetauschers. Der pufferseitige Fühler (1) wird 2 bis 3 Zentimeter oberhalb der Rücklaufleitung im oder am Pufferspeicher (innerhalb des Wärmedämmungsmantels) angebracht.

Heizkreise

Die Regelung der Heizkreise (5) und (6) sowie die Steuerung der Beladung des Trinkwasseranteils erfolgt idealerweise durch die **Regelung der konventionellen Anlage**.
Ansonsten ist ein **Heizkreisregler** (7) erforderlich, der die Vorlauftemperatur abhängig von den aktuellen Bedürfnissen regelt. Dabei sollten **Regelungen mit Außentemperatursensor** zum Einsatz kommen.

Bestehender konventioneller Kessel

Kann die bestehende Regelung des konventionellen Kessels nicht für die Heizkreise und die Parallelsteuerung des Kessels genutzt werden (insbesondere bei älteren Anlagen), so kann der bestehende **Brauchwassertemperaturfühler** im Pufferspeicher positioniert werden. Der Kessel wird im Brauchwassermodus gefahren und stellt eine Mindesttemperatur im Pufferspeicher und damit auch für die Heizkreise sicher.

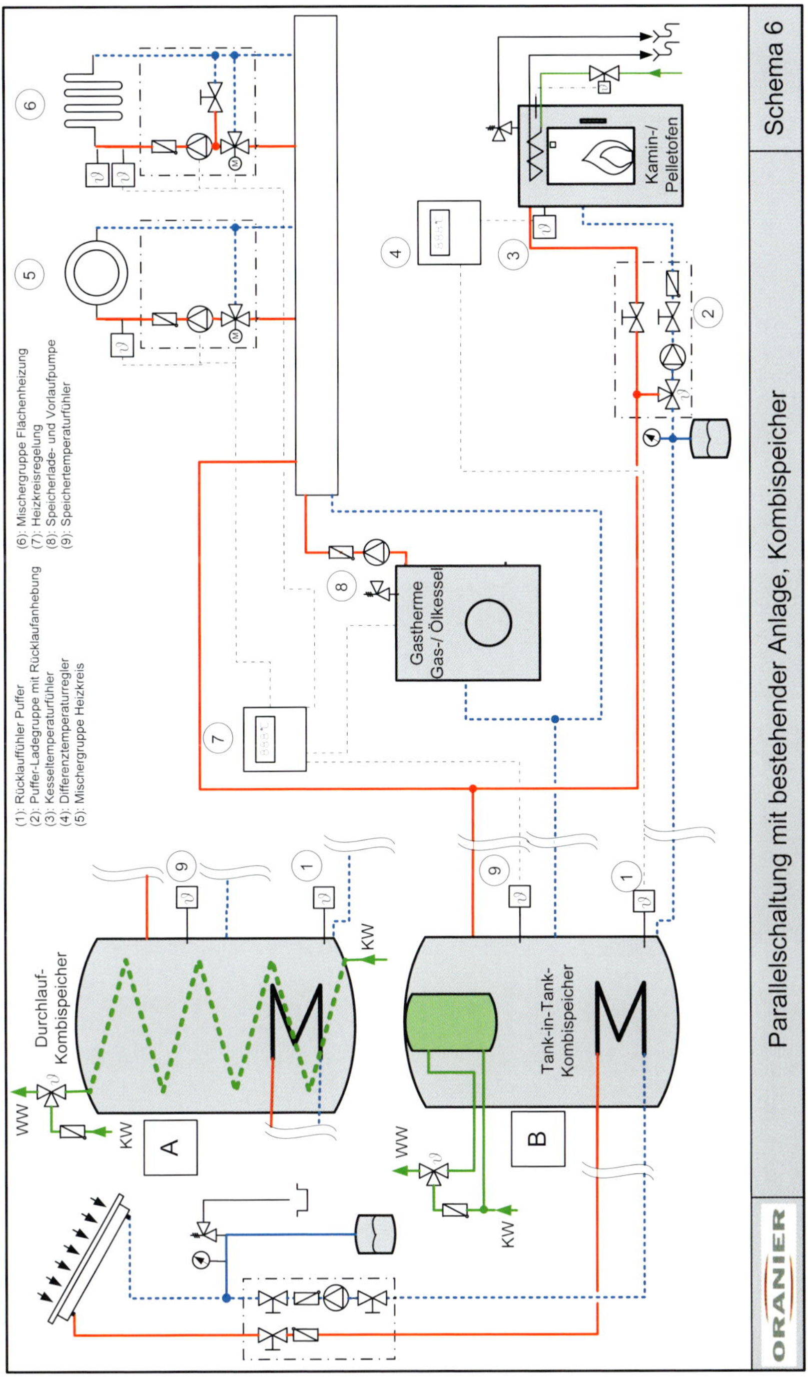

Die konventionelle Anlage mit wasserführendem Kamin-/Pelletofen als Parallelschaltung und Kombispeicher

7. Konventionelle Anlage mit wasserführendem Kamin-/Pelletofen als Parallelschaltung und separatem Warmwasserspeicher

Einsatzgebiet

Diese Kombination dient der Erweiterung einer **bestehenden konventionellen Anlage** durch einen wasserführenden Kamin-/Pelletofen, wenn der **Kamin-/Pelletofen den Wärmebedarf zu einem großen Teil abdeckt,** insbesondere wenn **keine oder nur eine kleine Solaranlage** zur Brauchwasserbereitung geplant ist oder ein separater bestehender Warmwasser Speicher weiter genutzt werden soll.

Die elektronische Regelung der Heizkreise erfolgt über eine separate Regelung. Manche Kesselsteuerungen sind jedoch auch für eine entsprechende Erweiterung ausgelegt.

Aufgrund der teilweise hohen Systemtemperaturen sollten für die Heizkreise Mischer vorgesehen werden.

Funktionsbeschreibung

Rücklaufanhebung/Pufferladestation (2)

Der wasserführende Kamin-/Pelletofen benötigt eine **Mindestrücklauftemperatur von 55°C**.

Bei eingeschalteter Kesselkreispumpe öffnet das Mischventil mit steigender Temperatur stetig den Weg vom Heizungsrücklauf zum Kamin-/Pelletofen und verringert dadurch die Bypassmenge.

Heizbetrieb und Anschluss des Pufferspeichers

Das im Kamin-/Pelletofen erwärmte Wasser wird direkt im Pufferspeicher eingeschichtet und steht der konventionellen Anlage hydraulisch entkoppelt im **Parallelbetrieb** zur Verfügung.

Der **Anschluss des Heizkreises an den Pufferspeicher** sollte möglichst weit oben beziehungsweise möglichst weit unten gewählt werden, um das maximale Speichervolumen zu nutzen.

Um unnötige Wärmeverluste durch die Menge der angeschlossenen Rohrleitungen zu vermeiden und um die erzeugte Wärme bei kaltem Pufferspeicher direkt den Heizkreisen zur Verfügung zu stellen, können Vorlauf vom Kamin-/Pelletofen und Vorlauf zum Heizkreisverteiler auch über einen gemeinsamen Anschluss vorgenommen werden.

Erfolgt eine zusätzliche Beladung mittels einer **Solaranlage**, so kann bei Anlagen mit starker Sonneneinstrahlung während der Heizperiode (zum Beispiel im Alpenraum) der Anschluss der Rücklaufleitungen auf höherem Niveau, oberhalb des solaren Wärmetauschers, erfolgen, um die solare Deckung zu erhöhen.

Beim Einsatz eines **Pelletofens** sollte ebenfalls oberhalb des solaren Wärmetauschers angeschlossen werden (geringerer Pufferspeicherbedarf bei Pelletheizung).

Bei Anlagen mit kleiner Solarkollektorfläche empfiehlt sich die Verwendung eines **bivalenten Warmwasserspeichers**.

Der Rücklauf von den Heizkreisen beziehungsweise vom Drei-Wege-Umschaltventil (8) in den Pufferspeicher wird bei Verwendung eines Schichtenspeichers an das Schichtenladesystem angeschlossen.

Das **Drei-Wege-Umschaltventil** (8) dient zum Wechsel zwischen konventionellem Betrieb (AB-A offen) und Kamin-/Pelletofenbetrieb (AB-B offen). Es sollte sich stromlos in Stellung AB-A befinden. Wenn der Fühler (10) eine zu geringe Temperatur feststellt, wird der konventionelle Kessel angefordert und das Ventil (8) geschaltet.

Die Brauchwasserladung erfolgt über eine **separate Speicherladepumpe** (11).

Regelung

Es sollte eine übergeordnete Regelung mit folgenden Funktionen vorgesehen werden:

- Regelung der Heizkreise und der Brauchwasserbedarfsanforderung
- Ansteuerung des Drei-Wege-Umschaltventils (8) bei warmem Pufferspeicher
- Ansteuerung des Kessels
- Solarregelung
- Temperaturdifferenzregelung für den Kamin-/Pelletofen

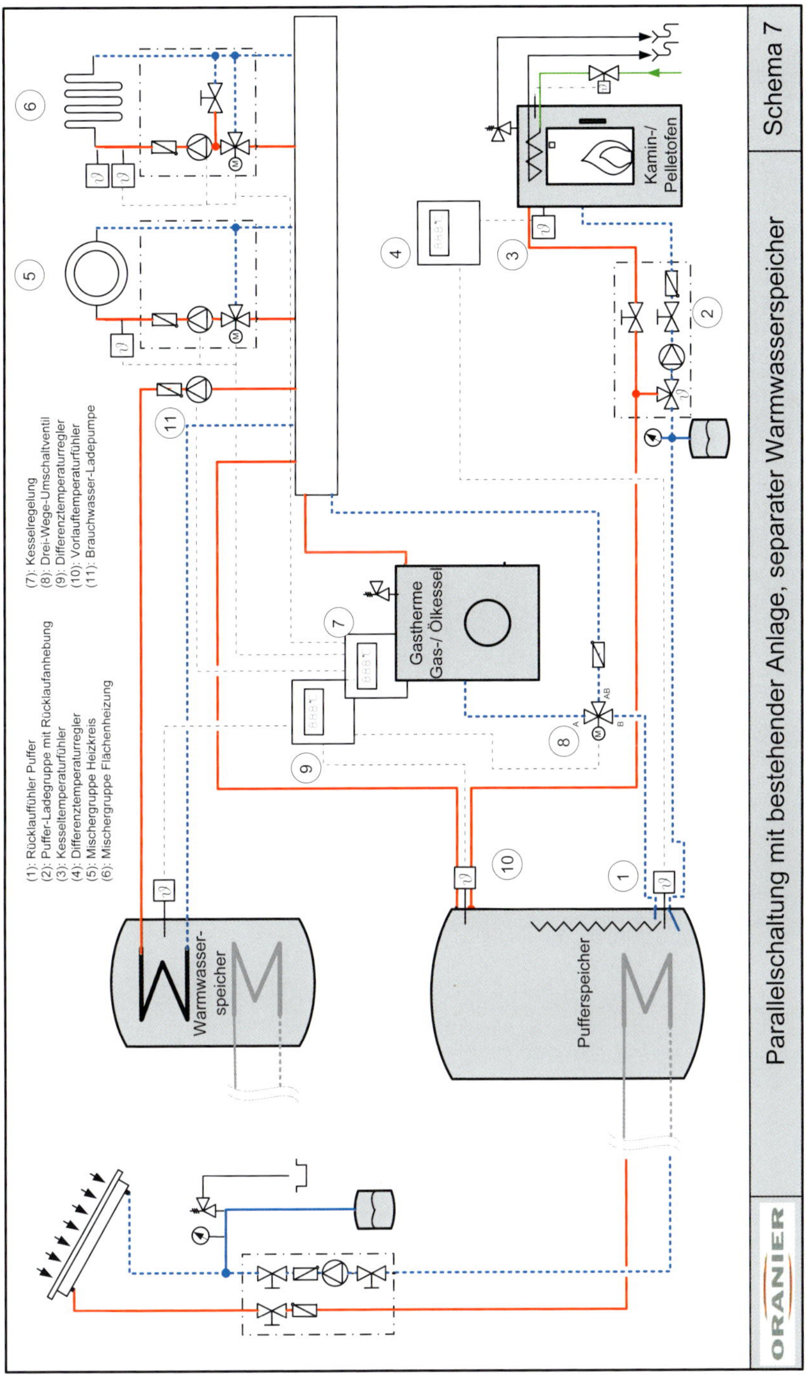

Die konventionelle Anlage mit wasserführendem Kamin-/Pelletofen als Parallelschaltung und separatem Warmwasserspeicher

8. Konventionelle Anlage mit wasserführendem Kamin-/Pelletofen als Parallelschaltung über Drei-Wege-Ventil und Kombispeicher

Einsatzgebiet

Diese Möglichkeit eignet sich zur Kombination einer konventionellen Anlage mit einem wasserführenden Kamin-/Pelletofen und einer Solaranlage zur Heizungsunterstützung, insbesondere bei **Neuplanung** und wenn der **Kamin-/Pelletofen den Wärmebedarf zu einem großen Teil abdeckt**. Die Steuerung der Heizkreise und des Kessels erfolgt über **eine gemeinsame Regelung**.
Der Kombispeicher kann als **Tank-in-Tank- [B] oder als Durchlaufvariante [A]** bei prinzipiell gleichem Anschluss des Wärmeerzeugerstranges ausgeführt werden. Aufgrund der teilweise hohen Systemtemperaturen sollten für die Heizkreise **Mischer** vorgesehen werden.

Funktionsbeschreibung

Rücklaufanhebung/Pufferladestation (2)

Der wasserführende Kamin-/Pelletofen benötigt eine **Mindestrücklauftemperatur von 55°C**.
Bei eingeschalteter Kesselkreispumpe öffnet das Mischventil mit steigender Temperatur stetig den Weg vom Heizungsrücklauf zum Kamin-/Pelletofen und verringert dadurch die Bypassmenge.

Heizbetrieb und Anschluss des Pufferspeichers

Der Anschluss der Heizkreise an den Pufferspeicher sollte so gewählt werden, dass die gewünschte Menge an Trinkwasser nicht durch den Heizkreisbetrieb ausgekühlt werden kann. Um unnötige Wärmeverluste durch die Menge der angeschlossenen Rohrleitungen zu vermeiden und um die erzeugte Wärme bei kaltem Pufferspeicher direkt den Heizkreisen zur Verfügung zu stellen, können Vorlauf vom Kamin-/Pelletofen und Vorlauf zum Heizkreisverteiler über einen in entsprechender Höhe positionierten Anschluss vorgenommen werden (wie abgebildet). Der obere Speicherbereich wird dann durch interne Umschichtungen des Speicherwassers erwärmt.
Der **untere Pufferanschluss (Rücklauf)** wurde im Beispiel [B] in der tiefstmöglichen Position vorgenommen, um eine vollständige Beladung während der Heizperiode zu ermöglichen.
Bei Anlagen mit starker Sonneneinstrahlung während der Heizperiode (zum Beispiel im Alpenraum) kann der Anschluss der Rücklaufleitungen auf höherem Niveau, oberhalb des solaren Wärmetauschers, erfolgen, um die solare Deckung zu erhöhen.
Beim Einsatz eines **Pelletofens** sollte ebenfalls oberhalb des solaren Wärmetauschers angeschlossen werden (geringerer Pufferspeicherbedarf bei Pelletheizung).
Der Rücklauf von den Heizkreisen beziehungsweise vom Drei-Wege-Umschaltventil (8) in den Pufferspeicher wird bei Verwendung eines Schichtenspeichers an das Schichtensystem angeschlossen (wie in [A] dargestellt).
Das **Drei-Wege-Umschaltventil** (8) dient zum Wechsel zwischen konventionellem Betrieb (AB-A offen) und Kamin-/Pelletofenbetrieb (AB-B offen). Es sollte sich stromlos in Stellung AB-A befinden. Wenn der Fühler (10) eine zu geringe Temperatur feststellt, wird der konventionelle Kessel angefordert und das Ventil (8) geschaltet. Die exakte Position des Fühler (10) sowie dessen Schalttemperatur müssen anlagenspezifisch ermittelt werden, um ein Takten des konventionellen Kessels zu vermeiden.
Die Brauchwasserladung erfolgt über eine im Rücklauf angeordnete **separate Pumpe** (11).

Regelung

Es sollte eine übergeordnete Regelung mit folgenden Funktionen vorgesehen werden:

- Regelung der Heizkreise und der Brauchwasserbedarfsanforderung
- Ansteuerung des Drei-Wege-Umschaltventils (8) bei warmem Pufferspeicher
- Ansteuerung des Kessels
- Solarregelung
- Temperaturdifferenzregelung für den Kamin-/Pelletofen

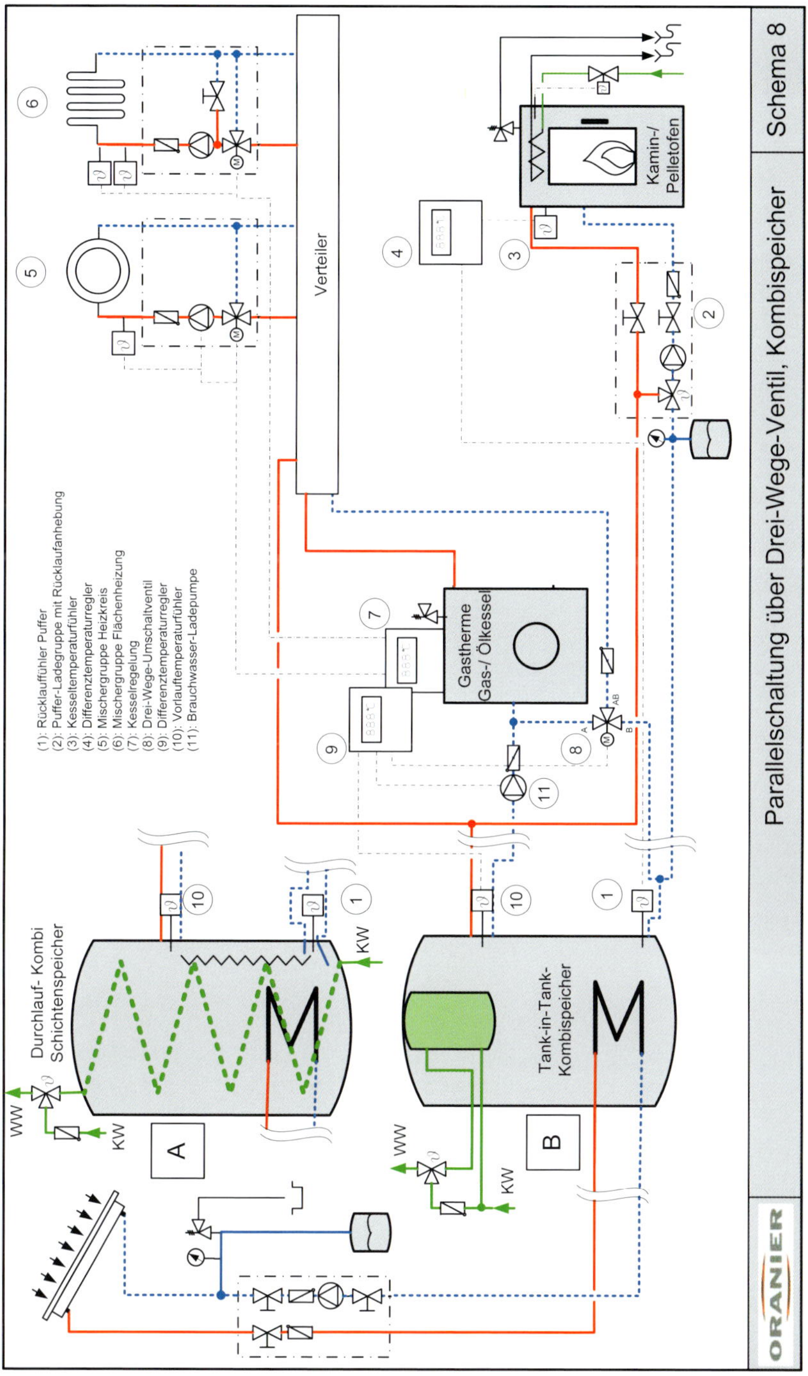

Die konventionelle Anlage mit wasserführendem Kamin-/Pelletofen als Parallelschaltung und Kombispeicher

9. Konventionelle Anlage mit wasserführendem Kamin-/Pelletofen als Parallelschaltung und solarer Heizungsunterstützung als Rücklaufanhebung

Einsatzgebiet

Diese Möglichkeit dient der Kombination einer konventionellen Anlage mit einem wasserführenden Kamin-/Pelletofen und einer Solaranlage zur Heizungsunterstützung, insbesondere bei **Neuplanung** und wenn ein **hoher solarer Deckungsanteil** gefordert ist.
Konventioneller Kessel und Ofen sind parallel geschaltet. Die Solaranlage zur Heizungsunterstützung ist zum konventionellen Kessel als Rücklaufanhebung in Reihe geschaltet. Dadurch erhöht sich die solare Deckung insbesondere in der Übergangszeit, wenn der Kamin-/Pelletofen noch nicht in Betrieb ist.

Funktionsbeschreibung

Rücklaufanhebung/Pufferladestation (2)

Der wasserführende Kamin-/Pelletofen benötigt eine **Mindestrücklauftemperatur von 55°C**.
Bei eingeschalteter Kesselkreispumpe öffnet das Mischventil mit steigender Temperatur stetig den Weg vom Heizungsrücklauf zum Kamin-/Pelletofen und verringert dadurch die Bypassmenge.

Heizbetrieb und Anschluss des Pufferspeichers

Bei rein konventionellem Betrieb befindet sich das **Drei-Wege-Umschaltventil** (12) in Stellung AB-B und das Ventil (8) in Stellung AB-A.
Bei Feststoffbetrieb wird das Ventil (12) in Stellung A-AB gefahren und der gesamte Speicherinhalt beladen. Der konventionelle Kessel wird über das Ventil (8) umgangen. Bei Betrieb des Gas-/Ölkessels und ausreichender Solarenergie schaltet das Ventil (12) auf Stellung AB-A und das Ventil (8) ebenfalls auf AB-A. Der konventionelle Kessel nutzt die solare Vorwärmung und muss weniger zuheizen. Das Drei-Wege-Umschaltventil (12) sollte stromlos in AB-B und das Ventil (8) in Stellung AB-A stehen.

Regelung

Es sollte eine übergeordnete Regelung mit folgenden Funktionen vorgesehen werden:

- Regelung der Heizkreise und der Brauchwasserbedarfsanforderung
- Ansteuerung der Drei-Wege-Umschaltventile
- Ansteuerung des Kessels
- Solarregelung
- Temperaturdifferenzregelung für den Kamin-/Pelletofen

HINWEIS:
Beim Einsatz eines Pelletofens empfiehlt sich diese Verschaltung nur für einen gelegentlichen Ofenbetrieb.

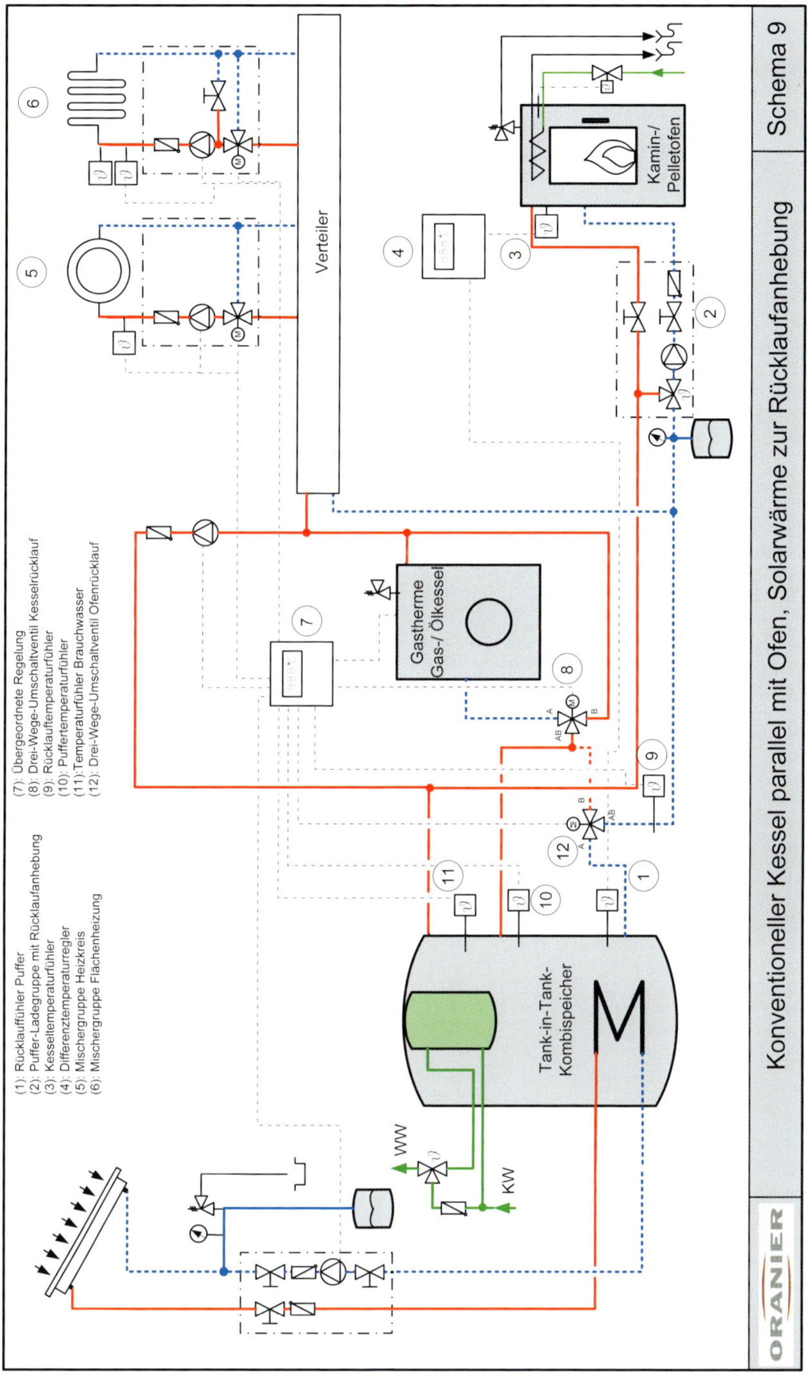

Die konventionelle Anlage mit wasserführendem Kamin-/Pelletofen als Parallelschaltung und solarer Heizungsunterstützung als Rücklaufanhebung

10. Wärmepumpe in Kombination mit wasserführendem Kamin-/Pelletofen zur Beladung des technischen Speichers (Reihenschaltung)

Einsatzgebiet

Diese Kombination verbindet eine Wärmepumpe mit einem wasserführenden Kamin-/Pelletofen und optional einer Solaranlage, insbesondere wenn der **Kamin-/Pelletofen den Wärmebedarf nur zu einem kleinen Teil abdeckt**.
Der in Reihe zur Wärmepumpe geschaltete technische Speicher wird dabei so dimensioniert, dass die Wärme aus dem Kamin-/Pelletofen vollständig aufgenommen werden kann. Bei reinem Wärmepumpenbetrieb sind durch den großen Speicher Nachteile im Nutzungsgrad gegeben.

Funktionsbeschreibung

Rücklaufanhebung/Pufferladestation (2)

Der wasserführende Kamin-/Pelletofen benötigt eine **Mindestrücklauftemperatur von 55°C**.
Bei eingeschalteter Kesselkreispumpe öffnet das Mischventil mit steigender Temperatur stetig den Weg vom Heizungsrücklauf zum Kamin-/Pelletofen und verringert dadurch die Bypassmenge.

Heizbetrieb und Anschluss des Pufferspeichers

Der technische Speicher der Wärmepumpe wird klassisch in Reihe geschaltet. Parallel zu diesem Speicher wird die Beladung durch den Kamin-/Pelletofen geschaltet. Der Anschluss erfolgt an den höchsten und niedrigsten **Anschlussstutzen**.
Der technische Speicher und/oder der Warmwasserspeicher können zusätzlich mit einer **Solaranlage** verschaltet werden.

Regelung

Kamin-/Pelletofen

Es ist eine **Temperaturdifferenzregelung** (4) erforderlich. Der ofenseitige Fühler (3) befindet sich in einer Tauchhülse in der oberen Hälfte des Wärmetauschers. Der pufferseitige Fühler (1) wird 2 bis 3 Zentimeter oberhalb der Rücklaufleitung im oder am Pufferspeicher (innerhalb des Wärmedämmungsmantels) angebracht.

Heizkreise

Die Regelung der Heizkreise (5) und (6) sowie die Steuerung der Beladung des Brauchwasserspeichers erfolgt durch die **Regelung der Wärmepumpe.**

Wärmepumpe

Es ist gegebenenfalls ein **zusätzlicher Rücklauffühler (7) mit Wächterfunktion** anzubringen, um die Wärmepumpe vor unzulässig hohen Rücklauftemperaturen zu schützen.

HINWEIS:
Beim Einsatz eines Pelletofens empfiehlt sich diese Verschaltung nur für einen gelegentlichen Ofenbetrieb.

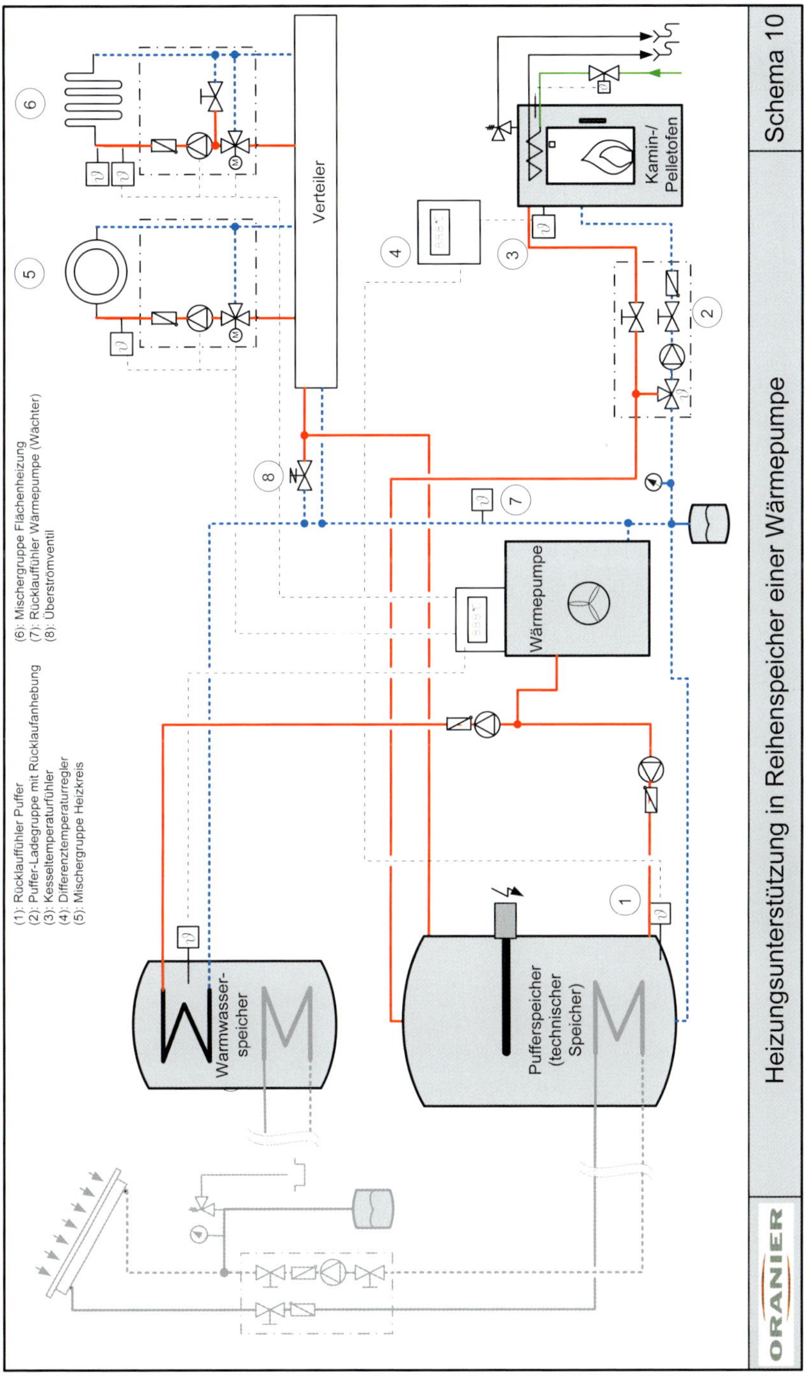

Die Wärmepumpe in Kombination mit wasserführendem Kamin-/Pelletofen zur Beladung des technischen Speichers (Reihenschaltung)

11. Wärmepumpe mit wasserführendem Kamin-/Pelletofen im Parallelbetrieb

Einsatzgebiet

Diese Kombination verbindet eine Wärmepumpe mit einem wasserführenden Kamin-/Pelletofen und optional einer Solaranlage, insbesondere wenn der **Kamin-/Pelletofen den Wärmebedarf zu einem großen Teil abdeckt**. Ein Drei-Wege-Umschaltventil schaltet zwischen Ofen- und Wärmepumpenbetrieb um.

Funktionsbeschreibung

Rücklaufanhebung/Pufferladestation (2)

Der wasserführende Kamin-/Pelletofen benötigt eine **Mindestrücklauftemperatur von 55°C**.
Bei eingeschalteter Kesselkreispumpe öffnet das Mischventil mit steigender Temperatur stetig den Weg vom Heizungsrücklauf zum Kamin-/Pelletofen und verringert dadurch die Bypassmenge.

Wärmepumpe

Die Wärmepumpe wird klassisch mit **technischem Speicher und Brauchwasserspeicher** verschaltet.

Heizbetrieb und Anschluss des Ofen - Pufferspeichers

Vor- und Rücklauf in den Pufferspeicher werden möglichst weit oben beziehungsweise möglichst weit unten angeordnet, um den gesamten Speicherinhalt zu nutzen. Liegt die Temperatur im Ofen-Pufferspeicher über der Rücklauftemperatur zur Wärmepumpe, so schaltet das **Drei-Wege-Umschaltventil** (9) auf A-AB. Stromlos ist es auf B-AB geschaltet.

Regelung

Kamin-/Pelletofen

Es ist eine **Temperaturdifferenzregelung** (4) erforderlich. Der ofenseitige Fühler (3) befindet sich in einer Tauchhülse in der oberen Hälfte des Wärmetauschers. Der pufferseitige Fühler (1) wird 2 bis 3 Zentimeter oberhalb der Rücklaufleitung im oder am Pufferspeicher (innerhalb des Wärmedämmungsmantels) angebracht.

Heizkreise

Die Regelung der Heizkreise (5) und (6) sowie die Steuerung der Beladung des Brauchwasserspeichers erfolgt durch die **Regelung der Wärmepumpe.**

Wärmepumpe

Es ist gegebenenfalls ein **zusätzlicher Rücklauffühler (7) mit Wächterfunktion** anzubringen, um die Wärmepumpe vor unzulässig hohen Rücklauftemperaturen zu schützen.

Drei-Wege-Umschaltventil

Es ist ein Temperaturwächter (10) erforderlich. Ab einer Mindesttemperatur im Ofen-Pufferspeicher schaltet das Drei-Wege-Umschaltventil auf Ofenbetrieb. Der pufferseitige Fühler (8) wird dabei 2 bis 3 Zentimeter unterhalb der Vorlaufleitung im oder am Pufferspeicher (innerhalb des Wärmedämmungsmantels) angebracht.

> **HINWEIS:**
> Diese Form ist für den Einsatz eines Pelletofens gut geeignet.

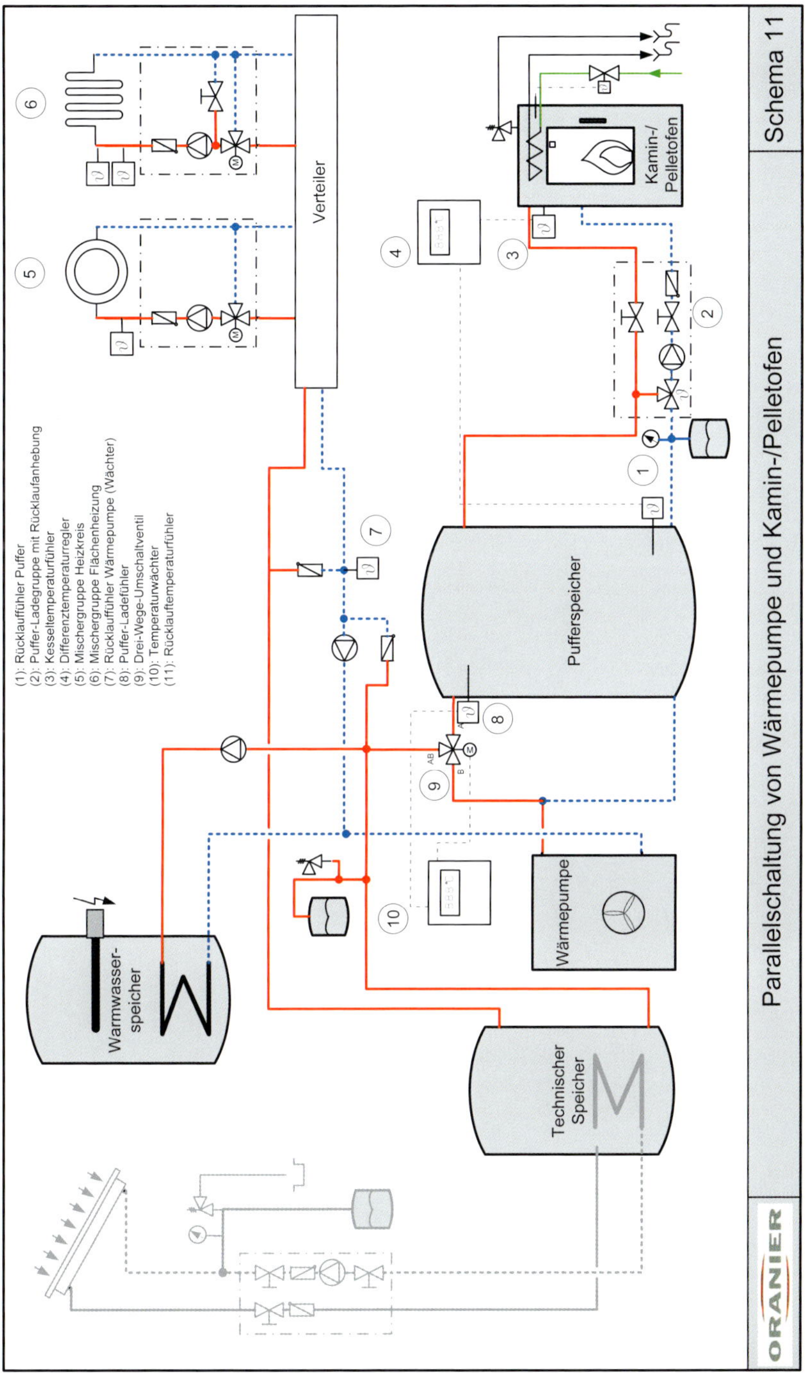

Die Wärmepumpe mit wasserführendem Kamin-/Pelletofen im Parallelbetrieb

12. Wärmepumpe mit wasserführendem Kamin-/Pelletofen im Parallelbetrieb am Kombispeicher

Einsatzgebiet

Diese Möglichkeit eignet sich besonders, wenn **zur Überbrückung von Sperrzeiten** der Elektrizitätsversorger ein großes Pufferspeichervolumen für die Wärmepumpe erforderlich ist, oder bei Gebäuden mit einem **geringen Wärmebedarf, der größtenteils durch den Kamin-/Pelletofen in Verbindung mit einer Solaranlage abdeckt wird**.
Es wird ein Kombispeicher mit den entsprechenden Anschlusspositionen benötigt, deren genaue Höhe zur Bereitstellung des jeweils gewünschten Puffervolumens anlagenspezifisch ermittelt werden sollte.

Funktionsbeschreibung

Rücklaufanhebung/Pufferladestation (2)

Der wasserführende Kamin-/Pelletofen benötigt eine **Mindestrücklauftemperatur von 55°C**.
Bei eingeschalteter Kesselkreispumpe öffnet das Mischventil mit steigender Temperatur stetig den Weg vom Heizungsrücklauf zum Kamin-/Pelletofen und verringert dadurch die Bypassmenge.

Wärmepumpe

Die Wärmepumpe arbeitet direkt in den Kombispeicher. Dabei ist ein **Drei-Wege-Umschaltventil** (9) vorgesehen, welches dafür sorgt, dass die Wärme entweder nach oben zur Erwärmung des Brauchwassers (AB-A offen), oder nach unten geführt wird (AB-B offen) und damit für die Heizkreise Verwendung findet. Die Höhe des oberen Rücklaufanschlusses bestimmt die Mindestmenge an Warmwasser, während die Höhe des unteren Rücklaufanschlusses die Mindestlaufzeit sicher stellt oder bei entsprechend tiefem Anschluss zur Überbrückung der Sperrzeiten dient.

Heizbetrieb und Anschluss des Pufferspeichers

Das im Kamin-/Pelletofen erwärmte Wasser wird direkt im **Kombispeicher** eingeschichtet und steht den Heizkreisen zur Verfügung.
Der Anschluss der Heizkreise an den Pufferspeicher sollte auf gleicher Höhe wie Vor- und Rücklauf der Wärmepumpe im Heizbetrieb gewählt werden, um die Durchmischung bei reinem Wärmepumpenbetrieb zu verringern. Der Pufferspeicher fungiert in diesem Beispiel als hydraulische Weiche.
Die **Rücklaufleitung zum Kamin-/Pelletofen** wurde im Beispiel in der tiefstmöglichen Position vorgenommen, um eine vollständige Beladung während der Heizperiode zu ermöglichen.
Bei Anlagen mit starker Sonneneinstrahlung während der Heizperiode (zum Beispiel im Alpenraum) kann der Anschluss der Rücklaufleitungen auf höherem Niveau, oberhalb des solaren Wärmetauschers, erfolgen, um die solare Deckung zu erhöhen.
Beim Einsatz eines **Pelletofens** sollte ebenfalls oberhalb des solaren Wärmetauschers angeschlossen werden (geringerer Pufferspeicherbedarf bei Pelletheizung).

Regelung

Kamin-/Pelletofen

Es ist eine **Temperaturdifferenzregelung** (4) erforderlich. Der ofenseitige Fühler (3) befindet sich in einer Tauchhülse in der oberen Hälfte des Wärmetauschers.
Der pufferseitige Fühler (1) wird 2 bis 3 Zentimeter oberhalb der Rücklaufleitung im oder am Pufferspeicher (innerhalb des Wärmedämmungsmantels) angebracht.

Heizkreise

Die Regelung der Heizkreise (5) und (6) sowie die Steuerung der Beladung des Brauchwasserspeichers erfolgt durch die **Regelung der Wärmepumpe.**

Wärmepumpe

Pufferladepumpe und Drei-Wege-Umschaltventil (9) werden von der Wärmepumpe angesteuert.
Es ist gegebenenfalls ein **zusätzlicher Rücklauffühler (7) mit Wächterfunktion** anzubringen, um die Wärmepumpe vor unzulässig hohen Rücklauftemperaturen zu schützen.

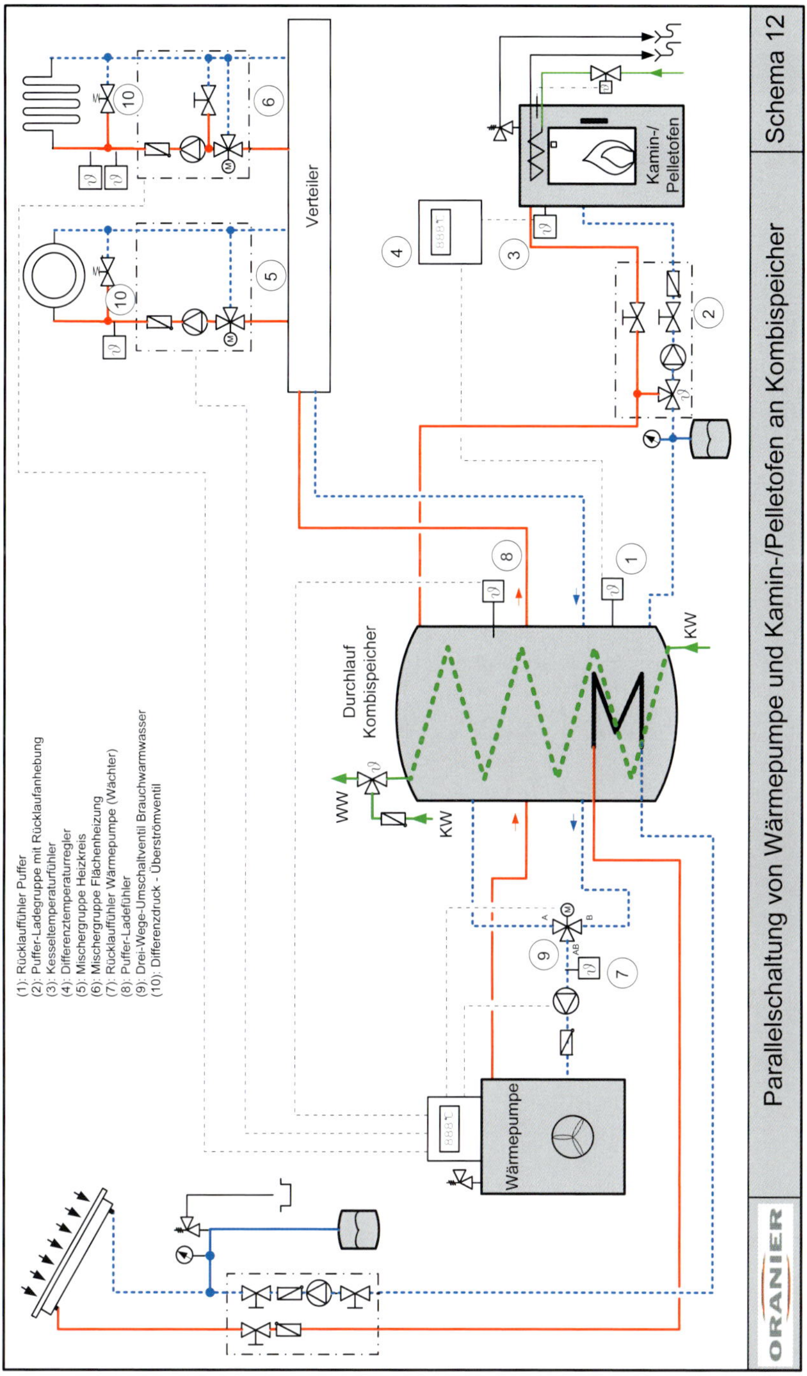

Die Wärmepumpe mit wasserführendem Kamin-/Pelletofen im Parallelbetrieb am Kombispeicher

13. Pelletkesselanlage mit wasserführendem Kamin-/Pelletofen als Parallelschaltung und Kombispeicher

Einsatzgebiet

Diese Kombination eignet sich zur Neuinstallation oder zur Erweiterung einer bestehenden **Pelletanlage** durch **wasserführenden Kamin-/Pelletofen** und einer **Solaranlage zur Heizungsunterstützung**. Die Steuerung der Heizkreise erfolgt über die Regelung des Pelletkessels.
Ofen und Pelletkessel speisen parallel in den selben Pufferspeicher. Der Kombispeicher kann als Tank-in-Tank- oder als Durchlaufvariante bei prinzipiell gleichem Anschluss des Wärmeerzeugerstranges ausgeführt werden. Soll die Warmwassererzeugung mittels separatem Speicher erfolgen, so ist dieser über einen eigenen am Verteiler angeschlossenen Heizkreis zu bedienen.
Aufgrund der teilweise hohen Systemtemperaturen sollten für die Heizkreise Mischer vorgesehen werden.

HINWEIS:
Dieses Schaltschema eignet sich auch für den Parallelbetrieb eines wasserführenden Kamin-oder Pelletofens mit einem **Feststoffkessel.**

Funktionsbeschreibung

Rücklaufanhebung/Pufferladestation (2)
Der wasserführende Kamin-/Pelletofen benötigt eine **Mindestrücklauftemperatur von 55°C**.
Bei eingeschalteter Kesselkreispumpe öffnet das Mischventil mit steigender Temperatur stetig den Weg vom Heizungsrücklauf zum Kamin-/Pelletofen und verringert dadurch die Bypassmenge.

Heizbetrieb und Anschluss des Pufferspeichers

Der Anschluss der Heizkreise an den Pufferspeicher sollte so gewählt werden, dass die gewünschte Menge an Trinkwasser nicht durch den Heizkreisbetrieb ausgekühlt werden kann. Um unnötige Wärmeverluste durch die Menge der angeschlossenen Rohrleitungen zu vermeiden und um die erzeugte Wärme bei kaltem Pufferspeicher direkt den Heizkreisen zur Verfügung zu stellen, können Vorlauf vom Kamin-/Pelletofen und Vorlauf zum Heizkreisverteiler über einen gemeinsamen Anschluss vorgenommen werden (wie abgebildet).
Das obere Speicherviertel wird dann durch interne Umschichtungen des Speicherwassers erwärmt. Grundsätzlich kann aber auch der Kamin-/Pelletofen in oberster Position einspeisen, während der Heizkreis etwas tiefer entnimmt (hydraulische Entkopplung).
Der **untere Pufferanschluss (Rücklauf)** wurde im Beispiel für den **Pelletkessel** oberhalb des solaren Wärmetauschers und für den Kamin-/Pelletofen in der tiefstmöglichen Position vorgenommen.
Bei Anlagen mit starker Sonneneinstrahlung während der Heizperiode (zum Beispiel im Alpenraum) kann der Anschluss der Rücklaufleitung zum Kamin-/Pelletofen auf höherem Niveau, oberhalb des solaren Wärmetauschers, erfolgen, um die solare Deckung zu erhöhen.
Beim Einsatz eines **Pelletofens** sollte ebenfalls oberhalb des solaren Wärmetauschers angeschlossen werden (geringerer Pufferspeicherbedarf bei Pelletheizung).
Bei kurzen Wegen zwischen Pelletkessel und Pufferspeicher kann ein **Magnetventil** (9) erforderlich werden, um einen Kurzschluss bei Kamin-/Pelletofenbetrieb zu vermeiden.

Regelung

Kamin-/Pelletofen
Es ist eine **Temperaturdifferenzregelung** (4) erforderlich. Der ofenseitige Fühler (3) befindet sich in einer Tauchhülse in der oberen Hälfte des Wärmetauschers. Der pufferseitige Fühler (1) wird 2 bis 3 Zentimeter oberhalb der Rücklaufleitung im oder am Pufferspeicher (innerhalb des Wärmedämmungsmantels) angebracht.

Heizkreise
Die Regelung der Heizkreise (5) und (6) sowie die Steuerung der Beladung des Trinkwasseranteils erfolgt idealerweise durch die **Regelung der Pelletanlage**. Ansonsten ist ein separater **Heizkreisregler** (7) erforderlich, der die Vorlauftemperatur abhängig von den aktuellen Bedürfnissen regelt. Dabei sollten **Regelungen mit Außentemperatursensor** zum Einsatz kommen.
Der pufferseitige Fühler (1) wird 2 bis 3 Zentimeter oberhalb der Rücklaufleitung im oder am Pufferspeicher (innerhalb des Wärmedämmungsmantels) angebracht.

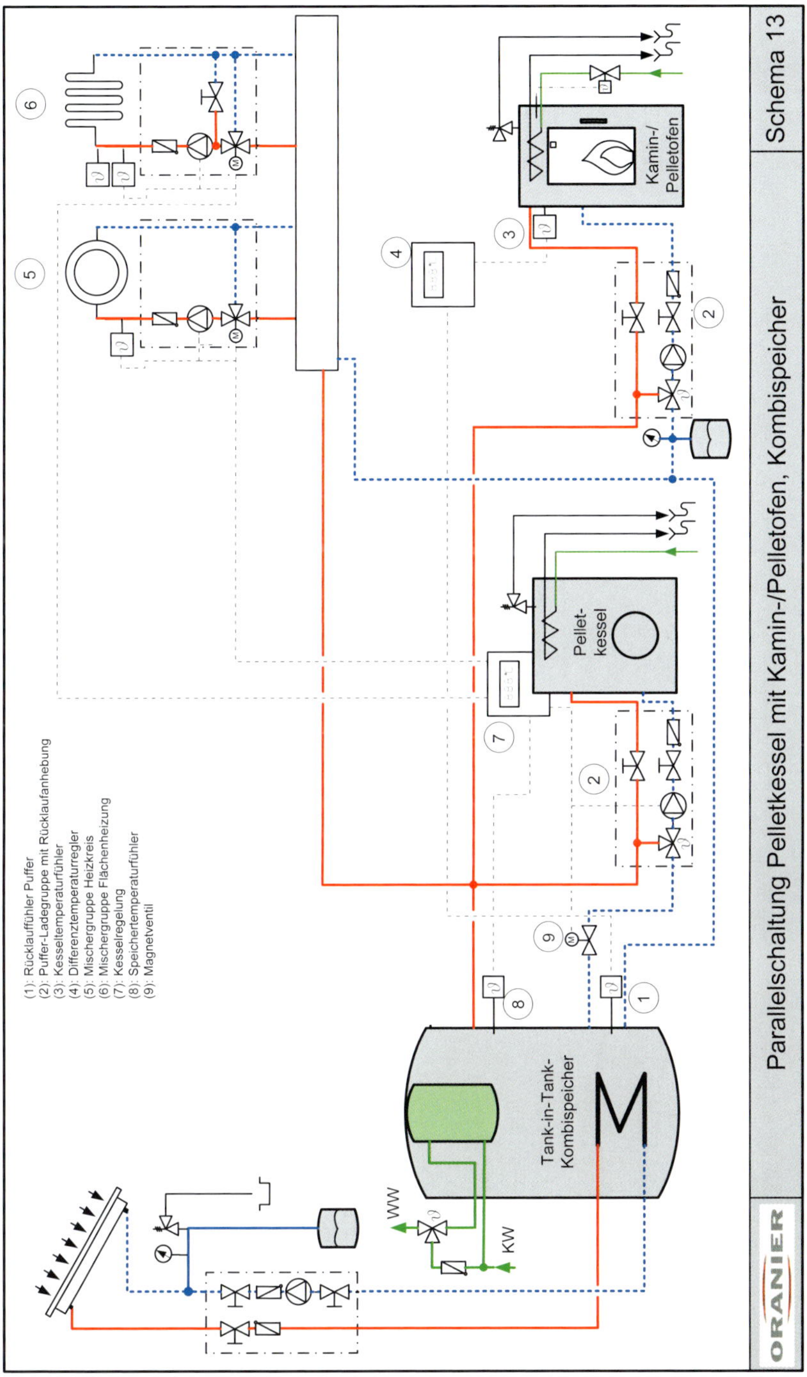

Die Pelletkesselanlage mit wasserführendem Kamin-/Pelletofen als Parallelschaltung und Kombispeicher

14. Konventionelle Anlage mit wasserführendem Kamin-/Pelletofen als Rücklaufanhebung (Reihenschaltung) ohne Pufferspeicher (nicht zulässig)

Einsatzgebiet

Diese Kombination dient der Erweiterung einer **bestehenden konventionellen Anlage** durch Reihenschaltung eines wasserführenden Kamin-/Pelletofens als Einfachstlösung ohne Pufferspeicher.
Um eine genügende Wärmeabfuhr zu gewährleisten, ist wenigstens ein Heizkreis ohne Mischer auszuführen. Die darin befindlichen Heizkörper müssen zumindest teilweise ohne Thermostatventile ausgestattet sein, um die Ofenleistung sicher abzuführen.

> **HINWEIS:**
> Nachteilig sind die teilweise hohen Vorlauftemperaturen und die fehlende Heizkreisregelung. Nutzungsgradnachteile durch Reihenschaltung des konventionellen Kessels und die fehlende Regelung sind zu erwarten.
> **Dieses Anlagenschema ist nach EnEV in Deutschland nicht zulässig!**

Funktionsbeschreibung

Rücklaufanhebung/Pufferladestation (2)

Der wasserführende Kamin-/Pelletofen benötigt eine **Mindestrücklauftemperatur von 55°C**.
Bei eingeschalteter Kesselkreispumpe öffnet das Mischventil mit steigender Temperatur stetig den Weg vom Heizungsrücklauf zum Kamin-/Pelletofen und verringert dadurch die Bypassmenge.

Heizbetrieb

Das Drei-Wege-Umschaltventil (1) ist für konventionellen Kesselbetrieb stromlos in Stellung AB-A offen. Bei Beheizung des wasserführenden Kamin-/Pelletofens schaltet ein **Wächterthermostat** (4) bei Erreichen einer Schwellentemperatur am Kesselfühler (3) die oberhalb der konventionellen Rücklauftemperatur der Heizkreise liegt (beispielsweise 55°C), die Pumpe der Pufferladestation (2) ein sowie das Drei-Wege-Umschaltventil (1) in Stellung AB-B. Zusätzlich wird die Heizkreispumpe (6) eingeschaltet. Außerdem sollte über einen Öffner eine **Brennersperre** für den konventionellen Kessel gesetzt werden.
Das im Kamin-/Pelletofen erwärmte Heizwasser gelangt nun über den konventionellen Kessel in den Heizkreislauf (5).

> **HINWEIS:**
> Diese Form ist für den Einsatz eines Pelletofens nicht geeignet.

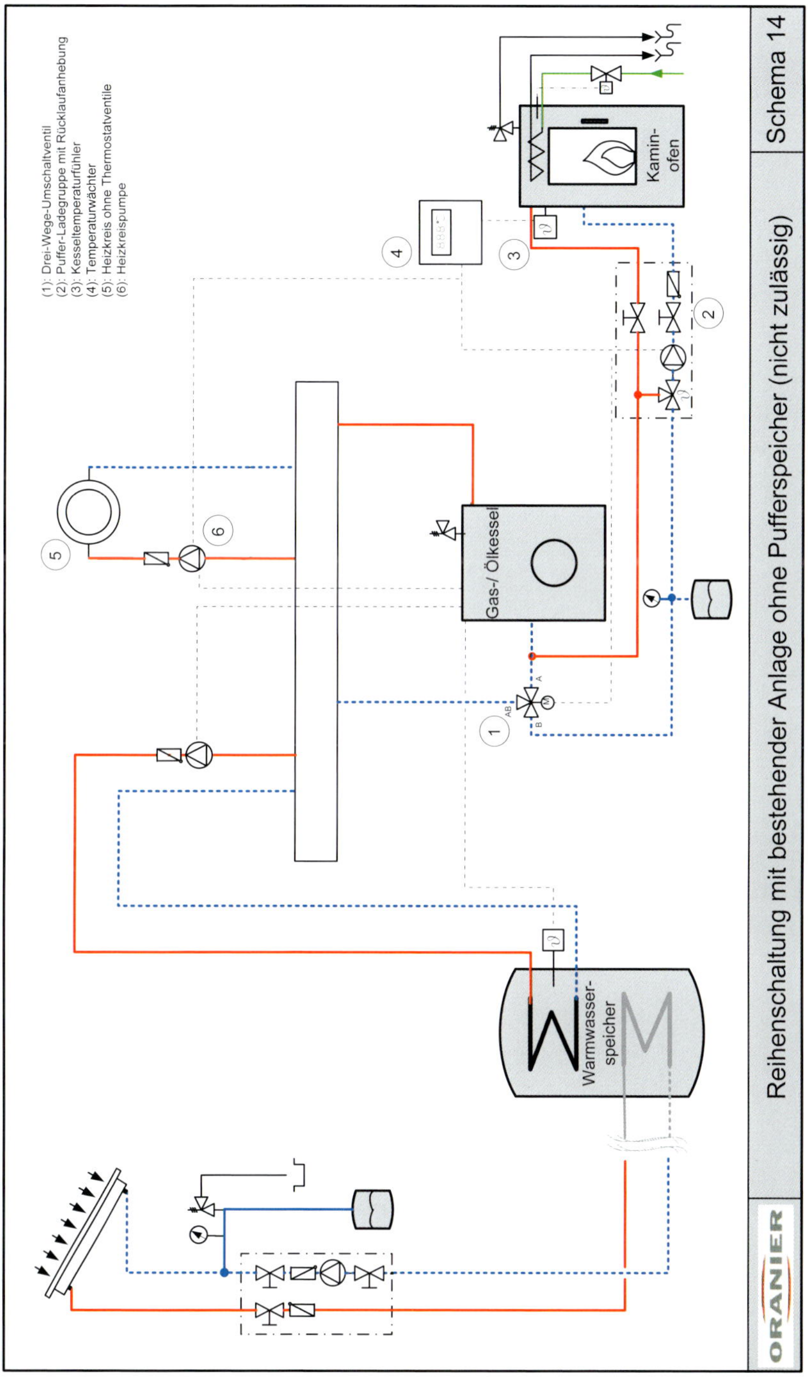

Die konventionelle Anlage mit wasserführendem Kamin-/Pelletofen als Rücklaufanhebung (Reihenschaltung) ohne Pufferspeicher (nicht zulässig)

15. Puffersysteme und Kombination von Pufferspeichern

A) und B): Parallelschaltung von Pufferspeichern gleicher Größe

In beiden Speichern baut sich die Schichtung gleichmäßig auf. Eine Verwirbelung der Schichten wie bei der Reihenschaltung erfolgt nicht. Es entsteht keine ungewünschte innere Thermik. Wenn möglich, können Anschlüsse auf mehreren Höhen miteinander verbunden werden.
Die Temperaturfühler sind an dem mit dem Wärmeerzeuger beziehungsweise Wärmeverbraucher verbundenen Speicher anzubringen. Es können auch weitere Speicher parallel geschaltet werden.

C): Schnelle Aufheizung

Um eine schnelle Erwärmung von kalten Anlagen zu erlangen, wird der Pufferspeicher während der Anheizphase durch das zusätzliche Drei-Wege-Umschaltventile teilweise weggeschaltet. Wenn am Temperaturfühler (beziehungsweise am Thermostat) im oberen Bereich des Puffers eine definierte Temperatur anliegt, wird das Ventil umgeschaltet und der Puffer wird durchgeladen.

D): Reihenschaltung von Pufferspeichern

Werden Pufferspeicher unterschiedlicher Größe miteinander verbunden (zum Beispiel bei Verwendung von anlagenseitig bestehenden Speichern), so empfiehlt sich die Reihenschaltung, damit es nicht zu unerwünschten thermischen Vermischungen kommt. Nachteilig ist jedoch eine gewisse Verwirbelung der Schichten beim Entladen.
Wichtig ist dabei die Positionierung des **Rücklauffühlers** (1) für den Kamin-/Pelletofen oberhalb des Ausgangs des zweiten Speichers und die Position des **Vorlauffühlers** (5) für die Verwendung des Pufferwassers am Eingang des ersten Speichers.

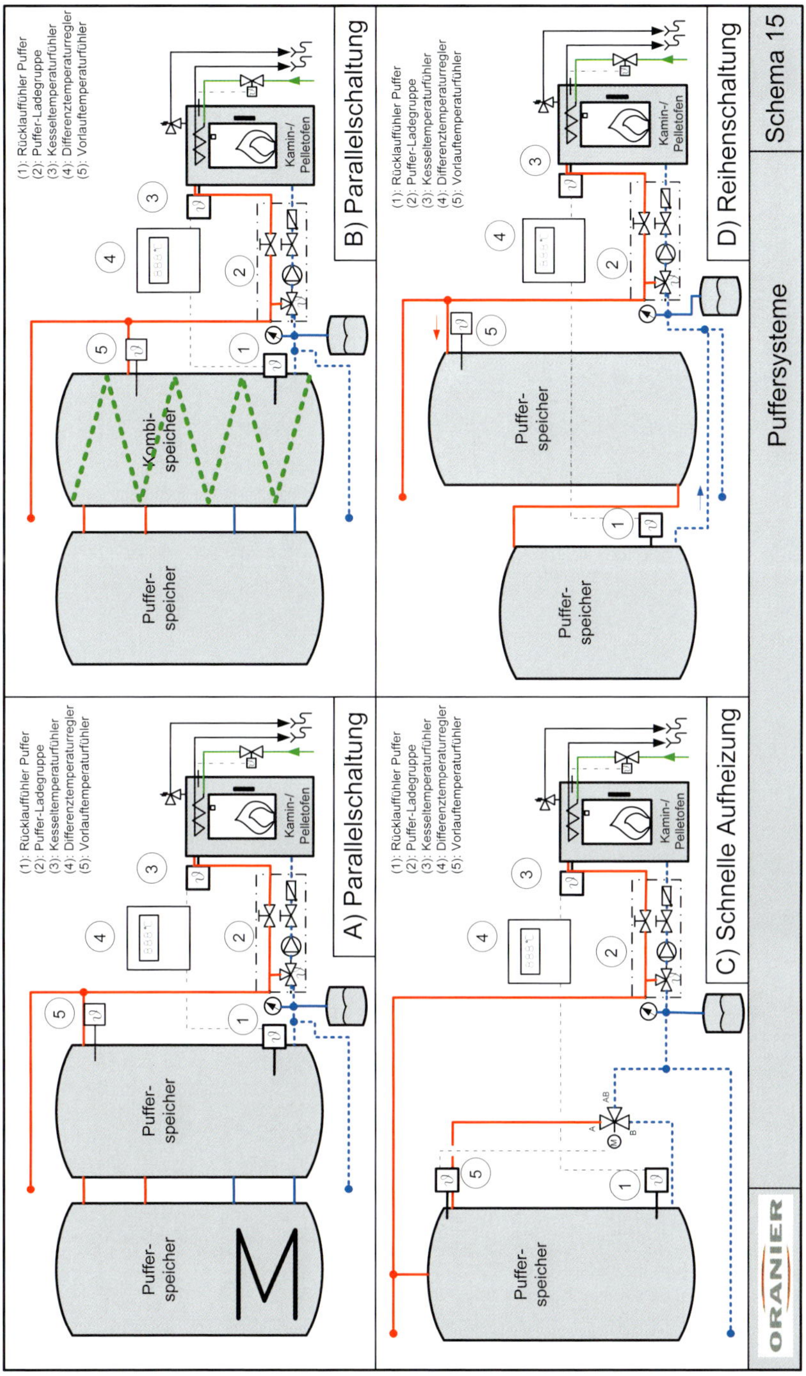

Die Puffersysteme und Kombination von Pufferspeichern

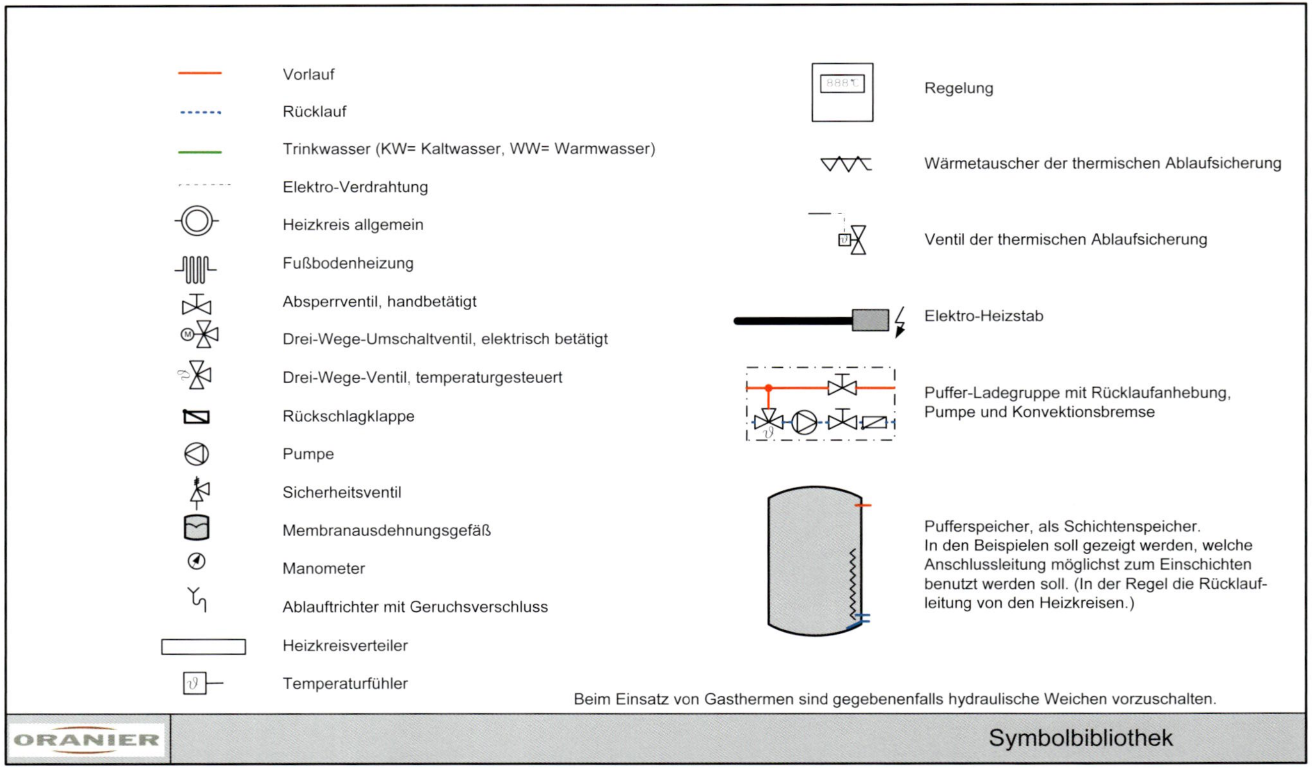
Vorlauf
Rücklauf
Trinkwasser (KW= Kaltwasser, WW= Warmwasser)
Elektro-Verdrahtung
Heizkreis allgemein
Fußbodenheizung
Absperrventil, handbetätigt
Drei-Wege-Umschaltventil, elektrisch betätigt
Drei-Wege-Ventil, temperaturgesteuert
Rückschlagklappe
Pumpe
Sicherheitsventil
Membranausdehnungsgefäß
Manometer
Ablauftrichter mit Geruchsverschluss
Heizkreisverteiler
Temperaturfühler
Regelung
Wärmetauscher der thermischen Ablaufsicherung
Ventil der thermischen Ablaufsicherung
Elektro-Heizstab
Puffer-Ladegruppe mit Rücklaufanhebung, Pumpe und Konvektionsbremse
Pufferspeicher, als Schichtenspeicher.
In den Beispielen soll gezeigt werden, welche Anschlussleitung möglichst zum Einschichten benutzt werden soll. (In der Regel die Rücklaufleitung von den Heizkreisen.)
Beim Einsatz von Gasthermen sind gegebenenfalls hydraulische Weichen vorzuschalten.
ORANIER
Symbolbibliothek

Wasserführende Kaminöfen

Polar Aqua
mit Wasser-Wärmetauscher

Polar Aqua Speckstein

Polar Aqua Sandstein

erhältlich in:

Stahl

Stahl Gussgrau inkl. WHF Speckstein

Naturstein

Sandstein inkl. Kombi-Abdeckplatte

Speckstein Rund inkl. Kombi-Abdeckplatte

Granit

Granit Kaschmir inkl. Kombi-Abdeckplatte

Granit Paradies inkl. Kombi-Abdeckplatte

Kachel

Kachel Champagner inkl. Kombi-Abdeckplatte

Kachel California Gold inkl. Kombi-Abdeckplatte

Kachel Chocolate Brown inkl. Kombi-Abdeckplatte

Kachel Coffee inkl. Kombi-Abdeckplatte

Kachel Hämatit inkl. Kombi-Abdeckplatte

Zusätzlich ist der Polar Aqua in Stahl Schwarz als Grundgerät erhältlich.

- moderne, ovale Grundform; geringe Einbautiefe
- kombinierbar mit Verkleidungen aus Stahlblech, Naturstein, Speckstein, Edelgraniten oder Kachelausführungen
- anschlussfertige, im Lieferumfang enthaltene wasserseitige Verrohrung, dezent verdeckt durch die Rückwand
- Anheizklappe zum schnellen Aufheizen
- praktische Entlüftungshilfe mit Silikonschlauch
- thermische Ablaufsicherung integriert
- getrennt regelbare Primär- und Sekundärluft
- Scheibenspülung
- Mehrfachverriegelung
- erfüllt alle aktuellen Emissionsgrenzwerte in Deutschland, Österreich und der Schweiz
- geeignet zum Anschluss an mehrfach belegten Schornstein
- Anschluss für Anschlussstutzen für externe Frischluftzufuhr (universal)

„Wärme der Natur"- Systemlösungen von ORANIER

Die ORANIER Heiztechnik GmbH beweist seit vielen Jahren erfolgreich ihre Kompetenz im Bereich der Einzelraumheizgeräte am Markt. Insbesondere bei Festbrennstoffgeräten blickt die Gladenbacher Firma auf eine lange Tradition zurück. Diese Erfahrung schlägt sich in zahlreichen innovativen Neuentwicklungen nieder. ORANIER entwickelt verbraucherfreundliche Lösungen im Zeichen der Zeit: umweltschonend, energieeffizient und kostensparend. Gerade deshalb setzt das Unternehmen besonders auf die „Wärme der Natur"-Systemtechnologie.

Technische Daten

Nennwärmeleistung KW	10,0
wasserseitige Leistung	5,0
Abgasmassenstrom g / s	10,1
Abgastemperatur °C	294
erforderlicher Förderdruck mbar	0,12

Durch die profilierten Vermiculite-Steine ist ein optimiertes Abbrandverhalten mit hohem Wirkungsgrad und geringen Emissionswerten gewährleistet.

Um nach dem Anheizen möglichst schnell die optimale Brennraumtemperatur zu erreichen, wird die Anheizklappe geöffnet. Die Abgase strömen ohne großen Widerstand an dem Wärmetauscher vorbei. Dadurch entsteht ein höherer Zug und somit eine stärkere Sauerstoffzufuhr. Wenn nach einigen Minuten die Anheizklappe wieder geschlossen wird, entfaltet sich der volle Wirkungsgrad des Kaminofens.

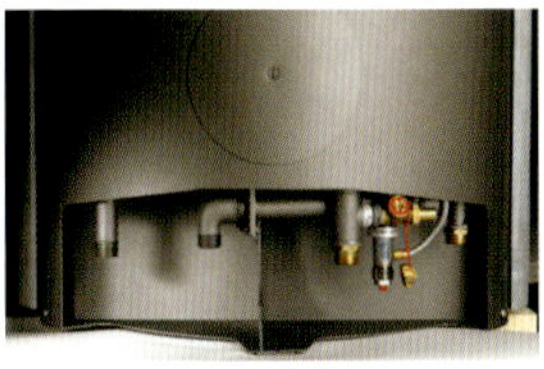

Die wasserseitige Verrohrung liegt dezent hinter der Rückwand und kann sowohl nach unten als auch nach hinten angeschlossen werden.

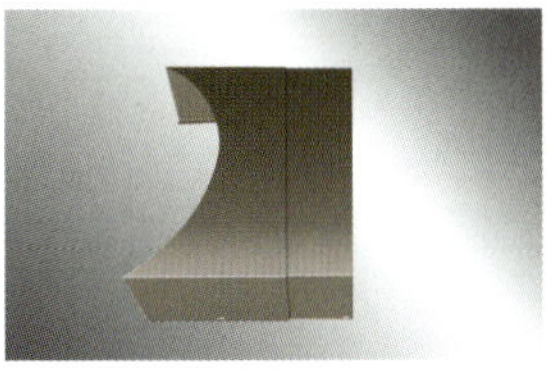

Wird der Polar Aqua nach hinten angeschlossen, so kann die Verrohrung durch die Teleskopabdeckung (Zubehör) abgedeckt werden. Das abgerundete Profil passt sich dabei der Kaminofenrückwand an. Der variierende Wandabstand kann durch die Teleskopbleche ausgeglichen werden.

Wasserführende Kaminöfen

Belt Aqua Plan
mit Wasser-Wärmetauscher

Belt Aqua Plan
Speckstein,
Korpus Grau

Belt Aqua Plan
Sandstein, Korpus Schwarz

Technische Daten

Typ:	**Belt Aqua Plan**
Nennwärmeleistung KW	10,0
wasserseitige Leistung	6,0
Abgasmassenstrom g / s	12,2
Abgastemperatur °C	227

Rechteckige, praktische Grundform mit gerader Front

- Kaminofen mit Speck- oder Sandsteinumrandung
- Speck- oder Sandsteinplatte im Warmhaltefach
- Anheizklappe zum schnellen Aufheizen
- anschlussfertige, im Lieferumfang enthaltene wasserseitige Verrohrung, dezent verdeckt durch die Rückwand
- thermische Ablaufsicherung integriert
- getrennt regelbare Primär- und Sekundärluft
- praktische Entlüftungshilfe
- Scheibenspülung
- Mehrfachverriegelung
- erfüllt alle aktuellen Emissionsgrenzwerte in Deutschland, Österreich und der Schweiz
- geeignet zum Anschluss an mehrfach belegten Schornstein
- Anschluss für externe Verbrennungsluftzuführung

- Anschlussstutzen für externe Frischluftzufuhr (universal) als Zubehör erhältlich

Wasserführende Kaminöfen

Belt Aqua Panorama
Stahl Gussgrau

Belt Aqua Panorama
mit Wasser-Wärmetauscher

Technische Daten

Typ:	Belt Aqua Panorama
Nennwärmeleistung KW	10,0
wasserseitige Leistung	6,0
Abgasmassenstrom g / s	12,2
Abgastemperatur °C	227

Rechteckige, praktische Grundform mit gewölbter Front

- Kaminofen mit Specksteinumrandung
- Specksteinplatte im Warmhaltefach
- Anheizklappe zum schnellen Aufheizen
- Anschlussfertige, im Lieferumfang enthaltene wasserseitige Verrohrung, dezent verdeckt durch die Rückwand
- thermische Ablaufsicherung integriert
- getrennt regelbare Primär- und Sekundärluft
- praktische Entlüftungshilfe
- Scheibenspülung
- Mehrfachverriegelung
- erfüllt alle aktuellen Emissionsgrenzwerte in Deutschland, Österreich und der Schweiz
- geeignet zum Anschluss an mehrfach belegten Schornstein
- Anschluss für externe Verbrennungsluftzuführung

- Anschlussstutzen für externe Frischluftzufuhr (universal) als Zubehör erhältlich

Wasserführende Kaminöfen

Astra Aqua
mit Wasser-Wärmetauscher

Astra Aqua Bordeauxrot

Technische Daten

Typ:	Astra Aqua
Nennwärmeleistung KW	8,0
wasserseitige Leistung	4,5
Abgasmassenstrom g / s	9,6
Abgastemperatur °C	260
erforderlicher Förderdruck mbar	0,12

Die neue Form begeistert in Design und Funktion mit Wasser-Wärmetauscher.

Lieferumfang:
- Automatikregelung
- wahlweise farbige Keramikeinlage

Erhältlich in der Ausführung:
- Stahl Schwarz mit grauer Einlage
- Stahl Schwarz/ Bordeauxrot
- Stahl Schwarz/ Cotto
- Stahl Schwarz/ Polarweiß

Die Brennstoff-Automatik mit einer Voreinstellung regelt die optimale Dosierung der Verbrennungsluft bei Holz und Braunkohlebriketts.

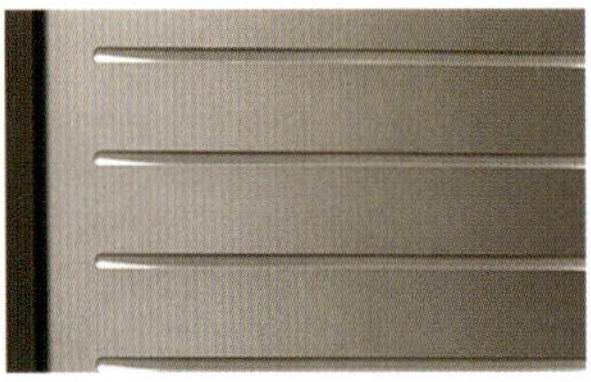

Stahl Schwarz mit grauer Einlage

Keramikeinlage Polarweiß

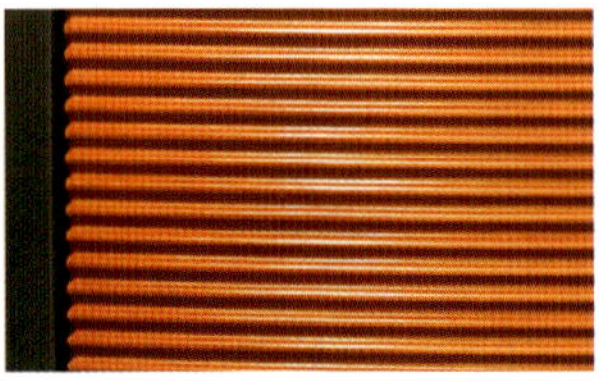

Keramikeinlage Cotto

Wasserführende Kamineinsätze

Aqua Modul KE 706
Prisma, Panorama, Plan
mit Wasser-Wärmetauscher

3 Frontvarianten:

KE 706 Prisma KE 706 Panorama KE 706 Plan

Technische Daten

Typ:	Aqua Modul
Nennwärmeleistung KW	10,5
wasserseitige Leistung	7,0
Abgasmassenstrom g / s	9,5
Abgastemperatur °C	170
erforderlicher Förderdruck mbar	0,13

Kamineinsatz mit gerader, prismatischer oder gebogener Feuerraumtür und hocheffizientem Wasser-Wärmetauscher sowie folgenden Produktmerkmalen:

- geeignet zum Anschluss an mehrfach belegten Schornstein
- getrennt regelbare Primär- und Sekundärluft
- integrierte Topfentaschung
- Anschluss für externe Verbrennungsluftzuführung
- Abgasanschluss wahlweise oben oder hinten
- Mehrfachverriegelung
- Scheibenspülung
- getrennt regelbare Primär- und Sekundärluft
- erfüllt alle aktuellen Emissionsgrenzwerte in Deutschland, Österreich und der Schweiz

- thermische Ablaufsicherung mit 4-Meter-Kapillarrohr als Zubehör erhältlich
- Anschlussstutzen für Verbrennungsluftzufuhr als Zubehör erhältlich

Wasserführende Pelletöfen

Solanus
mit Wasser-Wärmetauscher

Solanus Sandstein

Solanus Stahl Anthrazit

Technische Daten

Typ:	Solanus
Nennwärmeleistung KW	3-10
wasserseitige Leistung KW	8

Der Pelletofen Solanus mit Wasser-Wärmetauscher vereint anspruchsvolles Design mit einem Höchstmaß an Funktionalität. Die Pelletfeuerung ist sparsam und leicht zu bedienen. Sie ist sowohl ökologisch als auch ökonomisch besonders attraktiv. Äußerst interessant ist die Anschlussmöglichkeit an das bestehende Zentralheizungssystem, wodurch der Pelletofen zusätzlich die Warmwasserbereitung unterstützt.

Die Außengestaltung der Öfen gibt es in elf verschiedenen Design-Varianten – vom klassischen Anthrazit über aufwändige Speckstein- oder Sandsteinverkleidungen bis hin zu attraktiven Kachelausführungen.

- einfachste Bedienung
- starkes Design
- Leistungsverhältnis 80 % Wasser/20 % Luft
- angenehmes Flammendesign
- Vorratsbehälter X-Large
- hochwertige Ausführung
- Wirkungsgrad bis zu 95 %
- Anschluss für externe Verbrennungsluft
- Einsatz als Zusatz- oder Komplettheizung
- automatischer Start/Stopp
- inklusive Rücklaufanhebung
- inklusive Rücklaufanhebung und Förderpumpe
- Anschlussmöglichkeit für externe Pelletbeschickung
- Fördermöglichkeit durch die BAFA von derzeit 1.000 € (ohne Gewähr), Infos unter www.bafa.de
- zinsgünstige Kredite der KfW für Haus-Modernisierer (ohne Gewähr), Infos unter www.KfW.de

Stahl

Stahl Anthrazit

Naturstein

Sandstein

Speckstein

Kachel

Kachel Champagner

Kachel Kiefer Beige

Kachel Rubin

Kachel California Gold

Kachel Sweet Candy

Kachel Chocolate Brown

Kachel Coffee

Kachel Hämatit

Solarkollektoren

Solarkollektor SFK 225

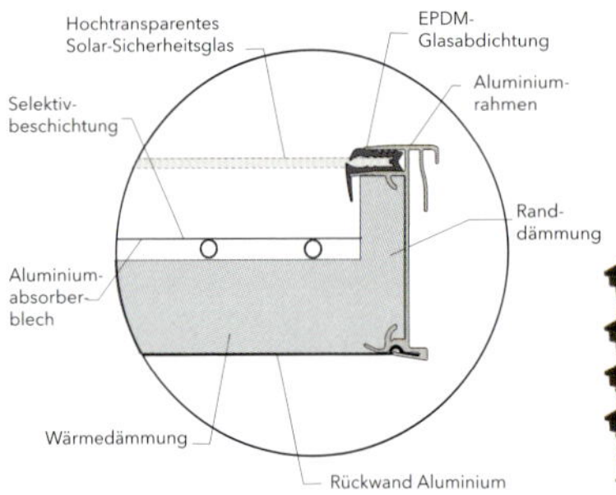

Querschnitt

Technische Daten

Typ:	**SFK 225**
Bruttoarbeitsfläche	2,25 m^2
Kollektorwirkungsgrad	78%
Stillstandstemperatur	191°C

Der ORANIER SFK 225 steht für optimalen Nutzungsgrad und einen hohen Solarertrag: Der innovative Absorber ist hochselektiv vakuumbeschichtet, in ein gedämmtes Gehäuse mit hochwitterungsbeständigem, schwarzeloxiertem Aluminiumrahmen eingebaut und durch ein hochtransparentes Sicherheitsglas mit einer äußerst langlebigen EPDM-Dichtung abgedeckt.

Ein mit dem Absorber verbundenes Doppelharfensystem leitet die entstehende Wärme ab. Der Kollektor wird über Metallwellschläuche und flach dichtende Verschraubungen angebunden. Zur Befestigung stehen ein teilweise vormontiertes Dachmontageset oder Flachdachständer zur Verfügung.

Solar Keymark

Solar-Keymark-Kollektoren sind nach den BAFA-Richtlinien finanziell förderfähig

Reg. 011 - 7S1545F

Installationsarten

Die flexiblen Installationsmöglichkeiten richten sich ganz nach den bauseitigen Gegebenheiten: Standarddachmontageset für Frankfurter Pfannen, Montagesets für Schiefer-, Bieberschwanz- oder Welleterniteindeckungen können als Zubehör bestellt werden.

Für Flachdächer gibt es ein entsprechendes Dachmontageset, bei dem der je nach Region unterschiedliche Anstellwinkel eingestellt werden kann.

Die Solarkollektoren lassen sich sowohl parallel als auch in Reihe (maximal 6 Stück) anschließen. Dabei spielt es keine Rolle, ob der Kollektor im Querformat oder im Hochformat montiert wird. In dem mitgelieferten Montageset befinden sich zwei 900 mm lange Wellflexanschlussschläuche und drei 250 mm lange Wellflexverbindungsschläuche.

Die EPDM-Dichtung des Kollektorglases und EPDM-Isolierung der Schläuche ist besonders UV-beständig und schützt gegen Vogelpicken.

- optimaler Nutzungsgrad, hoher Solarertrag – auch in der Übergangszeit im Frühling und Herbst
- robuster, hochwertiger und formschöner Rahmen mit langer Lebensdauer
- hochselektiv; vakuumbeschichteter Absorber mit Doppelharfensystem
- montagefreundliche Anbringung mit abgestimmtem Systemzubehör
- vormontierte Befestigungskomponenten für jeden Dachaufbau
- umweltgerechte Kollektorproduktion
- Fördermöglichkeit durch die BAFA pro Quadratmeter installierte Fläche (ohne Gewähr), Infos unter www.bafa.de
- zinsgünstige Kredite der KfW für Haus-Modernisierer, Infos unter www.KfW.de

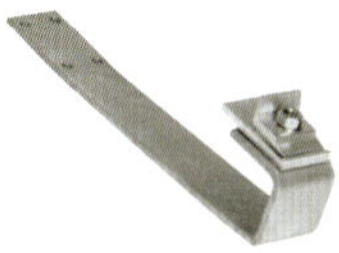

Dachmontageset Schiefer

Dachmontageset Standard

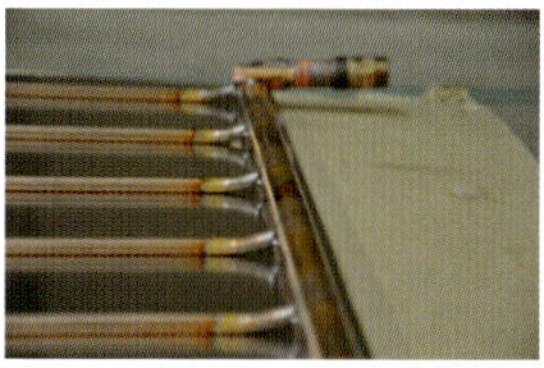

ultraschallgeschweißter Doppelharfen-Absorber

Flachdachständer

Energiespeicher Vario in 3 Serien

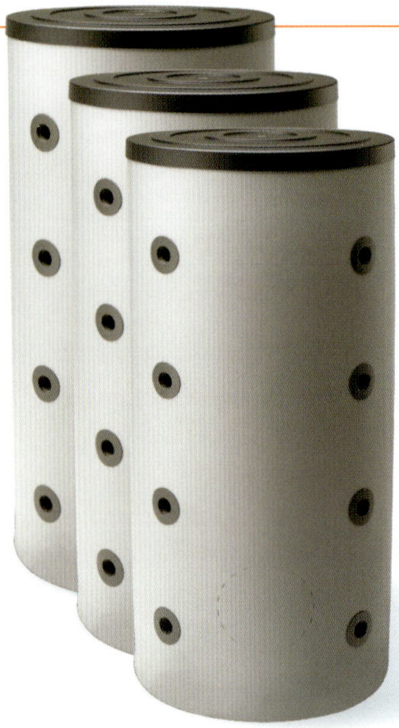

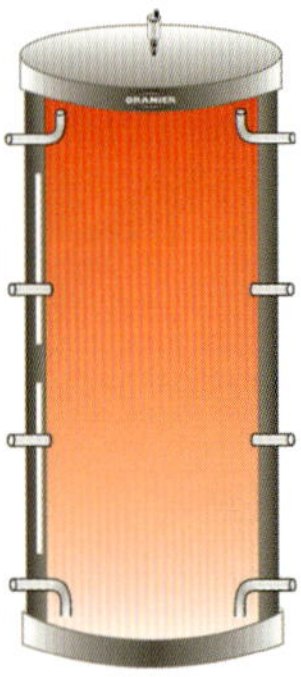

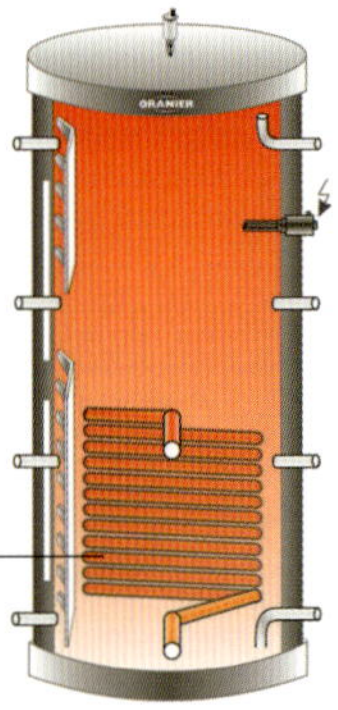

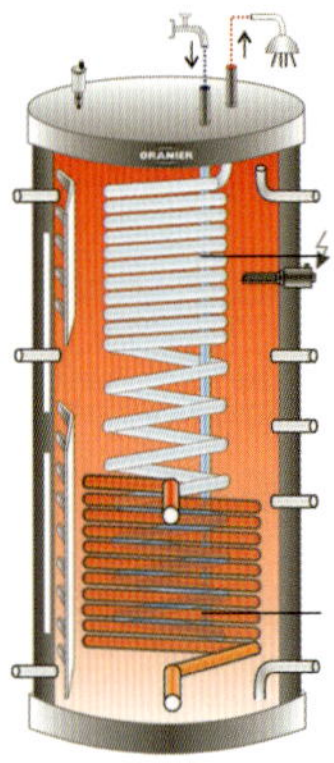

Vario Base:
Das Einsteiger-Modell

Für Anlagen mit wasserführendem Kamin- oder Pelletofen ohne Solaranlage

Der Vario Base speichert warmes Heizwasser aus einem wasserführenden Kamin- oder Pelletofen. Dieses wird direkt aus dem Speicher für den Heizkreislauf oder zum Laden eines separaten Brauchwasserspeichers genutzt.

Verfügbare Größen: ESB 300, ESB 500

Vario Solar:
Die Komfortlösung

Für Anlagen mit wasserführendem Kamin- oder Pelletofen mit Solaranlage

Der Vario Solar bietet die Anschlussmöglichkeit für Kamin- und Pelletöfen und Solarkollektoren. Der Glattrohr-Wärmetauscher ist speziell auf die ORANIER Solarkollektoren abgestimmt. Die Doppelschichteinrichtung sorgt für optimale Einspeisung, sowohl des Heizungsrücklaufs als auch des Ofenvorlaufs.

Verfügbare Größe: ESS 600

Vario Duo:
Das Optimum

Für Anlagen mit wasserführendem Kamin- oder Pelletofen mit Solaranlage und Warmwasser-Bereitung

Ein kombinierter Energiespeicher für Heiz- und Brauchwasser – optimal für die ökologische Heizungsunterstützung.
Der Edelstahlwellrohr-Wärmetauscher sorgt für eine hygienische, legionellenfreie und verkalkungsarme Warmwasserbereitung.
Die ORANIER Doppelschichteinrichtung und der speziell auf ORANIER Solarkollektoren abgestimmte Glattrohr-Wärmetauscher gehören dabei zur Ausstattung.

Verfügbare Größen: ESD 600, ESD 800

Schichteinrichtung

Ein besonderes Ausstattungsdetail stellt die ORANIER Doppelschichteinrichtung dar: Vario besitzt neben der im unteren Speicherbereich positionierten Schichteinrichtung für den Heizungsrücklauf eine weitere Schichtladeeinrichtung im oberen Speicherbereich.

Bei der Verbrennung im wasserführenden Kaminofen ändert sich die Heizwassertemperatur in Abhängigkeit von der Abbrandphase. Die obere zweite Schichtladeeinrichtung sorgt dafür, dass dieses Heizwasser immer in die passende Temperaturzone des Energiespeichers eingeschichtet wird und es nicht zu Vermischungen kommt. Damit wird die Wärme optimal genutzt.

- Doppelschichteinrichtung und Glattrohr-Wärmetauscher (bei Vario Duo und Vario Solar)
- Edelstahlwellrohr-Wärmetauscher für hygienisches, sauberes Frischwasser (bei Vario Duo)
- abnehmbarer 100-mm-Dämmmantel für einfache Aufstellung und geringe Stillstandsverluste (bei Vario Duo und Vario Solar)
- Bauhöhe unter 190 cm: auch für niedrige Kellerräume geeignet
- Fühlerklemmleisten für die flexible Temperaturfühler-Positionierung

Die ORANIER Vario Energiespeicher werden durch eine besonders dicke Schaumstoffisolierung und eine robuste Außenhaut isoliert. Dadurch bleibt die Wärme im Speicher und heizt nicht ungewollt den Aufstellraum.

Der innenliegende Edelstahl-Wellrohr-Wärmetauscher ist besonders verkalkungsarm. Am Glattrohr-Wärmetauscher (orange) werden die Solarkollektoren angeschlossen.

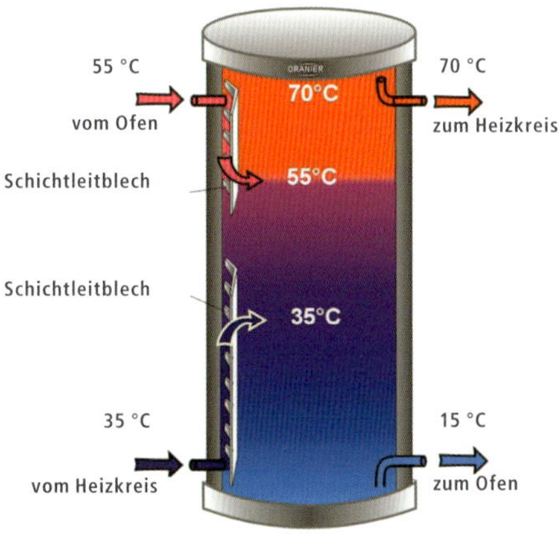

Zubehör: Steuerung

MasterControl-Steuerung

Das Besondere an der MasterControl-Steuerung ist, dass sie nicht nur die Kombinationen aus wasserführendem Kamin- oder Pelletofen und Solaranlage und der Heizungsanlage regelt, sondern bei Bedarf auch noch die Steuerung des konventionellen Öl- oder Gaskessels selbst. Mehr als 30 Grundschemata von ökologischen Heizsystemen sind bereits vorprogrammiert. Es kann zwischen verschiedenen hydraulischen Verschaltungen wie Reihenschaltung, Parallelschaltung oder der optimierten Energiesparlösung gewählt werden. Zahlreiche zuschaltbare Funktionen und Optionen passen die MasterControl-Steuerung an das individuelle Heizungssystem an.

- beleuchtetes System-Monitoring-Display
- 32 Grundsysteme wählbar; erweiterbar
- Drehzahlregelung, solarer Betriebsstundenzähler und Wärmemengenzählung
- bis zu 15 Temperaturfühler PT1000 anschließbar
- inklusive zwei Sensoren PT1000
- 12 drehzahlgeregelte Halbleiterrelaisausgänge
- Gemischtbelegungsfunktion ermöglicht in vielen Fällen den Anschluss von Kaminofen und Heizkessel an einen Schornsteinzug
- Datenkommunikation über Resol® Vbus
- bedienerfreundliche, einfache Handhabung
- Antiblockierschutz für Ofenpumpe
- Mischerregelung eines witterungsgeführten Heizkreises für bis zu 2 Heizkreise erweiterbar
- 3 der Relaisausgänge für individuelle Anlagenlösungen frei programmierbar
- DVGW Legionellenschutz
- Frostschutzfunktion, Kollektor-Kühlfunktion, Kollektor-Minimalbegrenzung, Kollektor-Notabschaltung
- Schaltuhr / Uhrzeit

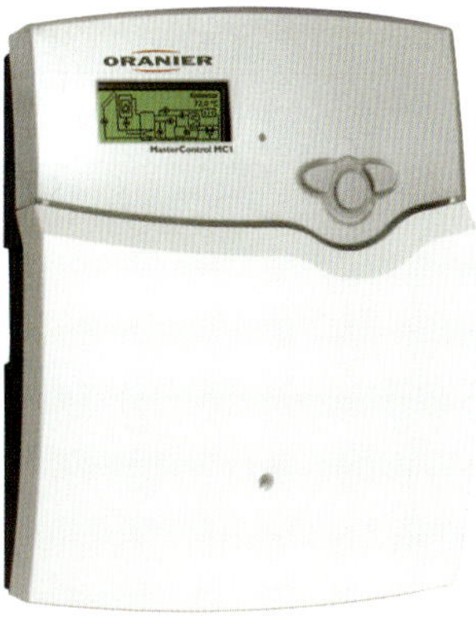

MasterControl-Steuerung

Technische Daten

Gehäuse	Kunststoff, PC-ABS und PMMA
Bedienung	3 Drucktasten in Gehäusefront
Abmessungen	227 x 156 x 62 mm
Einbau	Wandmontage, Schalttafeleinbau möglich
Anzeige	LC Monitoring Display mit Textunterstützung
Schutzart	IP20 / DIN 40050
Umgebungstemperatur	0 - 40 °C
Eingänge	15 Sensoreingänge PT 1000
Schaltausgänge	12 Halbleiterausgänge, 1 potenzialfreies Wechselrelais
Bus	Resol VBus
Gesamtschaltleistung	4 (2) A 220..240 V
Versorgung	220 - 240 °C
Leistungsaufnahme	ca. 4 VA

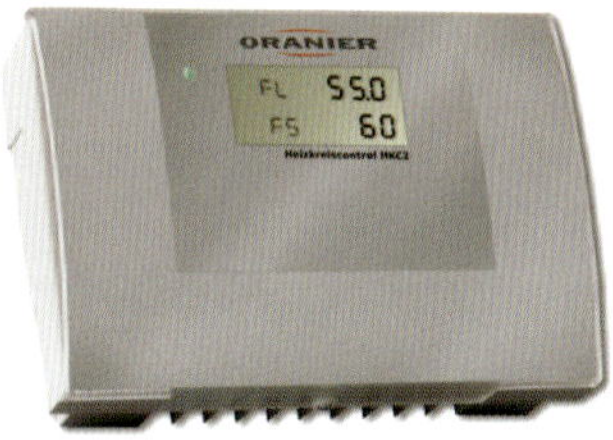

HeizkreisControl HKC 2

Wird in einem Haus ein zweiter witterungsgeführter gemischter Heizkreis vorgesehen, z. B. eine Fußbodenheizung oder der Heizkreis einer getrennten Wohneinheit, so ist zur Ergänzung der MasterControl ein Heizkreismodul erforderlich. Mit einer MasterControl-Steuerung und dem Heizkreismodul können somit bis zu 2 Heizkreise geregelt werden.

Technische Daten

Gehäuse	Kunststoff steckbar
Bedienung	Drucktaster
Abmessungen	208 x 141 x 65 mm
Schutzart	IP21 / DIN 40050
Umgebungstemperatur	0 - 40 °C
Eingänge	5 Sensoreingänge PT1000
Schaltausgänge	3 Standardrelais, davon 1 potenzialfreies Wechselrelais
Gesamtschaltstrom	max. 4 A
Optionen wählbar	Heizkreis, Schaltuhr, Fernversteller, Heizkreis ausschalten, Heizkreis- Schnellaufheizung, Mischerregelung, Brauchwasservorrang, Heizkreispumpen-Blockierschutz, Frostschutzfunktion, Speichernachheizung
Versorgung	220 - 240 °C
Leistungsaufnahme	ca. 2 VA

Zubehör: Steuerung

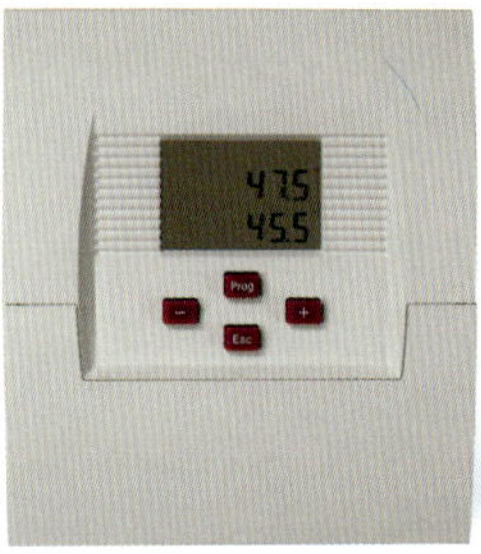

Differenzregler AquaControl II

Der Differenzregler AquaControl II ist der „kleine Bruder" der MasterControl. Er kommt zum Einsatz, wenn der Kaminofen ohne Solaranlage betrieben werden soll und der Energiespeicher in Reihe zum Kessel geschaltet wird (Schaltschema „Der Klassiker"). Der Temperaturdifferenzregler mit 2 Relaisausgängen und 4 Fühlereingängen steuert die AquaLoad-Pumpe nach Erreichen der notwendigen Betriebstemperatur im Heizeinsatz, außerdem das Drei-Wege-Ventil. Die Bedienung erfolgt über 4 Tasten mit einer LCD-Anzeige. Das Zubehör beinhaltet die Befestigung für die Wandmontage und 2 Fühler.

Technische Daten

Gerät B/H/T	161 x 146 x 48 mm
Schaltausgang	1 x 230 V
Fühlereingänge	2 x PT1000, 2 x KVT20
Temperaturfühler	1 Stück PT1000; 1 Stück KVT20
Anzeige	LCD Anzeige der Betriebstemperaturen
Features	Antiblockierschutz für Pumpe, Dauerpumpfunktion

Außentemperatursensor

Ein Außentemperatursensor wird zur Ansteuerung der witterungsgeführten Heizkreise bei der MasterControl benötigt. Der Außentemperatursensor misst die Außentemperatur mittels Platin-Messelement. Das Gehäuse ist spritzwassergeschützt für Außenmontage auf glatten Flächen. Die Kabeleinführungen für die Sensorleitung an der Unterseite ermöglichen eine einfache Installation.

Technische Daten

Gerät B/H/T	68 x 111 x 40 mm
Messelement	Platin PT 1000 Sensor
Schutzart	spritzwassergeschützt

Ferntemperaturanzeige

Die Ferntemperaturanzeige ist ein digitales Thermometer, das die Rücklauftemperatur am Energiespeicher misst. Überschreitet die Temperatur bereits 80 °C, so besteht die Gefahr, dass bei einem neuerlichen Anfeuern des Kaminofens die Wärme nicht mehr vom Energiespeicher abgenommen werden kann und die Sicherheitseinrichtung im Kaminofen für eine Notkühlung sorgt. Die Ferntemperaturanzeige sollte deshalb in Sichtweite zum Kaminofen stehen.

Technische Daten

Temperaturbereich	-40 bis +110 °C
Anschlussgewinde-Ventil	2 x ¾"
Spannungsversorgung	1,5 V Knopfzelle AG12
Fühlerleitung	3 Meter, nicht verlängerbar

Thermische Ablaufsicherung

Die thermische Ablaufsicherung ist bei wasserführenden Kaminöfen als Notkühlung vorgeschrieben. Bei den Ofenmodellen Polar Aqua, Astra Aqua und Belt Aqua ist sie bereits werksseitig integriert. Der Pelletofen Solanus benötigt keine thermische Ablaufsicherung. Die thermische Ablaufsicherung wird vor den Ofen geschaltet.

Technische Daten

Einschraubgewinde Tauchhülse-Fühler	½"
Anschlussgewinde-Ventil	2 x ¾"
Ansprechtemperatur	95 °C
Fühlerleitung	4 Meter

Drei-Wege-Integrationsventil

Besonders temperaturbeständiges Drei-Wege-Ventil zur Einbindung von wasserführendem Kamin- und Pelletofen sowie Energiespeicher in die konventionelle Heizungsanlage.

Technische Daten

Anschlussspannung / Leistung	230 V / 6 W
Gewindeanschluss	1" innen
Ruhezustand spannungslos	AB-B offen
max. Fluidtemperatur	160 °C
Öffnungs- / Schließzeit	12 / 5 sec

Zubehör: Hydraulik

Speicherladestation AquaLoad

Speicherladestation mit Grundfos UPS 25/60, Thermoventil zur Rücklaufanhebung zur Vermeidung der Taupunktunterschreitung (Voreinstellung: 55 °C), Thermometer für Vorlauf- und Rücklauftemperatur, spezielle Isolierschalen für optimale Wärmedämmung, stabile Wandhalterung.

Technische Daten

Gerät B/H/T	250 x 360 x 200 mm
Pumpe	Grundfos UPS 25/60
Rohranschluss	G 1"
Thermoventil	voreingestellt auf 55 °C
Absperrarmatur	2 Stück mit Thermometer
Schwerkraftbremse	Metall, in 45°-Hahnstellung zu öffnen
Wärmedämmung	EPS-Dämmschalen

Speicherladestation SolarLoad

Montagefertige, kompakte Solarstation mit spezieller Solarpumpe; enthält bereits sämtliche nötige Sicherheits- und Absperrorgane für den Solarkreislauf.
Ein Entlüfterrohr mit Handentlüfter im Vorlauf dient der einfachen Entlüftung des Systems. Im Lieferumfang enthalten ist ein Wellrohr und die Wandhalterung zum Anschluss des Ausdehnungsgefäßes.

Technische Daten

Gerät B/H/T	250 x 360 x 200 mm
Pumpe	Grundfos Solar 25/65
Rohranschluss	22 mm Klemmverschraubung
Sicherheitsventil	6 bar mit Manometer
Entlüftungseinrichtung	Entlüfterrohr mit Handventil
Strangregulierventil	mit Durchflussanzeige 2-16 l/min
Absperrarmatur	2 Stück mit Thermometer
Schwerkraftbremse	2 Stück Metall, in 45°-Hahnstellung zu öffnen
Anschluss-Ausdehnungsgefäß	inkl. Wellrohrschlauch + Wandhalter
Füll- und Entleerhähne	2 Stück
Wärmedämmung	EPS-Dämmschalen

Integrationsstation

Besonders komfortabel gestaltet sich die Verschaltung in neue oder bestehende Heizungsanlagen beim Einsatz der ORANIER Integrationsstation. Sie schützt den Kessel und die Heizkreise sicher vor Temperaturspitzen, was bei einigen Brennwertthermen sogar zwingend erforderlich ist, und sorgt für einen optimalen Nutzungsgrad bei einer Reihenschaltung. Alle Anschlüsse und Temperaturfühler-Positionen sind vorgegeben. Der Installateur wird so bei seiner Arbeit optimal unterstützt.

Technische Daten

Gerät B/H/T	250 x 360 x 200 mm
Mischerlaufzeit	140 sec
Rohranschluss	G 1"
Thermoventil	voreingestellt auf 55 °C
Temperaturmessstellen	2 x für 6-mm-Fühler
Temperaturfühler	inkl. 3 Stück PT 1000
KVS Mischer	6,3
Absperrarmatur	2 Stück mit Thermometer
Rückschlagklappe	Metall, mit Stellschraube zu öffnen
Wärmedämmung	EPS-Dämmschalen

Heizkreispumpenset mit Mischer

Mit dem Heizkreispumpenset mit Mischer kann durch das geregelte Zumischen von kühlem Heizungsrücklaufwasser die vorgegebene Temperatur eines Heizkreises konstant eingehalten werden. Für jeden Heizkreis (z. B. Radiatorenheizkreis oder Fußbodenheizkreis) wird ein separates Heizkreispumpenset benötigt. Es ist speziell auf die MasterControl-Steuerung abgestimmt und mit einer stufenlos selbstregelnden Hocheffizienzpumpe sowie einem Drei-Wege-Mischer ausgestattet.

Technische Daten

Gerät B/H/T	250 x 360 x 200 mm
Pumpe	Grundfos Alpha2 25-60
Rohranschluss	G 1"
Absperrarmatur	2 x mit Thermometer
Schwerkraftbremse	1 Stück Metall, in 45°-Hahnstellung zu öffnen
KVS Mischer	8,0
Mischerlaufzeit	140 sec
Überströmventil	Nein
Wärmedämmung	EPS-Dämmschalen

ORANIER Online: mit sechs Klicks zur individuellen Anlage

Das Besondere an einer ökologischen Heizungsergänzung mit ORANIER ist, dass sie auf eine bestehende Anlage aufgesattelt werden kann:
Die Zentralheizung mit der Warmwasserbereitung wird weiter genutzt und durch einen wasserführenden Kaminofen plus Solarkollektoren unterstützt. Eine übergreifende gemeinsame Steuerung verbindet alle Komponenten dieses Drei-Säulen-Heizmodells zu einem in sich geschlossenen, stabilen Anlagensystem.

Der von ORANIER entwickelte Online Konfigurator ermittelt aus mehr als 50 möglichen Installationsvarianten die optimale Lösung für den individuellen Bedarf – rasch und unkompliziert: Lediglich sechs einfache Fragen müssen beantwortet werden. Service-Plus: Der Sofortplaner verweist auf das bestmögliche Schaltschema und stellt darüber hinaus komplette Planungsunterlagen, inklusive Einbauanleitung und Materialliste zum Download bereit. Vorteil: Kosten- und zeitaufwändige Planungen für verschiedene Varianten durch den Installateur entfallen.

Der Sofortplaner für ökologische Heizungsergänzung

Die Fragen:

1. Ofenauswahl: Welcher Ofentyp soll genutzt werden? Wasserführender Kaminofen mit Scheitholz oder mit Pellets?

2. Solartechnik: Soll Solarenergie erstmalig miteingebunden werden, oder wird diese bereits genutzt?

3. Heizungserweiterung: Soll weiterhin eine bestehende Heizung mit Zentralheizungskessel zum Einsatz kommen, oder wird auf einen Zentral-heizungskessel verzichtet?

4. Heizweise: Soll der Ofen eher nur zuheizen oder intensiver vielheizen? Welchen Stellenwert hat die Energieoptimierung?

5. Heizkessel: Welcher Gerätetyp soll im Falle eines Zentralheizungssystems eingebunden werden? Bodenstehender Kessel oder Wandtherme?

6. Brauchwasserspeicher: Soll Brauchwasser im Energiespeicher oder separat erwärmt werden?

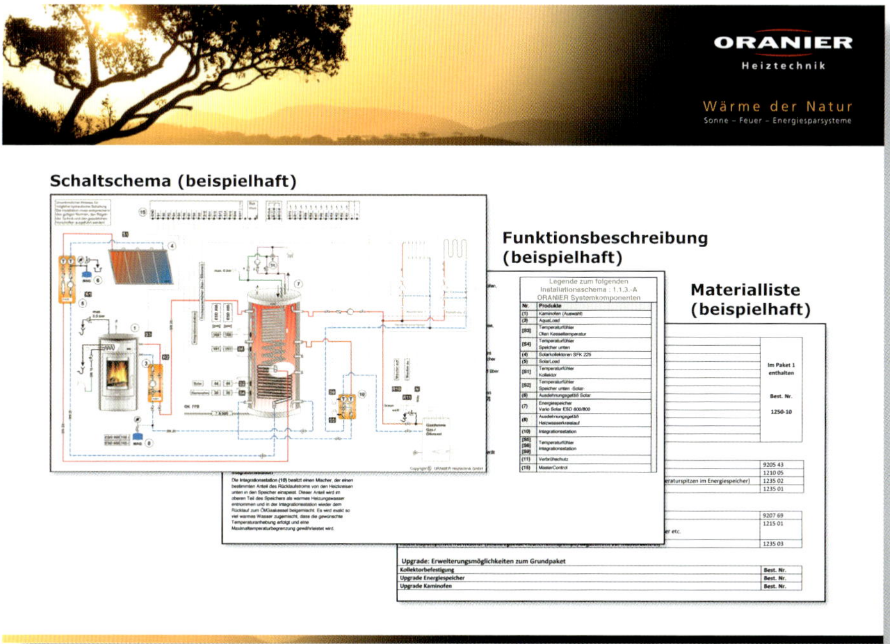

www.oranier-heiztechnik.de/waerme-der-natur

Literatur- und Bildhinweise

Albers, Dommel, Montaldo-Ventsam, Nedo, Übelacker, Wagner (2007):
Zentralheizungs- und Lüftungsbau für Anlagenmechaniker SHK, Technologie. Verlag Handwerk und Technik; Hamburg

Berkenbusch (1995):
Moderne Schornsteintechnik. Verlag moderne industrie; Landsberg

Buderus Heiztechnik GmbH (2002):
Handbuch für Heizungstechnik. Beuth Verlag; Berlin

FNR (2007) Fachagentur für Nachwachsende Rohstoffe:
Handbuch Bioenergie-Kleinanlagen

Ihle, Bader, Golla (2008):
Tabellenbuch Sanitär Heizung Klima/Lüftung. Bildungsverlag EINS; Troisdorf

Kuhtz (2002):
Einfälle statt Abfälle. Ofenbau Hefte 2 und 4

Technologie- und Förderzentrum (TFZ) im Kompetenzzentrum für Nachwachsende Rohstoffe (2006):
Rationelle Scheitholzbereitstellungsverfahren

Verbraucherzentrale Niedersachsen e.V. (2007):
Heizung und Warmwasser. Moderne Heiztechnik mit Sonnenenergie, Holz & Co.

Viessmann Deutschland GmbH (2008):
Planungshandbuch Solarthermie

Wagner & Co Solartechnik GmbH (2000):
So baue ich eine Solaranlage. Handbuch für Technik, Planung und Montage

WIP Energie und Umwelt (2006):
Installateurs-Handbuch Biomasseheizanlagen

Wirtschaftsministerium Baden-Württemberg (2008):
Thermische Solaranlagen zur Warmwasserbereitung und Heizungsunterstützung

Zierhut, H. (2009):
Installations- und Heizungstechnik. Bildungsverlag EINS; Troisdorf

**Wir danken den Firmen Bosch, Caleffi, Erich Huber, IVT, Kutzner und Weber, Orkli, Raab, Reflex, Resol, Schiedel, Viessmann, Wagner und Wilo sowie der Fachagentur Nachwachsende Rohstoffe (FNR), dem Wirtschaftsministerium Baden-Württemberg, dem Landesbetrieb Wald und Holz NRW und der EnergieAgentur NRW für das uns zur Verfügung gestellte Bildmaterial.
Der Fremdbildbezug ist mit Quellenhinweisen kenntlich gemacht.**

Index

T

U

V

W

Z